Călin-Ionel Deneș
Valentin Grecu

Gestão da manutenção

Călin-Ionel Deneș
Valentin Grecu

Gestão da manutenção

Fundamentos e práticas para a qualidade total

ScienciaScripts

Cover image: www.ingimage.com

This book is a translation from the original published under ISBN 978-3-659-88442-9.

Publisher:
Sciencia Scripts
is a trademark of
Dodo Books Indian Ocean Ltd. and OmniScriptum S.R.L publishing group

120 High Road, East Finchley, London, N2 9ED, United Kingdom
Str. Armeneasca 28/1, office 1, Chisinau MD-2012, Republic of Moldova, Europe
Managing Directors: Ieva Konstantinova, Victoria Ursu
info@omniscriptum.com

Printed at: see last page
ISBN: 978-620-8-40056-9

Índice

PREÂMBULO

A atual economia de mercado caracteriza-se por uma dinâmica impressionante. As empresas que não acompanham o ritmo acelerado das mudanças são rapidamente eliminadas do mercado. A maior parte das vezes, a "decisão" não é da empresa, mas sim dos seus clientes. Basta que estes deixem de comprar à empresa e se dirijam à concorrência para provocar um declínio económico

Como é que os clientes decidem comprar os produtos de uma empresa em vez dos de outra? Embora sejam possíveis muitas explicações, a decisão é influenciada - na maioria das vezes, de qualquer forma - pela qualidade dos produtos e pela sua facilidade de utilização. Neste caso, os clientes esperam que o nível de qualidade experimentado aquando da compra do produto seja mantido durante o maior tempo possível. Manter a qualidade ao longo do tempo e assegurar um período de funcionamento tão longo quanto possível são precisamente os objectivos do conceito de fiabilidade. A fiabilidade não é mais do que uma caraterística qualitativa dos produtos de utilização prolongada que descreve a sua capacidade de se manterem em bom estado de funcionamento. É claro que não existem produtos que possam permanecer em bom estado de funcionamento ad infinitum e sob quaisquer condições de funcionamento. É por esta razão que a fiabilidade descreve a capacidade de os produtos funcionarem corretamente durante um determinado período de tempo e em determinadas condições de funcionamento.

A questão da fiabilidade dos produtos de utilização a longo prazo é enquadrada de forma diferente se os produtos forem reparáveis ou irreparáveis. Se um produto for irreparável, quando se avaria tem de ser substituído por um produto equivalente. No caso dos produtos reparáveis, na maioria dos casos, os clientes esperam que estes voltem a funcionar corretamente logo que se avariem. A capacidade dos produtos para voltarem a funcionar corretamente é exatamente o que define a sua capacidade de manutenção. Tal como a fiabilidade, a capacidade de manutenção é uma caraterística de qualidade. Em conjunto, definem a disponibilidade dos produtos (ou seja, disponibilidade = fiabilidade + capacidade de manutenção).

A fiabilidade e a facilidade de manutenção dos produtos são importantes para os fabricantes de produtos de utilização prolongada e são fundamentais para os seus utilizadores. Estão na mira tanto dos fabricantes como dos beneficiários. Basta recordar que qualquer um de nós pode encontrar-se no papel de fabricante e de beneficiário. Só se tivermos em conta o segundo papel é que vale a pena dar a estes conceitos a atenção que merecem. Podemos pensar que vale a pena preocuparmo-nos com a fiabilidade e a facilidade de manutenção de certos equipamentos da empresa onde trabalhamos ou, em alternativa, podemos imaginar a importância destes aspectos quando se trata de certos produtos domésticos de utilização prolongada (automóveis, equipamentos electrónicos, etc.). A recolha e a utilização de determinadas informações no domínio da fiabilidade e da manutenibilidade só podem ser benéficas, pelo menos para o utilizador que existe em nós.

Qualquer produto pode ser considerado como um sistema e tratado em conformidade. A fiabilidade e a capacidade de manutenção do produto - abordado de forma sistémica - dependerão das caraterísticas dos seus componentes. A questão de garantir que certas caraterísticas de fiabilidade e de facilidade de manutenção sejam tão elevadas quanto possível em toda a gama de produtos torna-se um objetivo que vale a pena perseguir. É igualmente importante que um utilizador que possua um produto de utilização a longo prazo o utilize da forma mais eficiente possível. A reabilitação de produtos avariados é conseguida através de actividades de manutenção específicas. No início, a manutenção significava apenas actividades de conservação e reparação. Hoje em dia, o conceito de manutenção passou a incluir todas as actividades técnico-organizacionais destinadas a maximizar o desempenho (eficiência) obtido com a utilização de um produto. É por esta razão que o conceito de manutenção incluirá tanto o conceito de fiabilidade como o de facilidade de manutenção. Com este novo significado, a manutenção deve ser integrada no conceito ainda mais amplo de qualidade total. É, pois, lógico que as empresas só poderão fazer face a uma concorrência cada vez mais feroz se aplicarem este conceito

Em termos práticos, não existe nenhuma organização que não necessite de realizar actividades de manutenção específicas. A implementação bem sucedida do acima exposto e o excelente desempenho de uma empresa estão condicionados pela familiarização e domínio destes aspectos teóricos de fiabilidade e manutenção, bem como pela capacidade de os aplicar

No contexto da atual dinâmica socioeconómica e da digitalização das empresas, as actividades de manutenção irão mudar em conformidade. Big Data, Computação em Nuvem, Aprendizagem Automática, Internet das Coisas, Computadores Quânticos e Inteligência Artificial farão com que a transição para a Manutenção Preditiva ocorra rapidamente.

O trabalho em questão destina-se a estudantes e/ou especialistas no domínio da produção ou dos serviços. Num contexto mais vasto, é de facto útil a todos os fabricantes e beneficiários de produtos de utilização prolongada.

Desejamos a todos os leitores sucesso na compreensão destes conceitos teóricos, muita coragem na sua aplicação, uma boa dose de perseverança e excelentes resultados práticos.

Sibiu, 2024 *Os autores*

1. O conceito de qualidade

1.1. Definição do conceito de qualidade

A QUALIDADE foi definida - pela norma internacional ISO 8402 - como: **o conjunto das propriedades e caraterísticas de uma entidade que lhe conferem a capacidade de satisfazer as necessidades expressas e implícitas dos clientes.**

As necessidades expressas e implícitas contidas na definição do termo qualidade devem incluir os seguintes aspectos

- A satisfação de uma necessidade, utilidade ou objetivo bem definido;
- A satisfação das necessidades do cliente;
- Conformidade com as normas e especificações aplicáveis;
- Conformidade com as exigências sociais (regras, leis, regulamentos, etc.);
- Disponibilidade a um preço competitivo;
- Obtenção de produtos rentáveis.

A quantificação da qualidade é conseguida com a ajuda de **caraterísticas de qualidade**. Dependendo da forma como são expressas, as caraterísticas de qualidade dividem-se em:

- **Caraterísticas mensuráveis**, quando a caraterística de qualidade pode ser medida e registada (através de dimensões, etc.):
    - o Caraterísticas diretamente mensuráveis (dimensões, etc.);
    - o Caraterísticas indiretamente mensuráveis (fiabilidade, etc.);
- **Caraterísticas atributivas**, que definem a qualidade através de qualificadores (adequado, inadequado)

1.2. A evolução do conceito de qualidade

A qualidade nem sempre teve o mesmo significado. O conceito evoluiu com o tempo. A sua evolução ao longo do último período de tempo é apresentada emFigura1

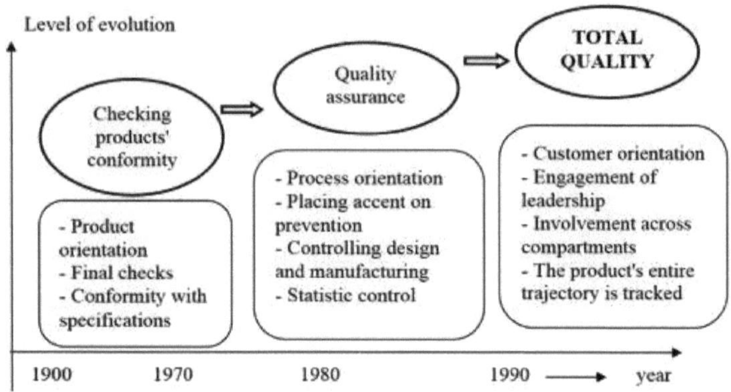

Figura1 - A evolução do conceito de qualidade

É importante notar que a tónica passou do produto para o processo e, finalmente, para o cliente. Uma fase essencial no desenvolvimento do conceito de qualidade é a garantia da qualidade. Este benefício resultou de uma constatação simples: um produto é o resultado do seu processo de fabrico; consequentemente, a noção de que serão produzidos artigos conformes se o processo de fabrico for mantido sob controlo em todas as circunstâncias. No entanto, é o cliente que avalia verdadeiramente a qualidade, razão pela qual a qualidade global centra as suas preocupações no cliente.

A gestão da qualidade total - TQMM é uma poderosa estratégia organizacional de longo prazo que impulsiona a melhoria contínua da qualidade dos produtos/serviços oferecidos, de modo a satisfazer as necessidades dos clientes e, ao mesmo tempo, criar um clima que favoreça o aumento da produtividade do trabalho e, consequentemente, o aumento do lucro.

Os objectivos pretendidos pelas organizações através da adoção do **TQMM** como um sistema de liderança são

- A satisfação das necessidades recorrentes dos seus clientes, ultrapassando as suas expectativas;
- A obtenção de uma posição competitiva no mercado através do aumento contínuo da produtividade e da qualidade;
- Criar um sistema de liderança total, envolvendo todos os trabalhadores e, em primeiro lugar, toda a direção.

No centro das preocupações está o cliente, que tem todo um culto dedicado a ele, pesquisando continuamente as suas necessidades explícitas e implícitas

As principais funções do TQMM são:

- *Organização*, que consiste em estabelecer uma estrutura administrativa adequada, integrada na existente, que permita o funcionamento do sistema de qualidade;
- *Liderança*, que mobiliza os recursos humanos através de motivações orientadas para a qualidade, adoptando

um estilo que fomenta a iniciativa pessoal para resolver questões relacionadas com o trabalho;

- *Controlo*, que mede os resultados e os compara com os objectivos pretendidos, a fim de fixar desvios inferiores e superiores;
- *Garantia de qualidade*, que consiste num conjunto de medidas de integração da qualidade e de prevenção de falhas.

A relação entre o TQMM e a qualidade total - TQ (segundo J. Kelada) é apresentada emFigura2

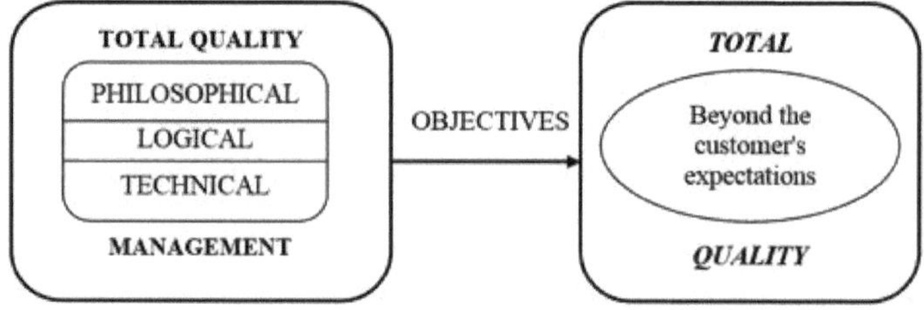

Figura2 - A relação entre a qualidade total e a gestão da qualidade total

Existe uma forte ligação entre as três dimensões do TQMM, na medida em que não basta querer atingir um determinado nível de qualidade (filosófico), saber o que se está a fazer (lógico), mas é preciso também ser capaz de o fazer (técnico).

O objetivo do TQMM é realizar a qualidade total - TQ, e algumas das vantagens da sua introdução são

- Aumentar o lucro e a competitividade;
- Melhorar a eficácia das estruturas organizacionais;
- Melhorar a satisfação das necessidades dos clientes.

A "escala de qualidade" é uma hierarquização simbólica de níveis de qualidade baseada na atitude do cliente e gerada pela medida em que o produto ou serviço é capaz de satisfazer as suas próprias exigências (Figura3).

Action zone	Position on the "quality scale"	Quality level of products (services)		Customer's attitude
		numeric	attributive	
Total quality zone		3	Excellent	Is very satisfied and will not hear of a possible alternative
Loyalty zone		2	Very good	Is rather satisfied but isn't adverse to the competition
Indifference zone		1	Good	Is still undecided and isn't fully won over
Red zone		0	Acceptable	Is critical, complains, and leans towards the competition
Catastrophic zone		-1	Inadequate	Rejects the offer categorically and goes to the competition
	→ = direction of action of improvement measures			

Figura3 - A "escala de qualidade"

É de notar que os produtos que recebem maior apreciação são considerados excelentes. Estes produtos são obtidos através da implementação do conceito de qualidade total. Para que isso aconteça, as empresas precisam de conceber e operar sistemas adequados de gestão da qualidade total. O seu funcionamento baseia-se nos documentos do sistema de gestão da qualidade, que são frequentemente representados na literatura da especialidade como uma pirâmide, cujo vértice é o manual da qualidade, enquanto a sua base é constituída pela documentação de registo de informações (ou seja, os documentos que também armazenam informações sobre a fiabilidade, a capacidade de manutenção e a manutenção). Uma caraterística específica dos sistemas de gestão da qualidade total é a melhoria contínua da qualidade. Isto assegura um aumento contínuo do nível de qualidade, que está na base do progresso da empresa. Esta é a única forma de garantir o fabrico de produtos excepcionais e de alcançar a excelência industrial.

A excelência industrial é a capacidade de uma empresa para assegurar produtos que ofereçam o mais elevado grau de qualidade e diversidade ao preço mais baixo possível e da forma mais expedita. Pode ser apreciada representando-a no plano da excelência industrial, como mostra a Figura4 .

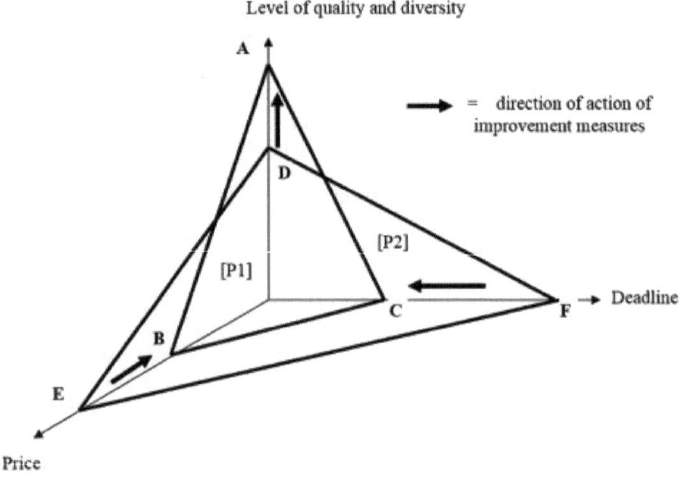

Figura4 - O plano de industrial

Um plano de excelência industrial [P2], que é definido pelos pontos D, E e F, e que descreve a situação num determinado momento, pode ser distinguido emFigura4 . Após a aplicação de certas medidas de melhoria adequadas, podemos chegar à situação descrita pelo plano [P1], definido pelos pontos A, B e C. O plano [P1] proporcionará à empresa uma melhor vantagem competitiva. Por sua vez, a empresa precisa de se comparar com o plano de qualidade dos seus rivais no mercado.

Se considerarmos duas empresas cujos produtos conduzem à materialização dos planos de qualidade ilustrados naFigura1 , então a empresa que se caracteriza pelo plano [P1] está melhor situada do que a empresa que se caracteriza pelo plano [P2].

A melhoria da qualidade em todos os seus domínios **exige**:

- A atividade contínua e sustentada de toda a empresa, e não apenas acções aleatórias;
- Colocar a tónica na prevenção das não-conformidades, em vez de as resolver;
- A abordagem sistemática, profissional e conscientemente assumida desta questão, depois de erradicadas as mentalidades obsoletas e reformulada a

cultura organizacional em função dos objectivos pretendidos.

A qualidade dos produtos depende também das tecnologias que foram aplicadas para os fabricar. A tecnologia, que - em termos simples - é definida como "a ciência do fazer", pode limitar o número de caraterísticas de qualidade específicas dos produtos resultantes. São possíveis inúmeras classificações. Duas delas definem o conceito de **espetro tecnológico** das empresas. De acordo com o primeiro critério, as tecnologias podem ser de conhecimento comum - ou seja, conhecidas e aplicadas pela maioria dos fabricantes num determinado domínio - ou podem ser tecnologias de diferenciação, ou seja, conhecidas apenas por determinados fabricantes. As tecnologias de diferenciação são, muitas vezes, as mais recentes, as que foram desenvolvidas precisamente para oferecer uma certa vantagem competitiva aos seus utilizadores. O segundo critério de classificação considerado refere-se ao estado de desenvolvimento das tecnologias, segundo o qual estas podem ser: emergentes, em evolução, maduras, em declínio e ultrapassadas. Uma vez nascida uma tecnologia, esta começa a ser desenvolvida até que se atinja um nível de conhecimento e domínio tal que a sua aplicação produza o máximo de lucro, situação em que a tecnologia é considerada madura. Depois, qualquer tecnologia começa a declinar e acaba por ficar desactualizada. Estas duas últimas categorias de tecnologias podem ser mantidas pelas empresas se ainda forem rentáveis, sendo a sua eliminação decidida sobretudo por considerações económicas.

Para exemplificar,Figura5 apresenta o espetro tecnológico de duas empresas: A e B.

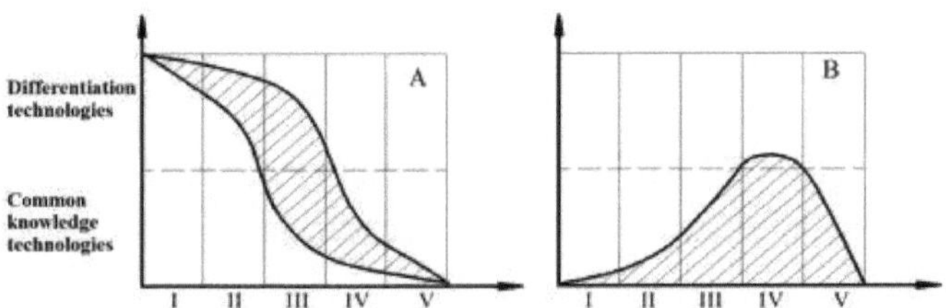

Figura5 - O espetro tecnológico da empresa

Pode notar-se que a empresa A tem um espetro tecnológico muito melhor do que a empresa B. No caso de A, a maioria das tecnologias utilizadas são maduras e metade destas são tecnologias de diferenciação (ou seja, modernas). Simultaneamente, a empresa A está preocupada em encontrar algumas novas tecnologias de diferenciação emergentes e em desenvolver mais algumas tecnologias deste tipo. No caso da empresa B, verifica-se que as tecnologias mais predominantes são as de declínio e que a empresa está a tentar descobrir e desenvolver tecnologias de conhecimento comum. Esta é uma estratégia incorrecta. Graham Bell sempre disse: "Nunca andes no caminho percorrido porque ele só leva ao sítio onde os outros já estiveram". A estratégia da empresa B está errada porque a probabilidade de descobrir algo novo no domínio das tecnologias de conhecimento comum é bastante reduzida. É necessário modificar o espetro tecnológico da empresa para o tornar capaz de conferir aos produtos o nível de qualidade desejado. Esta transformação do espetro tecnológico é designada por "technological upheaval".

Note-se que, para implementar o entendimento mais avançado do conceito de qualidade, ou seja, a qualidade total, é necessário reorganizar as empresas, abordar métodos de gestão modernos, mudar a cultura organizacional (ou, num sentido mais lato, o sistema de valores, que anexa a ética e a responsabilidade social à cultura organizacional) e atualizar as tecnologias da empresa de forma adequada.

1.3. Porquê a Qualidade Total?

Quando queremos utilizar um conceito, somos naturalmente atraídos pela abordagem mais recente neste domínio. No que respeita à qualidade, a questão é simples: temos de adotar a qualidade total. Nos últimos anos, foram-lhe acrescentadas novas dimensões. Estas estão ligadas a uma extensão das preocupações orientadas para o cliente, de modo a garantir a sua proteção (segurança) durante a utilização dos produtos, a que se juntam as preocupações ecológicas, destinadas a tentar não poluir o ambiente.

No que foi dito anteriormente, foram apresentados inúmeros argumentos a favor da qualidade total. Para justificar ainda mais a necessidade de implementar este conceito, a tónica será colocada na importância atribuída ao cliente. Já foi demonstrado que este conceito implica colocar o cliente no centro das preocupações, que passa a ter todo um culto dedicado a ele, através da pesquisa incessante das suas necessidades explícitas e implícitas, redobrada pelo esforço de satisfazer essas exigências da forma mais completa possível através da qualidade dos produtos ou serviços oferecidos pela empresa.

Se tentarmos perceber como é que uma empresa funciona e com quem são as suas relações funcionais, identificaremos o papel de destaque do cliente.

Figura6 apresenta, de forma simplificada, o modo de funcionamento de uma empresa.

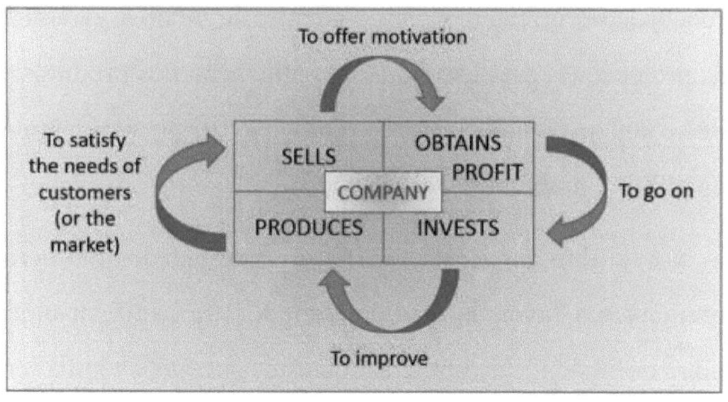

Figura6 - Funcionamento de uma empresa

Pode observar-se que o funcionamento de uma empresa é cíclico. A empresa investe para poder produzir, depois vende os produtos, obtém o lucro da venda, que reinveste para poder retomar o seu ciclo de trabalho. O ciclo de trabalho deve ser efectuado com um nível de qualidade superior, sendo que qualquer tipo de estagnação é suscetível de pôr em causa a existência da empresa. O segredo para retomar o ciclo de trabalho com níveis de qualidade cada vez mais elevados é o reinvestimento dos lucros. No entanto, para que o lucro possa ser reinvestido, ele deve ser acumulado. E de onde é que ele vem? Resulta da diferença entre as receitas e as despesas. As despesas podem ser efectuadas por qualquer empresa; as receitas só existem se a empresa conseguir vender os seus produtos ou serviços.

Uma empresa só pode vender se interagir com os seus clientes, e estes só comprarão à empresa se os produtos ou serviços oferecidos forem altamente capazes de satisfazer as suas necessidades. Por outras palavras, para uma empresa vender o que produziu, precisa de "convencer" os seus clientes a comprarem-lhe. O cliente vai quantificar a qualidade dos produtos ou serviços oferecidos e tomar uma decisão. O resultado desta decisão conduzirá a uma aquisição. O cliente comprará no sítio onde decidir que obterá o melhor negócio. Ele fará a diferença, mas a qualidade justificará a sua decisão de compra. É por isso que o ciclo de trabalho da empresa descrito emFigura6 pode ser quebrado, e não necessariamente por vontade da empresa, mas sim por decisão do seu cliente. Basta que este último não compre os produtos ou serviços da empresa, mas sim os da concorrência. As consequências não são difíceis de adivinhar, e mais discussões são supérfluas.

A empresa só tem uma alternativa viável: determinar que o cliente a compre. Quanto mais clientes decidirem comprar-lhe, maior será o resultado final. Neste caso, o lucro aumentará e o seu reinvestimento inteligente impulsionará a evolução da empresa. Como é que a empresa vai convencer os potenciais clientes a comprar? Só há uma resposta: através de a qualidade dos produtos ou serviços oferecidos. É claro que as actividades de marketing também podem ser utilizadas para convencer os compradores (clientes), mas que tipo de promoção se pode fazer para um produto de baixa qualidade? Mesmo que consigam convencer o cliente uma vez, a utilização do produto adquirido conseguirá confirmar a racionalidade da escolha efectuada ou, se o produto for de baixa qualidade, fará com que o cliente não volte a cometer o mesmo "erro". Isto leva-nos de novo à mesma questão: a qualidade.

As empresas têm de atuar de forma a convencer o maior número possível de potenciais clientes a comprar os produtos ou serviços oferecidos. Só produtos de qualidade excecional podem assegurar a fidelidade dos clientes. Isto é efetivamente necessário porque a empresa reiniciará o ciclo de trabalho e voltará a interagir com os seus clientes. É necessário que as empresas disponham de mercados estáveis ou em desenvolvimento para poderem evoluir, o que só pode acontecer com o advento da qualidade

1.4. Fiabilidade e capacidade de manutenção. A relação Qualidade - Fiabilidade - Manutenibilidade

O capítulo1.1 introduziu a definição do conceito de qualidade e mostrou que o nível de qualidade é medido através da quantificação de certas caraterísticas ou propriedades dos produtos ou serviços, designadas por caraterísticas de qualidade. Foi também apresentada uma classificação destas caraterísticas de qualidade com base na forma como são avaliadas e expressas. A classificação das caraterísticas de qualidade em função da sua natureza é também particularmente útil.

De acordo com a sua natureza, as caraterísticas de qualidade podem ser:

- **Caraterísticas técnicas** (parâmetros técnico-funcionais e técnico-económicos do produto, tais como: eficiência, relação potência/peso, relação entre o binário de arranque e o binário nominal, etc.);
- **Caraterísticas económicas** (custo unitário do produto, preço de venda a retalho, peças defeituosas, despesas de funcionamento, manutenção, montagem, etc.);
- **Caraterísticas estéticas** (forma, cor, apresentação, embalagem, etc.);
- **Caraterísticas sociais** (a influência que a utilização do produto pode ter no ambiente, que se refere à poluição da atmosfera, dos cursos de água, da biosfera, ao ruído, ao conforto, etc.). *Nota: as caraterísticas sociais e*

estéticas são também conhecidas como caraterísticas psicossensoriais;

- **Caraterísticas de exploração (utilização): fiabilidade, facilidade de manutenção, disponibilidade, caraterísticas ergonómicas** - caracterizam a relação entre o utilizador e o produto e referem-se à segurança de funcionamento do produto e à proteção do ambiente.

Se classificarmos os produtos (bens) que os clientes adquirem de vários fabricantes, estes podem ser divididos em produtos consumíveis e produtos de utilização a longo prazo, como mostra a Figura7 . Por sua vez, os produtos de uso prolongado podem ser divididos em produtos reparáveis e irreparáveis.

Os bens de consumo são úteis apenas durante um período de tempo relativamente curto e, após o contacto com o cliente, acabam por deixar de existir na sua forma inicial. Um exemplo de bens de consumo são os produtos alimentares.

Os produtos de utilização a longo prazo são utilizados durante um período de tempo relativamente longo. Estes produtos são: equipamento elétrico, máquinas-ferramentas, equipamento, agregados, linhas de produção, etc. Por mais elevado que seja o nível de qualidade de um produto de utilização a longo prazo, este acabará por deixar de funcionar um dia, quando inevitavelmente se avariar. Neste momento, há duas alternativas possíveis: a substituição ou a reparação. Se o produto for reparável, o estado de avaria pode ser resolvido através da reparação. Um produto deste tipo pode ser, por exemplo, um automóvel que, quando avariado, é reparado para poder voltar a circular. Se o produto for irreparável, como uma lâmpada de incandescência, quando esta se avaria tem de ser substituída por outra lâmpada, uma vez que a sua reparação foi concebida para o produto.

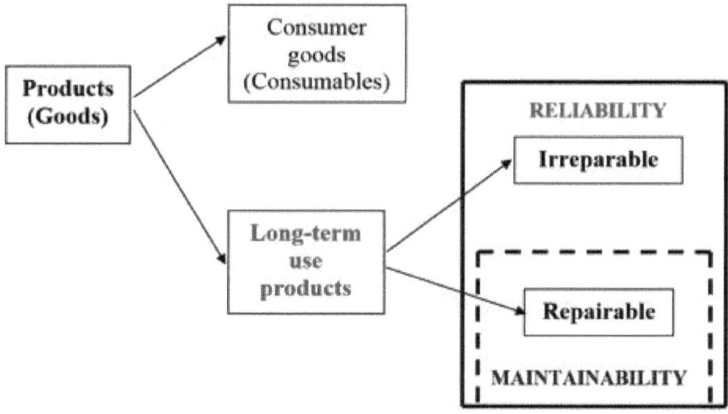

Figura7 - A classificação dos produtos de acordo com a forma como são utilizados

Independentemente do tipo de produto, os clientes exigem um elevado nível de qualidade. No caso dos produtos consumíveis, é suficiente avaliar o seu nível de qualidade aquando da compra, uma vez que a sua validade é relativamente reduzida. Isto significa que a questão da qualidade é colocada para os produtos de utilização prolongada. O nível de qualidade aquando da compra também nos interessa neste caso, mas também é introduzido o aspeto da utilização a longo prazo (anos ou mesmo décadas).

É óbvio que qualquer pessoa que adquira um produto de utilização prolongada gostaria de ver o seu nível de qualidade mantido durante toda a sua vida útil. A preservação da qualidade ao longo do tempo é uma das primeiras definições dadas à fiabilidade. A manutenção do nível de qualidade ao longo do tempo implica um período de tempo durante o qual o produto funciona corretamente. Por outras palavras, a fiabilidade é um conceito que se refere ao bom funcionamento dos produtos (produtos reparáveis ou irreparáveis de utilização prolongada), sendo esta uma caraterística de qualidade que pertence à categoria de funcionamento (utilização). **A fiabilidade** descreve a capacidade de um produto ser mantido em bom estado de funcionamento durante um período de tempo limitado (não há nenhum produto que possa continuar a funcionar para sempre) e em determinadas condições de funcionamento (que têm de ser satisfeitas quando se utiliza o produto). A fiabilidade é uma caraterística específica de todos os produtos utilizados a longo prazo - tanto os reparáveis como os irreparáveis.

No caso dos produtos reparáveis de utilização a longo prazo, quando se instala um estado de avaria que torna o produto inoperável, qualquer cliente deseja que o produto avariado seja reparado o mais rapidamente possível e da forma menos dispendiosa. A capacidade de os produtos serem repostos no seu estado de funcionamento correto, durante um determinado período de tempo e em condições específicas, descreve a sua **capacidade de manutenção**

Disponibilidade = Fiabilidade + Capacidade de manutenção (1.1)

Consequentemente, quando se trata de produtos irreparáveis de utilização a longo prazo, a sua disponibilidade resume-se apenas à sua fiabilidade (verFigura7).

As caraterísticas de funcionamento dos produtos que são muito importantes para o cliente e que são objeto desta disciplina são

- Fiabilidade;
- Capacidade de manutenção;
- Disponibilidade.

Pode observar-se que estas caraterísticas só são possuídas por produtos de utilização prolongada. São importantes não só para os clientes que utilizam os produtos, mas também para os fabricantes . Por conseguinte, podemos interagir com os produtos de utilização prolongada quer na perspetiva do fabricante (fornecedor), quer na do beneficiário (cliente). Mesmo que alguém seja cético quanto à possibilidade de alguma vez se envolver no aspeto do fabrico de produtos de utilização prolongada, não poderá certamente evitar possuir tais produtos. Independentemente de estes produtos serem ou não bens pessoais ou meios de produção utilizados no local de trabalho, as informações relativas à fiabilidade e à capacidade de manutenção são oportunas.

A capacidade de manutenção não deve ser confundida com a **manutenção**. Inicialmente, a manutenção costumava reunir apenas as actividades de conservação e reparação. No entanto, as abordagens modernas completam o conceito, acrescentando todas as actividades técnico-organizacionais destinadas a aumentar a eficiência de utilização de qualquer produto utilizado a longo prazo. Neste caso, a manutenção torna-se um conceito mais amplo, que integra os conceitos de fiabilidade, facilidade de manutenção e disponibilidade do produto, respetivamente. É por esta razão que a manutenção merece uma atenção especial.

Por sua vez, a manutenção continua a ser um conceito subsumido no conceito de qualidade, mesmo se adoptarmos o seu último significado, que é o de manutenção produtiva total (TPM).

A manutenção produtiva total torna-se um objetivo de qualquer empresa moderna. Este objetivo deve - e pode - ser alcançado através da implementação da gestão da manutenção. A gestão da manutenção deve ser harmoniosamente integrada na gestão da qualidade total e não deve, de modo algum, ser tratada separadamente.

Por analogia com o que é mostrado emFigura2Figura8 apresenta a ligação entre a gestão da manutenção e o conceito de manutenção (de acordo com o entendimento mais moderno, que é o TPM).

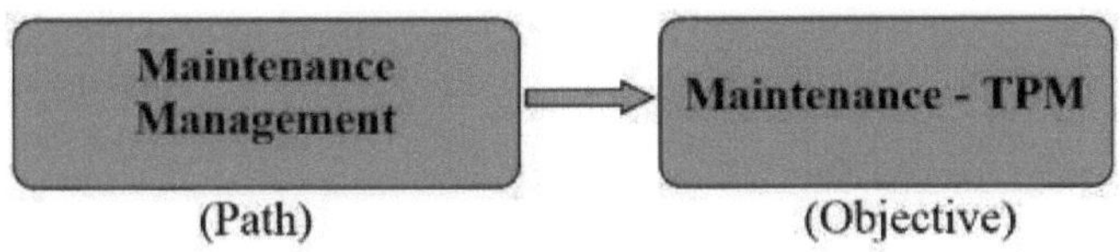

Figura8 - A ligação entre a manutenção e a gestão da manutenção

Para uma melhor compreensão dos conceitos introduzidos, a relação entre eles é apresentada de forma mais sugestiva emFigura9

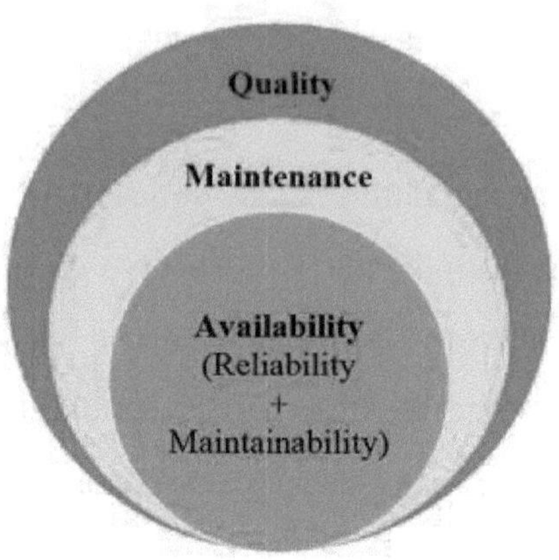

Figura9 - A relação entre conceitos

É de notar que todos os conceitos são abrangidos pelo conceito de qualidade (evidentemente, na perspetiva da qualidade total). A manutenção torna-se um componente básico da qualidade e apresenta interesse tanto para os projectistas de produtos de utilização a longo prazo como para os utilizadores finais desses produtos.

2. Engenharia de fiabilidade

2.1. Generalidades

A maior parte das pessoas tem uma ideia do que é a fiabilidade na vida quotidiana; por exemplo, as pessoas podem falar sobre a fiabilidade da sua máquina de lavar roupa durante o período de tempo em que a possuem. Do mesmo modo, um carro que não precisa de ir muitas vezes à oficina para ser reparado durante a sua vida útil é considerado fiável. Pode dizer-se que a fiabilidade é a qualidade ao longo do tempo. A qualidade está associada à mão de obra e ao fabrico e, por conseguinte, se um produto não funcionar ou se avariar assim que o comprar, considerá-lo-á de má qualidade. No entanto, se, com o passar do tempo, as peças do produto se desgastarem antes do previsto, então isso seria designado por fraca fiabilidade. Por conseguinte, a diferença entre qualidade e fiabilidade está relacionada com o tempo e, mais especificamente, com o tempo de vida do produto.

A engenharia da fiabilidade tem aspectos quantitativos e qualitativos; as medições da fiabilidade são necessárias para o cumprimento dos requisitos do cliente. No entanto, a medição da fiabilidade não torna um produto fiável; só concebendo a fiabilidade é que um produto pode atingir os seus objectivos de fiabilidade. Estas observações introduzirão, portanto, alguma da terminologia utilizada na engenharia da fiabilidade. Fornecerá informação sobre a medição da fiabilidade, bem como sobre a conceção da fiabilidade. Além disso, salienta-se a importância de bons princípios de engenharia para garantir a fiabilidade do produto. Ao identificar as possíveis causas de falha e ao eliminá-las, a fiabilidade do produto será obviamente melhorada.

A definição formal de fiabilidade é **a** seguinte: **a capacidade de um produto desempenhar uma função requerida, nas condições estabelecidas, durante um determinado período de tempo**.

Outra definição diz respeito à natureza probabilística da medição da fiabilidade, ou seja, a probabilidade de um produto desempenhar uma função requerida em condições especificadas durante um determinado período de tempo. Trata-se, portanto, de uma medida de incerteza de engenharia e a quantificação da fiabilidade implica o recurso à estatística e, mais especificamente, à teoria das probabilidades. Estas observações também descreverão algumas distribuições de probabilidade úteis que podem descrever o comportamento dos produtos ao longo da sua vida útil.

Entre as influências que aumentaram a importância do estudo da engenharia da fiabilidade, contam-se as seguintes

- Os clientes esperam que os produtos não só cumpram os parâmetros especificados aquando da entrega, mas também que funcionem durante o que consideram ser uma vida útil razoável;
- À medida que os produtos se tornam mais complexos, os requisitos de fiabilidade dos componentes individuais aumentam. Suponhamos, por exemplo, que um sistema tem 1000 componentes independentes que têm de funcionar para que o sistema funcione. Suponhamos ainda que cada componente tem uma fiabilidade de 99,9%. O sistema teria uma fiabilidade de $0{,}999^{1000} = 0{,}37$;
- Um produto não fiável acarreta frequentemente riscos para a saúde e a segurança;
- Os valores de fiabilidade são utilizados em materiais de marketing e de garantia;
- As pressões da concorrência exigem uma maior ênfase na fiabilidade;

- Um número crescente de contratos especifica requisitos de fiabilidade.

O estudo da engenharia da fiabilidade responde a cada uma destas influências, ajudando os projectistas a determinar e a aumentar o tempo de vida útil dos produtos, processos e serviços.

2.2. A inter-relação entre a qualidade e a fiabilidade

Na maioria das organizações, a função de garantia da qualidade é concebida para melhorar continuamente a capacidade de produzir produtos e serviços que satisfaçam ou excedam os requisitos dos clientes. Em termos estritos, isto significa, na indústria transformadora, produzir peças com dimensões que estejam dentro dos limites de tolerância.

A engenharia da qualidade deve alargar este conceito restrito de modo a incluir considerações de fiabilidade, e todos os engenheiros da qualidade devem ter um conhecimento prático da engenharia da fiabilidade. Qual é, então, a distinção entre estes dois domínios?

- Depois de um produto ter sido fabricado com sucesso, a função tradicional de garantia da qualidade fez o seu trabalho (embora a procura de formas de o melhorar seja contínua). O principal objetivo da função de fiabilidade é o que acontece a seguir. Procuram-se respostas para questões como:

- Os componentes estão a falhar prematuramente?
- O tempo de combustão foi suficiente?
- A taxa de insucesso constante é aceitável?
- Que alterações na conceção, fabrico, instalação, funcionamento ou manutenção melhorariam a fiabilidade?

- Outra forma de distinguir entre qualidade e fiabilidade é observar a forma como os dados são recolhidos. No caso do fabrico, os dados de engenharia da qualidade são geralmente recolhidos durante o processo de fabrico. São medidas entradas como tensões, pressões, temperaturas e parâmetros da matéria-prima. As saídas são medidas, tais como dimensões, acidez, peso e níveis de contaminação. Os dados de engenharia de fiabilidade são geralmente recolhidos após o fabrico de um componente ou produto. Por exemplo, um interruptor pode ser ligado e desligado repetidamente até falhar, sendo registado o número de ciclos bem sucedidos.

Uma bomba pode funcionar até que o seu débito em litros por minuto desça abaixo de um valor definido, sendo registado o número de horas;

- Os engenheiros de qualidade e de fiabilidade dão contributos diferentes para o processo de conceção. Os engenheiros de qualidade sugerem alterações que permitem que o produto seja produzido dentro das tolerâncias a um custo razoável. Os engenheiros de fiabilidade fazem recomendações que permitem que o produto funcione corretamente durante um período de tempo mais longo.

Os parágrafos anteriores mostram que, embora os papéis da qualidade e da fiabilidade sejam diferentes, estão inter-relacionados. Por exemplo, na fase de conceção do produto, tanto a função qualidade como a função fiabilidade têm como objetivo propor formas rentáveis de satisfazer e exceder as expectativas dos clientes. Isto obriga muitas vezes a que as duas funções trabalhem em conjunto para produzir um projeto que funcione corretamente e que tenha o desempenho previsto durante um determinado período de tempo. Quando os processos são concebidos e operados, os engenheiros da qualidade e da fiabilidade trabalham em conjunto para determinar os parâmetros do processo que têm impacto no desempenho e na longevidade do produto, de modo a que esses parâmetros possam ser adequadamente controlados. Existe uma inter-relação semelhante quando são desenvolvidas especificações para a embalagem, expedição, instalação, funcionamento e manutenção.

A fiabilidade será afetada pela conceção do produto e pelos processos utilizados no seu fabrico. Por conseguinte, os projectistas dos produtos e dos processos devem compreender e utilizar os dados relativos à fiabilidade quando tomam decisões de conceção. De um modo geral, quanto mais cedo os dados de fiabilidade forem considerados no processo de conceção, mais eficiente e eficaz será o seu impacto.

Uma vez concebido um produto fiável, são utilizadas técnicas de engenharia da qualidade para garantir que os processos geram esse produto.

2.3. O papel da função de fiabilidade na organização

O estudo da engenharia da fiabilidade é normalmente realizado principalmente para determinar e melhorar o tempo de vida útil dos produtos. São recolhidos dados sobre as taxas de falha de componentes e produtos, incluindo os produzidos pelos fornecedores. Os produtos dos concorrentes também podem ser sujeitos a testes e análises de fiabilidade.

As técnicas de fiabilidade também podem ajudar outras facetas de uma organização:

- As análises de fiabilidade podem ser utilizadas para melhorar a conceção dos produtos. As previsões de fiabilidade fornecem orientações, uma vez que os componentes são selecionados e podem ajudar a aumentar o tempo de vida útil de um produto. As melhorias de fiabilidade podem ser efectuadas através da redundância planeada de componentes;

- O marketing e a publicidade podem ser ajudados, uma vez que a garantia e outros documentos que informam as expectativas dos clientes são preparados. As garantias que não são apoiadas por dados de fiabilidade podem causar custos adicionais e inflamar a ira dos clientes;

- É cada vez mais importante detetar e prevenir ou atenuar os problemas de responsabilidade civil relacionados com os produtos. Os avisos e alarmes devem ser incorporados no projeto quando os perigos não podem ser eliminados. Os produtos cuja falha pode introduzir riscos para a saúde e a segurança devem ser analisados em termos de fiabilidade, de modo a que possam ser implementados procedimentos para reduzir a probabilidade de serem utilizados para além do seu tempo de vida útil. As taxas de falha normalmente aumentam na fase final da vida de um produto. Os componentes cuja vida útil é inferior à do produto devem ser substituídos de acordo com um calendário que pode ser determinado através de técnicas de engenharia de fiabilidade;

- Os processos de fabrico podem utilizar ferramentas de fiabilidade das seguintes formas
    - O impacto dos parâmetros do processo nas taxas de falha do produto pode ser estudado;
    - Os processos alternativos podem ser comparados quanto ao seu efeito na fiabilidade;
    - Os dados de fiabilidade do equipamento de produção podem ser utilizados para determinar os planos de manutenção preventiva e os inventários de peças sobresselentes;

- Pode ser avaliada a utilização de fluxos de processos paralelos que melhoram a fiabilidade do fabrico;
- A segurança pode ser melhorada através da compreensão das taxas de falha do equipamento;
- Os fornecedores podem ser avaliados de forma mais eficaz.

- Todas as facetas de uma organização, incluindo as compras, a garantia de qualidade, a embalagem, o serviço de campo, a logística, etc., podem beneficiar dos conhecimentos da engenharia da fiabilidade. A compreensão dos ciclos de vida dos produtos e equipamentos que utilizam e manuseiam pode melhorar a eficácia e eficiência das suas operações.

a) Fiabilidade no desenvolvimento de produtos e processos

Algumas aplicações da engenharia da fiabilidade consistiram em testar os produtos no final da fase de fabrico para determinar os parâmetros do seu ciclo de vida. Nesta altura, é, obviamente, demasiado tarde para ter um grande impacto sobre esses parâmetros.

As ferramentas de engenharia da fiabilidade ajudam o engenheiro de projeto a trabalhar de forma mais eficiente e eficaz de várias formas:

- Os valores do tempo médio entre falhas (MTBF) para os produtos existentes podem ser determinados e podem ser estabelecidos objectivos razoáveis;
- Os valores MTBF dos componentes e das peças adquiridas podem ser determinados;
- É possível prever os tipos de falhas e os momentos de ocorrência;
- Podem ser determinados os tempos óptimos de amaciamento/queima;
- Podem ser estabelecidas recomendações para os prazos de garantia;
- O impacto da idade e das condições de funcionamento na vida do produto pode ser estudado;
- Podem ser determinados os efeitos de caraterísticas de conceção paralelas ou redundantes;
- O teste de vida acelerado pode ser utilizado para fornecer dados de falha;

- Os dados de falhas no terreno podem ser analisados para ajudar a avaliar o desempenho do produto;
- A engenharia simultânea pode melhorar a eficiência e a eficácia do desenvolvimento de produtos, programando as tarefas de conceção em paralelo, em vez de sequencialmente;
- A engenharia de fiabilidade pode fornecer informações às equipas individuais sobre as taxas de falha dos seus componentes propostos;
- As estimativas de contabilização dos custos podem ser melhoradas através da utilização da análise dos custos do ciclo de vida utilizando dados de fiabilidade;
- Quando a gestão utiliza as técnicas FMEA / FMECA, a engenharia da fiabilidade fornece um contributo essencial.

b) Gestão das consequências das falhas e da responsabilidade

As análises de fiabilidade fornecem estimativas da probabilidade de ocorrência de falhas. O engenheiro de fiabilidade deve ir além destes cálculos e examinar as consequências das falhas. Estas consequências representam normalmente custos para o cliente.

O cliente encontra formas de partilhar estes custos com o fabricante através do sistema de garantia, da perda de negócio, de danos na reputação ou do sistema de litígios civis. Assim, uma função importante da fiabilidade é a antecipação de possíveis falhas e o estabelecimento de objectivos de aceitação da fiabilidade que limitem a sua ocorrência e os custos inerentes.

Uma vez definidos os objectivos de fiabilidade do componente, do produto e do sistema, deve ser implementado um protocolo de testes para validar esses objectivos, na medida em que terão impacto nas taxas de falha e nas consequências associadas, conforme planeado. Estes objectivos de fiabilidade impõem normalmente especificações ao produto. Antecipando o início da produção, os engenheiros de fiabilidade fornecem procedimentos de teste adicionais para verificar se estas especificações estão a ser cumpridas.

c) Planeamento dos custos do ciclo de vida

As técnicas de engenharia da fiabilidade ajudam a quantificar o conceito "pague-me agora ou pague-me mais tarde". O objetivo é determinar o nível de fiabilidade que minimizará o custo total do ciclo de vida do produto. O custo do ciclo de vida de um produto inclui o custo de aquisição, operação e manutenção durante a sua vida útil. Em alguns casos, como o dos produtos automóveis, em que o cliente raramente mantém o produto durante toda a sua vida útil, os custos associados à depreciação podem ser incluídos nos custos do ciclo de vida.

O custo real das falhas é frequentemente subestimado. Se um componente de uma válvula de gás natural de 90 cêntimos deixar de funcionar, o custo pode exceder em muito o custo de substituição de 90 cêntimos.

Os engenheiros de fiabilidade têm uma visão a longo prazo e desenvolvem formas rentáveis de reduzir os custos do ciclo de vida. Estas podem ir desde técnicas de conceção, como a redundância e a redução de potência, até à especificação de parâmetros de fabrico, como o tempo de combustão.

O aumento da fiabilidade implica, por vezes, um aumento do custo de fabrico e do preço de venda. No entanto, se for corretamente implementado, o resultado será uma diminuição do custo do ciclo de vida. Considere-se, por exemplo, uma linha nacional de camiões que descobre que a causa mais frequente de paragem do veículo se deve à queima de uma lâmpada de farol. Isto implica parar o camião na berma da estrada e pedir um veículo de reparação ao depósito mais próximo da empresa. O atraso resultante provoca atrasos nas entregas e clientes insatisfeitos. A empresa de camionagem determinou que uma lâmpada muito mais fiável reduz os custos do ciclo de vida, embora a nova lâmpada tenha um preço de compra inicial consideravelmente mais elevado e exija a instalação de um transformador elevador para obter a tensão necessária. A empresa especifica agora a lâmpada mais fiável para as novas aquisições de camiões. Neste caso, o fabricante de camiões já não pode ser censurado por optar por um produto que não tem o menor custo de ciclo de vida.

Quando se tomam decisões sobre a conceção de componentes e produtos, o engenheiro de fiabilidade pode ajudar a calcular a relação custo-benefício, fornecendo as expectativas de vida para as várias opções de conceção.

2.4. O que é a fiabilidade?

A fiabilidade está associada a falhas inesperadas de produtos ou serviços, e compreender por que razão essas falhas ocorrem é fundamental para melhorar a fiabilidade. As principais razões pelas quais as falhas ocorrem incluem:

- O produto não é adequado ao fim a que se destina ou, mais especificamente, a sua conceção é intrinsecamente inadequada;
- O produto ou um componente do mesmo pode estar sob tensão de alguma forma;

- As falhas podem ser causadas por desgaste;
- As falhas podem ser causadas por variações muito amplas;
- Especificações incorrectas podem causar falhas;
- A utilização incorrecta do produto pode provocar avarias;
- Os produtos são concebidos com um ambiente de funcionamento específico em mente e, se forem utilizados fora desse ambiente, podem ocorrer falhas.

Há muitas razões para o fracasso de um produto; a lista acima é apenas um resumo genérico delas.

A carga e a resistência de um produto ou componente podem ser geralmente conhecidas; no entanto, existirá sempre um elemento de incerteza. Os valores reais de resistência de qualquer população de componentes variam; haverá alguns que são relativamente fortes, outros que são relativamente fracos, mas a maioria será de resistência quase média. Da mesma forma, haverá algumas cargas maiores do que outras, mas a maioria será média. Figura10 abaixo mostra a relação carga/resistência sem sobreposições.

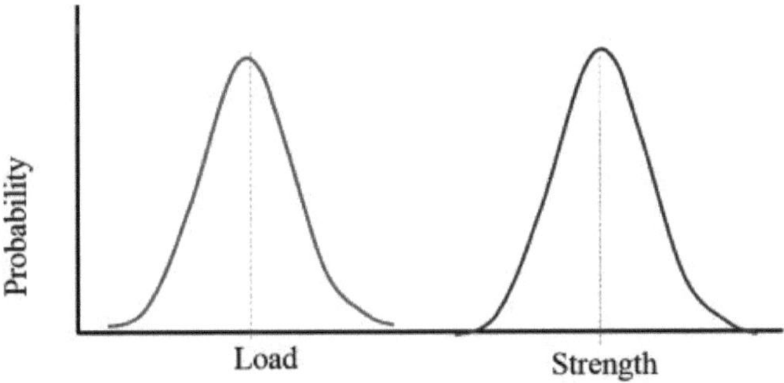

Figura10 - Relação carga/resistência, sem sobreposições

No entanto, se, como mostra Figura11 , houver uma sobreposição das duas distribuições, ocorrerão falhas. Por conseguinte, é necessário prever uma margem de segurança para garantir que não há sobreposição destas distribuições.

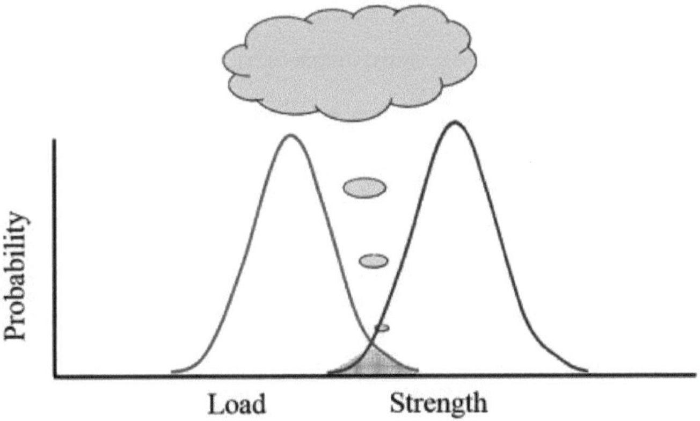

Figura11 - Relação carga/resistência - sobreposições

É evidente que, para garantir uma boa fiabilidade, é necessário identificar e eliminar as causas das falhas. De facto, os objectivos da engenharia de fiabilidade são:

- Aplicar os conhecimentos de engenharia para prevenir ou reduzir a probabilidade ou a frequência das falhas;
- Identificar e corrigir as causas das falhas que ocorrem;
- Determinar formas de lidar com os insucessos que ocorrem;
- Aplicar métodos de estimativa da fiabilidade provável de novas concepções e de análise dos dados de fiabilidade.

Estas observações destacarão algumas das técnicas que podem ser utilizadas para identificar falhas, bem como as técnicas estatísticas de análise de dados de fiabilidade.

A falta de fiabilidade tem uma série de consequências infelizes, pelo que, para muitos produtos e serviços, constitui uma séria ameaça. Por exemplo, a falta de fiabilidade pode ter implicações em:

- Segurança;
- Competitividade;
- Margens de lucro;
- Custos de reparação e manutenção;
- Atrasos a montante da cadeia de abastecimento;

- Reputação;
- Boa vontade.

Os seguintes pontos-chave são importantes para compreender a fiabilidade:

- A fiabilidade é uma medida de incerteza e, por conseguinte, estimar a fiabilidade significa utilizar a estatística e a teoria das probabilidades;
- A fiabilidade é a qualidade ao longo do tempo;
- A fiabilidade deve ser concebida nos produtos ou serviços;
- O aspeto mais importante da fiabilidade é identificar as causas das falhas e eliminá-las desde a fase de conceção, se possível, ou, se não for possível, identificar formas de as resolver;
- A fiabilidade é definida como a capacidade de um produto desempenhar uma função requerida, sem falhas, nas condições estabelecidas e durante um determinado período de tempo;
- Os custos da falta de fiabilidade podem ser prejudiciais para uma empresa.

2.5. Medir a fiabilidade

Muitos clientes elaboram uma declaração dos requisitos de fiabilidade que devem ser incluídos na especificação do produto. Esta declaração deve incluir o seguinte:

- A definição de falha relacionada com a função do produto, abrangendo todos os modos de falha relevantes para a função;
- Uma descrição completa dos ambientes em que o produto será armazenado, transportado, utilizado e mantido;
- Uma declaração dos requisitos de fiabilidade.

A definição de falha deve ser feita com cuidado para garantir que os critérios de falha não sejam ambíguos. A falha deve estar sempre relacionada com um parâmetro mensurável ou com uma indicação clara. Por exemplo, uma definição de falha pode incluir "falha de funcionamento de uma função". Para poder conceber tendo em conta as cargas do produto, a equipa de conceção deve dispor de informações precisas sobre o ambiente do produto. Se um produto tiver de funcionar exclusivamente a grandes altitudes, com mudanças extremas de temperatura, então a conceção deve ser suficientemente robusta para suportar tais factores ambientais. Do mesmo modo, se um produto for armazenado em condições extremas antes de ser utilizado, a conceção deve ter em conta essas condições de armazenamento.

Os requisitos de fiabilidade devem ser enunciados de uma forma que possa ser verificada e que faça sentido relativamente à utilização do produto. O requisito mais simples é afirmar que não ocorrerá nenhuma falha nas condições planeadas. Os requisitos de fiabilidade baseados em parâmetros de vida devem ser baseados nas distribuições de vida correspondentes. Um parâmetro comum utilizado é o MTBF, quando se assume uma taxa de falha constante.

A curva da banheira é uma representação do desempenho da fiabilidade de componentes ou produtos não reparados. Traça o desempenho da fiabilidade de uma grande amostra de produtos homogéneos que entram em campo num determinado momento inicial (normalmente zero). Se observarmos os produtos sem substituição ao longo do seu tempo de vida, podemos observar três formas ou períodos distintos. Figura12 mostra a curva da banheira e estes três períodos. A parte das falhas iniciais ("mortalidade infantil") mostra que o lote terá inicialmente uma função de risco elevada que eventualmente começa a diminuir. Este período de tempo representa o período de burn-in ou de depuração, em que os produtos fracos são eliminados. Após a fase inicial, quando os componentes fracos tiverem sido eliminados e os erros corrigidos, o lote restante atinge um período de função de perigo relativamente constante, conhecido como período de vida útil. Figura12 mostra que a função de perigo é constante e que esta forma pode ser modelada utilizando a distribuição exponencial quando as falhas ocorrem aleatoriamente ao longo do tempo. A parte final da curva da banheira é designada por fase de desgaste: é nesta fase que a função de perigo aumenta com o tempo.

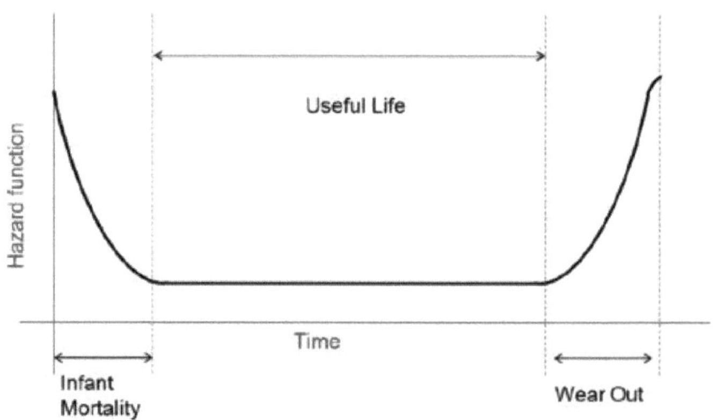

Figura12 - A curva da banheira

Se tiver sido efectuado um grande número de medições, pode desenhar-se um histograma que mostre a variância das medições. Um diagrama mais útil, para dados contínuos, é a função de densidade de probabilidade. O eixo y é a percentagem medida ao longo de um intervalo (indicado no eixo x), em vez da frequência, como num histograma. Se os intervalos forem reduzidos, o histograma transforma-se numa curva que descreve a distribuição das medições ou valores. Esta distribuição é a função de densidade de probabilidade ou PDF. Figura13 abaixo mostra um exemplo de uma PDF. A área sob a curva de distribuição é igual a 1, ou seja

$$\int_{-\infty}^{\infty} f(x)\, dx = 1 \tag{2.1}$$

A probabilidade de um valor se situar entre dois valores quaisquer x_1 e x_2 é a área delimitada por este intervalo, ou seja

$$p(x_1 < x < x_2) = \int_{x_1}^{x_2} f(x)\, dx \tag{2.2}$$

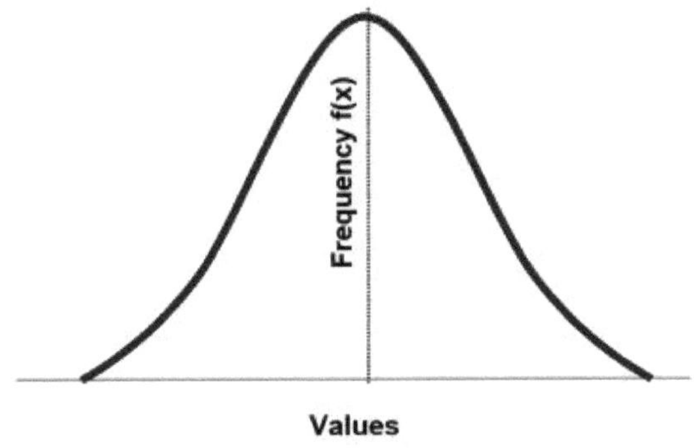

Figura13 - A função de densidade de probabilidade (PDF)

Ao lidar com a fiabilidade, uma vez que estamos habitualmente a discutir o tempo, substituiremos t por x, ou seja, f(t). A função de distribuição cumulativa ou CDF, F(t), dá a probabilidade de um valor medido se situar entre -∞ e t:

$$F(t) = \int_{-\infty}^{t} f(t)\,dt \qquad (2.3)$$

Figura14 abaixo mostra a CDF: à medida que x se aproxima de ∞, F(t) se aproxima de 1.

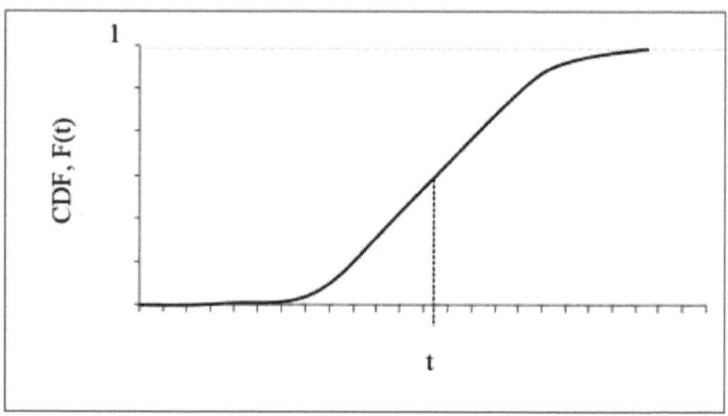

Figura14 - A função de distribuição cumulativa, F(t)

Na engenharia da fiabilidade, estamos preocupados com a probabilidade de um produto sobreviver durante um determinado período de tempo (ou número de ciclos, distância, etc.), ou seja, de não haver falhas no intervalo [0, t]. É conhecida como a função de sobrevivência (verFigura15) e é dada por R(t). Com base na definição:

$$R(t) = 1 - F(t) = \int_{t}^{\infty} f(t)\,dt = 1 - \int_{-\infty}^{t} f(t)\,dt \qquad (2.4)$$

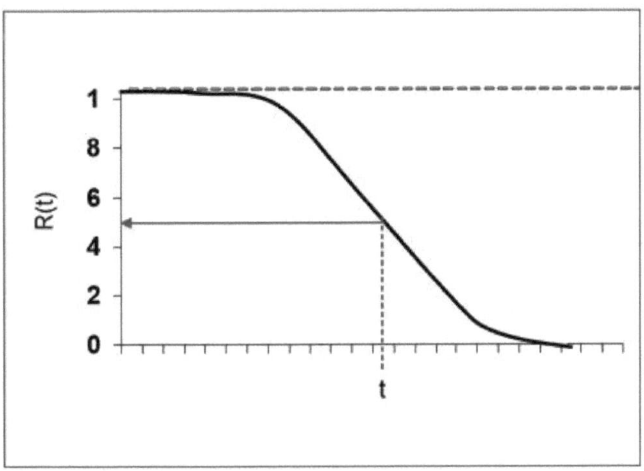

Figura15 - A função de sobrevivência, R(t)

Outra função importante na fiabilidade é a função de perigo h(t); é a probabilidade condicional de falha no intervalo [t, (t+dt)], desde que não tenha ocorrido nenhuma falha até t:

$$h(t) = \frac{f(t)}{R(t)} = 1 - \frac{f(t)}{F(t)} \tag{2.5}$$

A curva da banheira apresentada emFigura12 ilustra 3 funções de perigo diferentes: uma função de perigo decrescente, uma constante e uma crescente.

3. Fiabilidade dos sistemas

Objectivos:

- Definir os elementos básicos da fiabilidade;
- Identificar e classificar os tipos de fracassos - fracasso;
- Determinar os parâmetros e indicadores de fiabilidade;
- Determinar a fiabilidade dos sistemas;
- Adquirir algumas noções relativas aos ensaios de fiabilidade.

3.1. Definição de fiabilidade

A fiabilidade é uma caraterística dos produtos utilizados a longo prazo que descreve o seu funcionamento correto.

A fiabilidade pode ser definida de forma qualitativa ou quantitativa, como se segue:

- *Qualitativa*: a fiabilidade é a capacidade de um produto funcionar sem falhas, durante um determinado período de tempo, em condições específicas.
- *Quantitativa*: a fiabilidade é a probabilidade de um produto cumprir as suas funções com um determinado nível de desempenho e sem falhas, durante um

determinado período de tempo, em condições de funcionamento específicas.

Estas duas definições permitem que a questão do bom funcionamento de um produto não possa ser colocada ad infinitum, mas que se limite a um período de tempo específico. Ao mesmo tempo, revela-se que a fiabilidade é uma função do tempo (ou seja, varia ao longo do tempo) e pode assumir a forma matemática de uma probabilidade. E, como qualquer probabilidade, pode assumir um valor que pertence ao intervalo [0, 1]. Se a fiabilidade de um produto for 1, significa que a probabilidade de este estar em bom estado de funcionamento é de 100%. Esta ocorrência só é válida quando se inicia um produto pela primeira vez, e nem sequer todas as vezes. Há casos em que um produto é classificado como totalmente funcional em cada etapa da fase de controlo, mas, devido a condições de armazenamento ou transporte inadequadas, pode acabar por falhar ao ser ligado pela primeira vez. Este facto, no entanto, é a exceção e não a regra, o que faz com que se trate de uma ocorrência acidental. Se a fiabilidade de um produto é 0, então a probabilidade de o produto funcionar é 0, o que significa que o produto tem 0% de hipóteses de funcionar.

Ambas as definições acrescentam o facto de a fiabilidade descrever o bom funcionamento do produto apenas no contexto do cumprimento de determinadas condições de funcionamento específicas. Estas devem ser identificadas pelo fabricante e transmitidas ao utilizador. O utilizador tem de aceitar o facto de que é do seu interesse respeitar estas condições, que é a única forma de usufruir de um longo período sem falhas. De facto, é verdade que a maioria dos clientes está consciente do facto de que o não cumprimento das condições de funcionamento especificadas pelo fabricante anula a garantia de um produto.

3.2. Falhas e fracassos

O acontecimento típico fundamental, caraterístico da teoria da fiabilidade é a falha ou o mau funcionamento. Por **falha** entendemos o processo de cessação da função projectada de um produto, em que a falha é a consequência deste processo. Desde que um produto esteja a funcionar corretamente, nada pode ser dito sobre a sua fiabilidade. A fiabilidade dos produtos é semelhante à saúde das pessoas: só é valorizada quando já não a temos. Por outras palavras, temos de esperar que um produto falhe para chegarmos a uma conclusão sobre a sua fiabilidade.

A falha pode ter várias causas que dizem respeito às circunstâncias relacionadas com a conceção e a utilização. Se necessário, fabrico pode também significar as operações de montagem de um produto.

Dependendo das causas que o geram, **o fracasso** pode ser:

- **Inerente**, quando afetada por defeitos ocultos de conceção, fabrico ou montagem, enquanto as cargas a que o produto está sujeito não excedem os valores prescritos;
- **Devido à utilização incorrecta**, causada por cargas muito superiores às prescritas pela documentação técnica.

Note-se que as falhas podem ser causadas quer pelo fabricante (as inerentes), quer pelo utilizador final (as devidas a uma utilização incorrecta).

A classificação das falhas pode ser efectuada de acordo com uma série de critérios, dos quais se enumeram os seguintes:

a) A forma como são produzidos:

    - Primárias - se não forem causadas por outra falha;

- Secundárias - se estiverem intrínseca ou aleatoriamente ligadas a outra falha.

b) A hora em que aparecem:

- Precoce (infantil ou precoce);
- Maduro;
- Velhice (desgaste).

c) A velocidade a que aparecem:

- De repente;
- Progressivo.

d) As consequências do insucesso:

- Menor;
- Major;
- Crítico;
- Secundário.

e) O grau de fracasso:

- Parcial;
- Intermitente;

- Total.

f) A forma como afecta o produto:

- Total - correspondem à cessação do funcionamento de um produto;
- Derivado - certas caraterísticas de um produto excedem os limites prescritos.

Das falhas mencionadas, as mais "convenientes" são as progressivas, uma vez que o utilizador é avisado pelo início do processo de falha. Os rolamentos de rolos, por exemplo, costumam falhar desta forma e o início do seu processo de falha é anunciado pelo aparecimento de um ruído específico (guinchar ou chocalhar). As falhas menos desejáveis são as intermitentes, uma vez que são difíceis de identificar quando o produto funciona ou não funciona.

3.3. Quando é que se coloca a questão da fiabilidade?

Já foi estabelecido que a fiabilidade é uma caraterística da qualidade que se refere à utilização de produtos a longo prazo. Também já foi demonstrado que, quando nos referimos à qualidade, só podemos estar a falar de qualidade total. A qualidade total aplica-se a todas as fases do ciclo de vida de um produto. Por conseguinte, a questão da fiabilidade do produto deve também ser colocada em cada fase da sua existência: desde os estudos de marketing, à conceção, ao fabrico, à embalagem, à distribuição, ao transporte, ao arranque, à manutenção e à eliminação. De todas estas fases, algumas são críticas, e a questão da fiabilidade do produto será discutida principalmente quando se tratar destas. Estas fases são: conceção, fabrico e utilização.

Assim, quando falamos da fase de existência de um produto, podemos referir-nos a:

- **Fiabilidade provisória** - que ocorre durante a fase de conceção, quando a fiabilidade se baseia em considerações relativas à conceção e ao design do produto, bem como à fiabilidade dos seus componentes, em determinadas condições de funcionamento bem definidas;

- **Fiabilidade experimental** - é determinada em laboratórios e bancos de ensaio, onde foram dispostas cargas semelhantes às da utilização;

- **Fiabilidade operacional** - é determinada com base em resultados relativos ao comportamento durante o funcionamento, ao longo de um determinado período de tempo, de um grande número de produtos que tenham sido efetivamente utilizados pelo utilizador.

A avaliação da fiabilidade provisória e experimental é da responsabilidade do fabricante. A determinação da fiabilidade operacional interessa tanto ao fabricante como ao utilizador.

A avaliação da fiabilidade provisória requer a elaboração de diagramas de ligação funcionais e a realização de certos cálculos baseados na fiabilidade dos componentes do produto. Os custos associados a estes cálculos são relativamente baixos.

As coisas tornam-se muito diferentes no caso da fiabilidade experimental. Desta vez, os custos tornam-se bastante elevados, dado que:

- É necessário fabricar um grande número de produtos para constituir um lote de produtos a submeter a ensaios experimentais;

- Os ensaios de fiabilidade são realizados até o produto falhar, tendo estes um carácter destrutivo;

- É necessário conceber e construir bancos de ensaio, a fim de simular as condições de funcionamento dos produtos;

- É necessário um espaço para alojar estes bancos de ensaio;

- É necessário pessoal qualificado para realizar os ensaios, supervisioná-los, registar, processar e interpretar os dados;

- É necessário consumir energia para fazer funcionar os bancos de ensaio e a parafernália que os acompanha e para assegurar um ambiente adequado (iluminação, temperatura, humidade controlada, etc.).

A determinação da fiabilidade operacional transfere parte dos custos acima referidos para o utilizador. Por outras palavras, as despesas são do utilizador que, entretanto, também utiliza o produto para o fim a que se destina. No entanto, os dados obtidos sobre as falhas dos produtos têm de ser recolhidos junto dos utilizadores, havendo o risco de se apropriarem de alguns dados subjectivos. Existe também a possibilidade de os dados recolhidos a partir de produtos em utilização serem muito mais objectivos. É normalmente o caso dos dados recolhidos junto da rede de serviços (rede própria ou colaboradores), que repara os produtos em funcionamento nas instalações dos clientes, durante e após a garantia.

3.4. A deterioração da fiabilidade ao longo do tempo

A fiabilidade é uma função decrescente do tempo, um facto que também é mostrado emFigura16

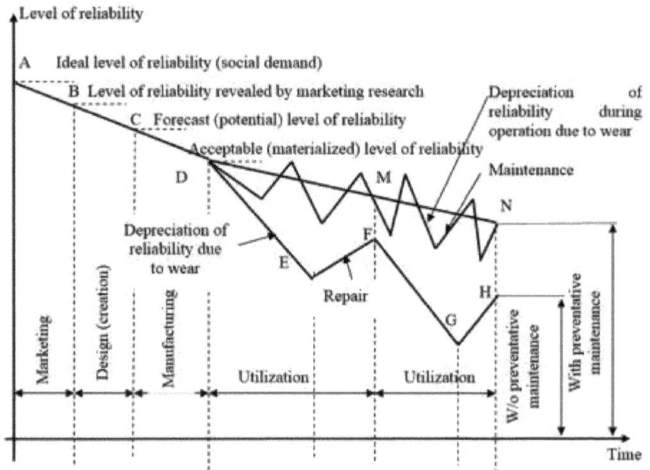

Figura16 - A deterioração da fiabilidade ao longo do tempo

Figura16 mostra que, em comparação com o nível de fiabilidade pretendido pelos clientes (A), a investigação de marketing revela um nível inferior (B). A conceção do produto conduz a um nível de fiabilidade ainda mais baixo (C), para acabar um grau mais baixo no final do processo de fabrico (D). As coisas tornam-se ainda mais complicadas quando o produto começa a ser utilizado.

Existem duas formas de utilizar o produto (Figura16):

- Sem manutenção preventiva - seguindo a linha escalonada D, E, F, G, H - uma situação em que o produto é deixado a funcionar até falhar, após o que fica reparado;

- Com a manutenção preventiva - seguindo a linha escalonada M, N - uma situação que exige a realização de actividades de manutenção periódicas, com o objetivo de manter um nível de fiabilidade tão elevado quanto possível.

A exploração (utilização) do produto, assegurando simultaneamente a sua manutenção preventiva, é uma estratégia muito mais eficaz. O produto é explorado de forma mais racional, na medida em que, após o mesmo período de tempo, o nível de qualidade do produto é mais elevado (verFigura16).

Na realidade, estamos a lidar com uma deterioração contínua do nível de fiabilidade. A questão é especialmente relevante no domínio da exploração de produtos. É possível constatar que a manutenção e as reparações conduzem a uma melhoria da fiabilidade; no entanto, este nível subsequente nunca será igual ao inicial.

Embora o nível de fiabilidade seja depreciado ao longo de todo o período de exploração, podemos assumir a hipótese simplificadora de que um produto reparado ou bem conservado é "transformado" num produto novo.

Do ponto de vista da forma de expressar a fiabilidade, podemos distinguir entre:

- **Fiabilidade nominal** - estabelecida nas especificações do produto (padrões, normas técnicas, contratos, etc.) ou marcada no próprio produto;
- **Fiabilidade estimada** - determinada com base em cálculos de previsão, que, por sua vez, são sustentados por resultados de ensaios laboratoriais ou dados de utilização - informações recolhidas de um grande número de unidades idênticas.

A fiabilidade estimada pode ser: provisória, experimental ou operacional. É sempre comparada com a fiabilidade nominal. Para que um produto seja considerado conforme, a sua fiabilidade estimada deve ser superior ou, no mínimo, igual à fiabilidade nominal.

3.5. Indicadores e parâmetros de fiabilidade

Em função do seu destino, os produtos cuja fiabilidade nos interessa dividem-se em duas categorias:

- **Produtos a longo prazo (reparáveis/reabilitáveis)** - o seu funcionamento é expresso através de três tipos de indicadores: de funcionamento sem falhas (indicadores de fiabilidade), indicadores de reparação (manutenibilidade) e indicadores de disponibilidade;
- **Produtos de utilização única (não reparáveis)** - o seu funcionamento é expresso apenas através de indicadores de funcionamento sem falhas (indicadores de fiabilidade).

Para começar, os indicadores são calculados para revelar a estrutura das falhas com base em intervalos de funcionamento correto. Estes são:

a) **A frequência relativa das falhas**:

$$\hat{f}(t_i) = \frac{k_i}{\sum_{i=1}^{n} k_i} \quad (3.1)$$

Definido como o rácio entre o número de falhas registadas no intervalo "i" e o seu número total.

Com base nestas frequências relativas, podemos calcular:

b) **A frequência relativa acumulada de falhas**:

$$\hat{F}(t_i) = \frac{1}{N}\sum_{1}^{i} k_i \tag{3.2}$$

Que exprime a percentagem de produtos avariados ao longo de todo o intervalo "i". O seu valor é crescente e torna-se igual a 1 no último intervalo da série.

c) **A frequência relativa de amostras em funcionamento**, que é calculada como um complemento de até 1 da frequência relativa acumulada de falhas:

$$\hat{R}(t_i) = 1 - \hat{F}(t_i) = \frac{N_i}{N} \tag{3.3}$$

A frequência relativa de amostras em funcionamento é também conhecida como a função experimental da fiabilidade, uma vez que mostra a percentagem de produtos que não falharam até ao final do intervalo "i" e que irão falhar ao longo de intervalos futuros.

Da série de indicadores de reparação, podem ser calculados os seguintes:

d) **O tempo médio entre falhas (MTBF)**:

$$MTBF = \frac{\sum_{1}^{n} t_i k_i}{\sum_{i=1}^{n} k_i} = \frac{\sum_{i=1}^{n} t_i k_i}{N} \tag{3.4}$$

O MTBF indica o período de funcionamento correto que corresponde a uma falha ou, mais precisamente, o período de funcionamento correto até ocorrer uma falha, ou entre duas falhas aleatórias. O MTBF é um indicador direto, uma vez que a sua dimensão é diretamente proporcional ao nível de fiabilidade de um produto: um maior nível de fiabilidade significa um maior MTBF e vice-versa.

e) **A frequência média de falhas ao longo de um intervalo monitorizado** - é calculada como um rácio entre o número total de falhas (N) e o período total de tempo em que todas as amostras do lote estão a funcionar corretamente:

$$\lambda(t) = \frac{N}{T} = \frac{1}{MTBF} = \frac{\sum_{i=1}^{n} k_i}{\sum_{i=1}^{n} t_i k_i} \tag{3.5}$$

À medida que a fiabilidade de um produto aumenta, o valor deλ diminui e vice-versa.

f) **A taxa de insucesso.** Este indicador mostra a percentagem de amostras falhadas ao longo do intervalo monitorizado, em comparação com o número existente no início do intervalo considerado:

$$\hat{z}(t) = \frac{k_i}{N_{i-1}} \tag{3.6}$$

Onde: N_{i-1} é o número de unidades em funcionamento no início do intervalo "i".

No caso de o produto funcionar de forma estacionária, a taxa de falhas em toda a amostra é igual à frequência média de falhas.

O que se entende por **parâmetro de fiabilidade** é uma medida que ajuda a exprimir a fiabilidade ou uma das suas caraterísticas de uma forma quantitativa. Tendo em conta o carácter estatístico das falhas, resulta que os parâmetros de fiabilidade são medidas estatísticas. Existe um grande número de parâmetros de fiabilidade, o que explica o grande número de factores de que depende a fiabilidade de um produto; no entanto, nenhum destes parâmetros de fiabilidade pode medir a fiabilidade de forma exaustiva: apenas estimam algumas das suas facetas.

- **Parâmetros de funcionamento adequado (fiabilidade)** - os mais frequentemente utilizados na prática são: a função de fiabilidade (a probabilidade de um funcionamento sem falhas), a função de não fiabilidade (a probabilidade de falha), a taxa de falha (cessação do funcionamento) e o tempo médio entre falhas.
- **Parâmetros de reparabilidade (manutenibilidade)** - os mais frequentemente utilizados são: a função de manutenibilidade (reparação ou restauro), a função de não manutenibilidade (a probabilidade de não reparação) e o tempo médio de reparação (restauro).
- **Parâmetros de disponibilidade** - são eles: a função de disponibilidade, a disponibilidade estacionária e a indisponibilidade estacionária.

a) **A função de fiabilidade de um produto**. Seja T uma variável aleatória que representa o tempo em que um produto funciona sem qualquer falha e **R(t)** a probabilidade de o produto funcionar sem qualquer falha durante o intervalo de tempo (0, t). O resultado é que:

$$R(t) = P(T > t) \quad (3.7)$$

A função de fiabilidade de um produto, R(t), juntamente com a função de não fiabilidade, F(t), estão representadas graficamente emFigura17

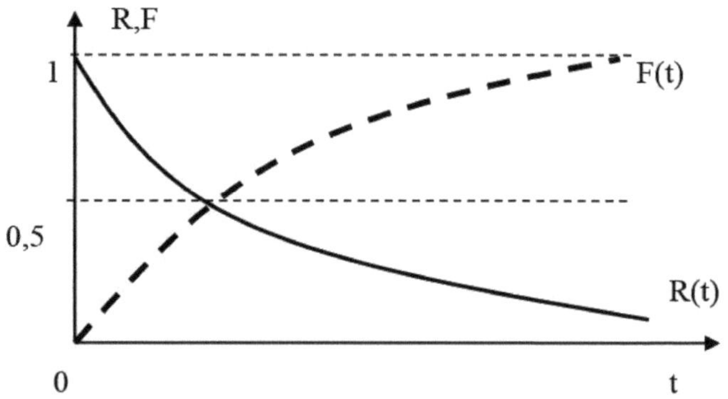

Figura17 - Representação gráfica da função de fiabilidade (R(t)) e de não fiabilidade (F(t))

b) **A função de não fiabilidade de um produto.** Assumindo que o acontecimento (T≤ t) é contrário ao acontecimento (T>t), pode deduzir-se que P(T≤ t) é a probabilidade de o produto falhar antes do momento t, o que significa que:

$$F(t) = 1 - R(t) = P(T \leq t) \quad (3.8)$$

c) **A intensidade da falha**. Sejam (0, t) e (t, t_1) dois intervalos de tempo. Supondo que R(t) = 1, ou seja, que o produto funcionou sem falhas durante todo o intervalo de tempo (0, t), a probabilidade de que também funcione sem falhas no intervalo de tempo (t, t_1) é

$$R(t,t_1)=\frac{R(t_1)}{R(t)} \tag{3.9}$$

Em que R(t_1) é a probabilidade de o produto funcionar sem falhas durante o intervalo de tempo (0, t_1). Ao mesmo tempo, a probabilidade de o produto apresentar falhas durante o intervalo de tempo (t, t_1) é:

$$F(t,t_1)=1-R(t,t_1) \tag{3.10}$$

Se $t_1 = t + \Delta t$ e $\Delta t \to \infty$, então:

$$F(t,t+\Delta t)=\frac{R(t)-R(t+\Delta t)}{R(t)}=-\frac{R^{!}(t)}{R(t)}\Delta t+F(\Delta t)$$

(3.11)

Introduzindo a notação z(t) obtemos:

$$z(t)=\frac{R^{!}(t)}{R(t)} \tag{3.12}$$

Ou, escrevendo isto como uma derivada, resulta que:

$$z(t)=-[\ln R(t)] \tag{3.13}$$

O parâmetro z(t) é **a intensidade (taxa) de falha de um produto**, e o que significa é:

- De um ponto de vista técnico, a probabilidade de um produto que funcionou sem quaisquer falhas até ao momento *t* falhar durante o próximo intervalo de tempo;
- De um ponto de vista probabilístico, a intensidade da falha é condicionada pela falha de um produto no momento t, sabendo que funcionou sem falhas até esse momento.

d) **O tempo médio entre falhas**. É um parâmetro que pode ser utilizado para avaliar a fiabilidade de produtos semelhantes através da duração do trabalho até à primeira falha.

$$M(t) = \int_0^\infty R(t)dt. \tag{3.14}$$

e) **A função de manutenção**. Seja *T* a variável aleatória que representa o tempo necessário para repor o funcionamento correto de um produto após uma avaria e *G(t)* a probabilidade de o produto ser reposto no intervalo de tempo (0, t):

$$G(t) = P(T < t) \tag{3.15}$$

G(t) é a função de manutenção (reparação) de um produto no intervalo de tempo (0, t). Uma notação alternativa é M(t).

f) **A intensidade da reparação**. Consideremos dois intervalos de tempo, (0, t) e (t, t_1). À semelhança da intensidade de falha, obtemos:

$$\mu(t) = \frac{G^{!}(t)}{1 - G(t)} \tag{3.16}$$

O parâmetroμ (t) é a intensidade de reparação de um produto, o que significa a densidade de probabilidade condicionada pela conclusão da reparação no intervalo (t, t_1), assumindo que o produto foi reparado durante o intervalo (0, t).

g) **O tempo médio de reparação (MTR)** é definido pela seguinte equação:

$$MTR = \int_0^{\infty} e^{-\mu} dt = \frac{1}{\mu} \tag{3.17}$$

O MTR é normalmente expresso em horas e pode ser utilizado para efetuar determinadas comparações relativas à capacidade de manutenção de produtos relacionados.

h) **A função de disponibilidade**. O funcionamento de qualquer produto que seja reparável durante o seu funcionamento normal é caracterizado por uma sucessão de estados, em que os estados de funcionamento alternam com estados de falha ou com estados de manutenção planeada. Isto é determinado utilizando a seguinte relação:

$$A(t) = \frac{\mu}{\lambda + \mu} + \frac{\lambda}{\lambda + \mu} e^{-(\lambda+\mu)t} \quad (3.18)$$

A expressão A(t) é a função de disponibilidade do produto, ou, por outras palavras, a probabilidade de o produto estar disponível (em bom estado de funcionamento) no momento *t*. Também pode ser encontrada como D(t).

A função de disponibilidade é uma função monotónica que diminui com o tempo, partindo do valor inicial A(0) = 1 e tendendo assimptoticamente de acordo com esta equação:

$$\lim_{t \to \infty} A(t) = A = \frac{\mu}{\lambda + \mu} \quad (3.19)$$

A expressão acima é a **disponibilidade estacionária** do produto, ou seja, a probabilidade de o produto estar disponível em momentos distantes do inicial.

i) **A função de indisponibilidade** - é a probabilidade de o produto estar indisponível (num estado de falha) no momento t:

$$U(t) = \frac{\lambda}{\lambda + \mu}\left[1 - e^{-(\lambda+\mu)t}\right] \quad (3.20)$$

Dado que um produto pode estar a funcionar ou ser defeituoso, existe a seguinte relação entre *A(t)* e *U(t)*:

$$A(t)+U(t)=1 \qquad (3.21)$$

Ou:

$$U(t)=1-A(t) \qquad (3.22)$$

A função de indisponibilidade U(t) é uma função monotónica que aumenta com o tempo, partindo do valor inicial A(0) = 1 e tendendo assimptoticamente de acordo com esta equação:

$$\lim_{t\to\infty} U(t)=U=\frac{\lambda}{\lambda+\mu} \qquad (3.23)$$

A expressão acima é a **indisponibilidade estacionária** do produto, ou seja, a probabilidade de o produto estar indisponível em momentos distantes do inicial.

Quando um produto já não pode ser reposto, ou seja,$\boldsymbol{\mu} = \mathbf{0}$, as expressões **A(t)** e **U(t)** passam a ser:

$$U(t)=1-e^{-\lambda t}=F(t) \qquad (3.24)$$

$$A(t)=e^{-\lambda t}=R(t) \qquad (3.25)$$

Ou, por outras palavras, a função de disponibilidade não é outra coisa senão a função de fiabilidade e a função de indisponibilidade é a função de não fiabilidade.

Uma vez que o valor assintótico de A é uma constante, a disponibilidade estacionária é também designada por coeficiente de disponibilidade, é designada por K_d e é calculada do seguinte modo

$$K_d = \frac{\frac{1}{n}\sum_{i=1}^{n} t_i}{\frac{1}{n}\sum_{i=1}^{n} t_i + \frac{1}{n}\sum_{i=1}^{n} t_i^{!}} \qquad (3.26)$$

Onde t_i são os intervalos de tempo sem falhas, $t_i^{!}$ são os intervalos de tempo de reparação, n é o número de intervalos t_i e $t_i^{!}$. Usando algumas notações mais naturais, a expressão acima pode ser escrita como:

$$K_d = \frac{MTBF}{MTBF + MTR} \qquad (3.27)$$

Em que *MTBF* é o tempo médio entre falhas e MTR é o tempo médio de reparação.

O número médio de restaurações durante um intervalo de tempo,η , é outro parâmetro específico dos produtos reparáveis e pode ser calculado utilizando a função de disponibilidade A(t) e a intensidade de avaria , ou utilizando a função de indisponibilidade U(t) e a intensidade de reparação, :μ

$$\eta = A(t)\lambda T \quad (3.28)$$

Ou:

$$\eta = U(t)\mu T \quad (3.29)$$

O cálculo dos índices e parâmetros de fiabilidade é por vezes feito com dificuldade e com alguns erros. Para se conseguir uma avaliação correta, são necessários esforços colectivos, ou seja, trabalho de equipa.

3.6. Modelos de fiabilidade

Para realizar a modelação matemática dos produtos, são utilizados diferentes modelos da função de densidade de probabilidade. Este tipo de função estatística de densidade descreve a falha do produto, ou seja, a cessação do seu funcionamento correto.

Os modelos de fiabilidade referem-se, de facto, a modelos matemáticos da função de densidade de probabilidade. Apesar de os produtos serem de vários tipos e de as suas falhas ocorrerem de formas diferentes, existem alguns modelos matemáticos de funções de densidade de probabilidade comummente utilizados. Estes modelos são:

- O modelo de distribuição exponencial (utilizado muito frequentemente, em que $\lambda \approx$ constante);

- O modelo de distribuição normal (utilizado mais raramente);
- O modelo de distribuição de Weibull (utilizado quando λ≠ constante).

A escolha de um modelo de fiabilidade - uma operação extremamente difícil, mas importante - é feita com base em certas informações objectivas sistematicamente escolhidas.

a) O modelo de distribuição exponencial

Diz-se que uma variável aleatória contínua X tem uma distribuição exponencial se a sua distribuição de probabilidade for definida como:

$$f(x)=\begin{cases} 0 & when\ x \le 0 \\ \lambda_e^{-\lambda x} & when\ x > 0 \end{cases} \tag{3.30}$$

A função de distribuição F(x) da variável aleatória que segue a distribuição exponencial, ou seja, a probabilidade de um evento (subsequente) ocorrer durante o período (0, t) é:

$$F(x)=\int_R f(x)dx=\begin{cases} 0 & when\ x \le 0 \\ 1-e^{-\lambda x} & when\ x > 0 \end{cases} \tag{3.31}$$

A seguinte probabilidade:

$$P(X>t)=1-F(x)=\int_t^\infty f(x)dx=e^{-\lambda x} \tag{3.32}$$

É a probabilidade de um determinado acontecimento não ocorrer durante o intervalo de tempo (0, t); exprime a fiabilidade de um produto, ou seja, a probabilidade de este funcionar sem quaisquer falhas durante o intervalo de tempo (0, t), ou, por outras palavras, que R(x) = P(X).

Figura18 ilustra algumas representações específicas do modelo de distribuição exponencial da fiabilidade.

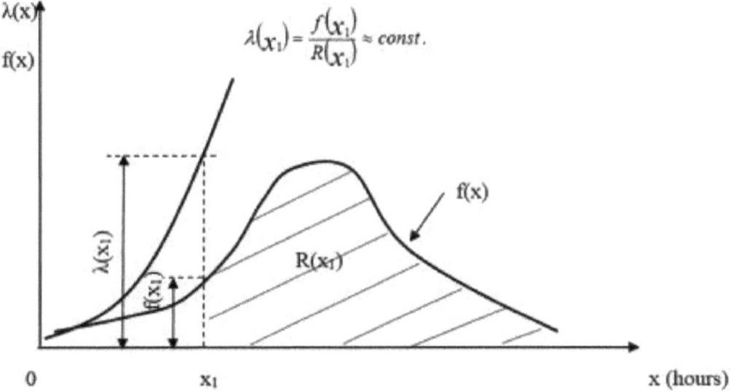

Figura18 - O modelo de distribuição exponencial

O modelo de distribuição exponencial é especialmente aplicável a produtos de natureza mecânica ou eletromecânica, cuja taxa de falha é aproximadamente constante (λ≈ const.).

Figura19 mostra a evolução da intensidade da falha (λ) e do desgaste (u) ao longo do tempo.

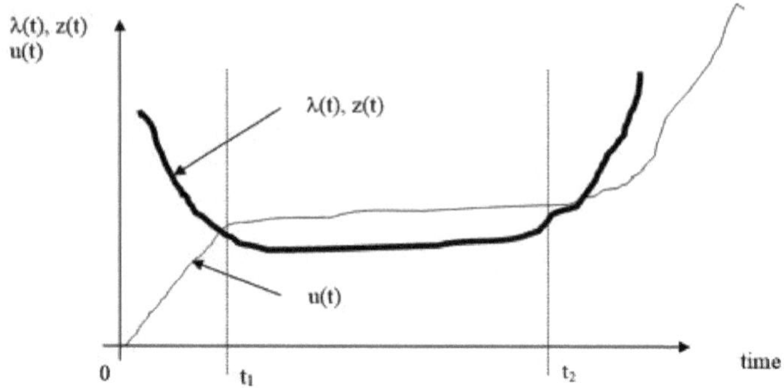

Figura19 - Evolução da intensidade da falha (λ ou z) e do desgaste (u) ao longo do tempo

No caso dos produtos mecânicos, a maioria das falhas ocorre devido ao desgaste de certos componentes. Figura19 revela uma forte ligação entre a evolução do desgaste ao longo do tempo, u(t), e a intensidade da falha,λ (t) ou z(t). Ao longo do domínio do desgaste de arranque (0, t_1) e do desgaste catastrófico (t > $_{t(2)}$), a intensidade de falha é variável, enquanto que, ao longo do domínio do desgaste normal (t1, t2) - que é o maior - a intensidade de falha é quase constante. Por conseguinte, o modelo exponencial pode ser aplicado neste domínio.

A curva que descreve a evolução ao longo do tempo da intensidade da falha (Figura19) é também conhecida como a curva da "banheira".

b) O modelo de distribuição de Weibull

Isto é necessário porque, na realidade, nem todos os produtos apresentam uma taxa de falha constante. Alguns produtos têm uma taxa de falha variável ($\lambda \neq$ const.). Neste caso, os melhores resultados são obtidos com a utilização do modelo de distribuição de Weibull. Este tipo de distribuição pode ser encontrado sob duas formas: o modelo biparamétrico e o modelo triparamétrico da distribuição de Weibull. A distribuição de Weibull goza de grande flexibilidade, sendo a variante triparamétrica a mais universal.

- **A distribuição biparamétrica de Weibull** - garante a ligação à distribuição exponencial, sendo mesmo considerada uma generalização desta.

Na forma biparamétrica, a densidade de probabilidade da lei de Weibull é:

$$f(t,\beta,\lambda)=\begin{cases} 0 & if\ t\leq 0 \\ \beta\cdot\lambda\cdot t^{\beta-1}\cdot e^{-\lambda\cdot t\cdot\beta} & if\ t>0 \end{cases} \qquad (3.33)$$

Em que:$\beta > 0,\lambda > 0$; t - variável temporal.

Os dois parâmetros desta distribuição são: β - que é um parâmetro de forma eλ - que não é outro senão a taxa de falha . Ao alterar o parâmetro de forma, modificamos a silhueta da função de densidade de probabilidade, que é utilizada para descrever o início da obsolescência de um grande número de produtos (Figura20).

Devem ainda ser feitas as seguintes observações (ver támbémFigura20):

- Se$\beta = 1$, a distribuição de Weibull torna-se uma distribuição exponencial;
- Se$\beta > 1$, a curva de distribuição é côncava e quanto maior forβ , o gráfico da função aproxima-se cada vez mais do de um sino;
- Se$\beta < 1$, a curva de distribuição é decrescente, tornando-se a sua convexidade mais aguda à medida queβ se torna mais pequeno.

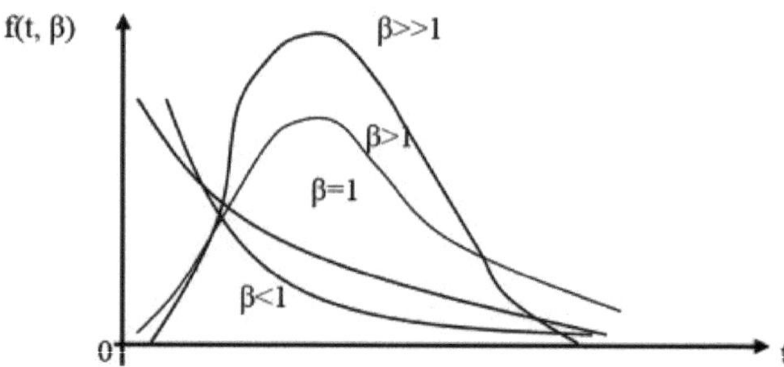

Figura20 - A distribuição biparamétrica de Weibull

A função de distribuição da lei de Weibull é:

$$F(t,\beta,\lambda)=\int_{-\infty}^{T} f(t,\beta,\lambda)dt \begin{cases} =0, & if\ t\leq 0 \\ =1-e^{-\lambda t^{\beta}}, & if\ t>0 \end{cases} \quad (3.34)$$

E expressa a probabilidade de o evento seguinte (a falha de um produto) ocorrer durante o intervalo (0, t).

Tal como no caso da lei exponencial, o caso da lei de Weibull também requer a definição da taxa de falha (intensidade):

$$z(t)=\frac{P^{|}(t,\beta,\lambda)}{P(t,\beta,\lambda)}=\beta\cdot\lambda\cdot t^{\beta-1} \quad (3.35)$$

Que, de acordo com a teoria da fiabilidade, expressa a taxa de falhas.

A intensidade da falha é ilustrada para vários valores do parâmetro de formaβ , como se pode ver emFigura21

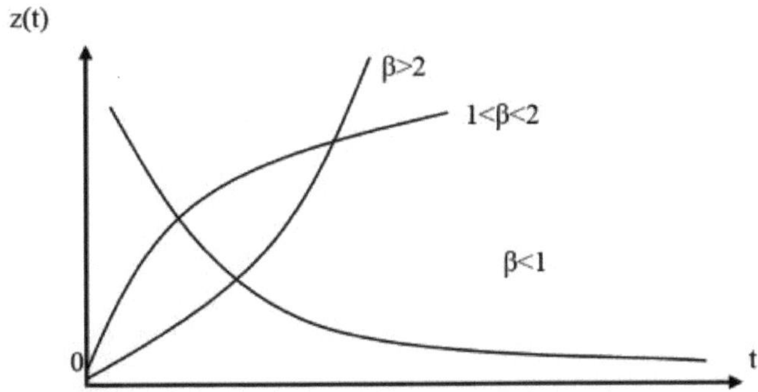

Figura21 - A intensidade de falha no caso do modelo biparamétrico de Weibull

A relação:

$$R(t,\beta,\lambda)=1-F(t,\beta,\lambda)=e^{-\lambda\cdot t^{\beta}} \tag{3.36}$$

Expressa a probabilidade de o evento ocorrer no intervalo de tempo (0, t) ou, por outras palavras, é a probabilidade de o produto funcionar sem falhas até ao momento t.

O tempo médio entre falhas no caso da distribuição biparamétrica de Weibull é calculado como

$$MTFB=\int_0^{\infty}\beta\cdot\lambda\cdot t^{\beta-1}\cdot e^{-\lambda\cdot t^{\beta}}dt=\frac{\Gamma\left(\frac{1}{\beta}+1\right)}{\lambda^{1/\beta}} \tag{3.37}$$

- A distribuição triparamétrica de Weibull - é a versão completa desta lei de distribuição, apresentando o mais alto grau de generalidade.

A probabilidade de sobrevivência, ou a função de fiabilidade, é dada por esta lei:

$$R(t,\beta,\eta,\gamma)=e^{-\left(\frac{t-\gamma}{\eta}\right)^{\beta}} \tag{3.38}$$

Onde:

- β é o parâmetro de forma e define o contorno da curva;

- η é o parâmetro de escala (o parâmetro do tempo de vida caraterístico);
- γ é o parâmetro de posição (localização ou inicialização).

Quando o parâmetroβ = 1, a expressão da probabilidade de sobrevivência passa a ser:

$$R(t,\beta,\eta,\gamma) = e^{-\left(\frac{t-\gamma}{\eta}\right)^{1}} \qquad (3.39)$$

Se considerarmos agora que:

$$\frac{1}{\eta} = \lambda = \frac{1}{MTBF} \qquad (3.40)$$

E a inicialização é feita no momento zero:γ = 0, então a relação de fiabilidade acima transforma-se em:

$$R(t) = e^{-\frac{1}{\eta}} \cdot e^{\frac{\gamma}{\eta}} = e^{-\lambda \cdot t} \qquad (3.41)$$

Esta relação não é outra coisa senão a função de fiabilidade segundo o modelo exponencial.

A equação da densidade de probabilidade é:

$$f(t,\eta,\beta,\gamma) = \frac{\beta}{\eta}\left(\frac{t-\gamma}{\eta}\right)^{\beta-1} \cdot e^{-\left(\frac{t-\gamma}{\eta}\right)^{\beta}} \qquad (3.42)$$

Os parâmetros η e γ são expressos nas mesmas unidades de medida que *t* e, para simplificar, consideramos geralmente que $\eta = 1$ e $\gamma = 1$.

A taxa de insucesso, *z(t),* é calculada do seguinte modo

$$z(t) = \frac{\beta}{\eta^{\beta}}(t-\gamma)^{\beta-1} \tag{3.43}$$

A distribuição triparamétrica de Weibull pode descrever a fiabilidade de qualquer produto real, embora seja mais trabalhosa do que o modelo exponencial, que é o que exige menos esforço. Apesar de ser mais difícil de utilizar na prática, o modelo de Weibull é um modelo matemático por vezes vital.

3.7. Fiabilidade dos sistemas

A maioria dos produtos é uma coleção de componentes, um conjunto, um sistema de elementos agrupados de uma determinada forma. Para determinar a fiabilidade provisória de um produto, é necessário conhecer a ligação funcional entre os componentes (reflectida pelo esquema de ligações funcionais) e a fiabilidade dos elementos que formam a estrutura do sistema.

a) **A fiabilidade dos produtos cuja estrutura é uma série** (Figura22) de n elementos, cujas fiabilidade são:

$R(t)_{(1)}...R(t)_n$ é reduzida devido ao facto de a falha de qualquer componente provocar a avaria de todo o produto.

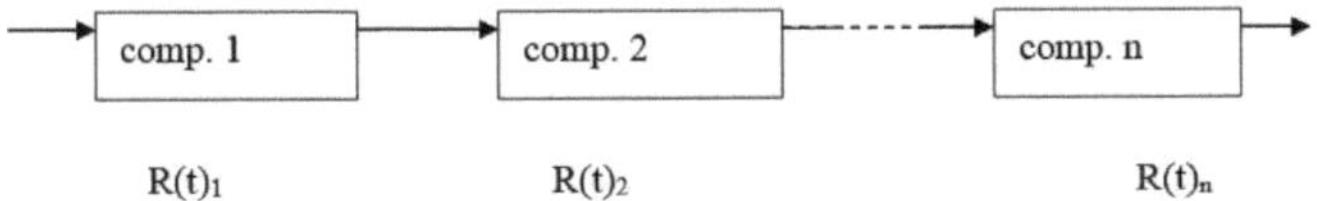

Figura22 - Produto de estrutura serial

A fiabilidade de um tal produto é dada pela relação:

$$R_S = R_1 R_2 \cdots R_n = \prod_{i=1}^{n} R_i \tag{3.44}$$

Em que $R_S = R(t)_S$ é a probabilidade de o produto (sistema) funcionar sem falhas durante um determinado período de tempo, t; $R_i = R(t)_i$ é a probabilidade de o elemento *i* funcionar sem falhas durante o mesmo período de tempo *t*, e *n* é o número de componentes do produto.

Se, ao tratar da fiabilidade, se aceitar o modelo exponencial, e se os componentes do sistema tiverem as taxas de falha: $\lambda_1, \lambda_2 \ldots \lambda_n$, a fiabilidade resultante do produto passa a ser:

$$R_s(t) = \prod_{i=1}^{n} e^{-\lambda i t} = e^{-\sum_{i=1}^{n} \lambda_i t} = e^{-\lambda_i t} \tag{3.45}$$

Onde:

$$\lambda_s = \lambda_1 + \lambda_2 + \ldots + \lambda_n = \sum_{i=1}^{n} \lambda_i \tag{3.46}$$

Representa a taxa de falha do produto.

Quando os elementos são idênticos, ou seja,$\lambda_1 = \lambda_2 = ... = \lambda_n$, a fiabilidade resultante do produto é a seguinte

$$R_s(t) = e^{-\lambda_s t} = e^{-n\lambda t} \equiv R^n(t) \tag{3.47}$$

E a taxa de falha é:$\lambda_s = n.\lambda$

Para diferentes componentes, o tempo médio entre falhas (MTBF) é:

$$MTBF = \int_0^{+\infty} e^{-\lambda st}\,dt = 1/\lambda_s = 1/\sum \lambda i \tag{3.48}$$

E, para componentes idênticos:

$$MTBF = 1/(n\lambda) \tag{3.49}$$

b) A fiabilidade dos produtos (sistemas) estruturados em paralelo,Figura23 , é superior à dos produtos com uma estrutura em série.

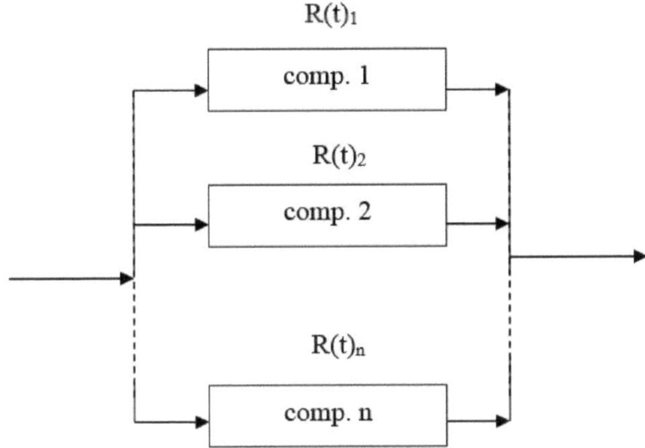

Figura23 - Produtos estruturados paralelos

A não fiabilidade de um produto caracterizado por um esquema de ligações funcionais paralelas pode ser calculada utilizando a relação:

$$F_s(t) = F_1(t) \cdot F_2(t) \cdots F_n(t) = \prod_{i=1}^{n} F_i(t) \tag{3.50}$$

Uma vez que a falha do sistema só ocorre quando todos os componentes paralelizados falham ao mesmo tempo, a fiabilidade do sistema pode ser calculada utilizando a relação:

$$R_s(t) = 1 - F_s(t) \tag{3.51}$$

E a taxa de falha do produto estruturado em paralelo pode ser obtida utilizando:

$$\lambda_s = -\frac{1}{R_s(t)} \cdot \frac{d\,R_s(t)}{dt} \tag{3.52}$$

O tempo médio entre falhas tornar-se-á assim:

$$MTFB = \int_0^{\infty} R_s(t)dt \tag{3.53}$$

Se todos os componentes tiverem o mesmo nível de fiabilidade, então a fiabilidade do produto será:

$$R_s(t) = 1 - [1 - R_i(t)]^n \tag{3.54}$$

E, se considerarmos uma lei exponencial de sobrevivência, podemos considerar isso:

$$R_s(t) = 1 - \left(1 - e^{-\lambda t}\right)^n = \left(e^{-\lambda t}\right)^n \tag{3.55}$$

Nestas circunstâncias, o tempo médio entre falhas é determinado pela relação:

$$MTFB = \int_0^{\infty} R_s(t)dt = \frac{1}{\lambda}\sum_{i=1}^{n}\frac{1}{i} \tag{3.56}$$

A fiabilidade dos sistemas com uma disposição de ligação mista é determinada com base nas relações utilizadas para as ligações em série e paralelas. Qualquer esquema de ligações mistas pode ser dividido em ramos (sequências) de componentes em série ou em paralelo. Depois, aplicando as relações acima mencionadas, torna-se possível efetuar cálculos de fiabilidade para qualquer produto que tenha tais ligações.

Alguns casos práticos de sistemas mistos são:

- Sistemas série - paralelo (Figura24

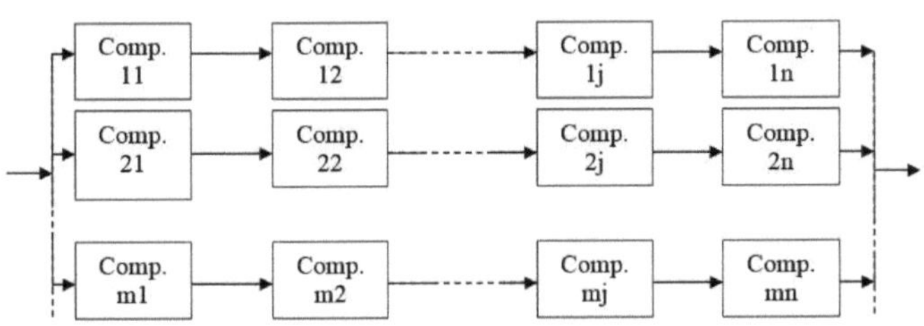

Figura24 - Esquema de ligações funcionais série - paralelo

A fiabilidade de uma sucursal é:

$$R_j = \prod_{i=1}^{n} R_{ji} \tag{3.57}$$

E a fiabilidade do sistema será:

$$R_s = 1 - \prod_{j=1}^{m}(1 - R_j) = 1 - \prod_{j=1}^{m}\left[1 - \prod_{i=1}^{n} R_{ji}\right] \tag{3.58}$$

- Sistemas paralelo-série (Figura25

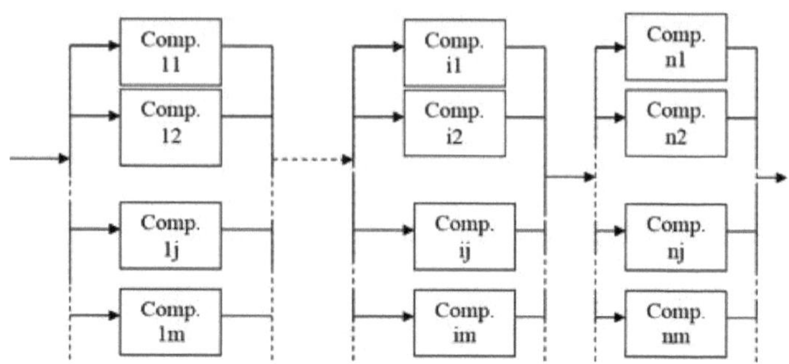

Figura25 - Esquema de ligações funcionais paralelo - série

A fiabilidade de um grupo paralelo é:

$$R_i = 1 - \prod_{j=1}^{m}(1 - R_{ij}) \tag{3.59}$$

E a fiabilidade do sistema será:

$$R_s = \prod_{i=1}^{n} R_i = \prod_{i=1}^{n}\left[1 - \prod_{j=1}^{m}(1 - R_{ij})\right] \tag{3.60}$$

A maioria dos produtos apresenta esquemas de ligação mistos. As relações funcionais entre os componentes do produto são ditadas pela sua utilização prevista. Em situações práticas, a ligação em série é a que prevalece, embora a ligação paralela seja a mais vantajosa.

Partindo da observação de que a ligação em paralelo conduz a uma maior fiabilidade do conjunto (sistema), chegou-se à ligação paralela deliberada de certos componentes adicionais, também conhecidos como **componentes redundantes**. Estes são utilizados quando um componente da estrutura de um sistema apresenta um grau de fiabilidade inferior.

Consideremos um número de componentes ligados em série: R_{i-1}, R_i e R_{i+1}, como se mostra naFigura26 . Se o componente de menor fiabilidade R_i representar uma potencial fonte de falha para o produto, então podemos duplicar ou triplicar o componente problemático. Acrescentámos mais dois componentes semelhantes emFigura26 : R_i' e R_i'' que foram montados em paralelo com o componente R_i, precisamente porque procuramos obter uma melhoria considerável da fiabilidade do produto. Se é verdade que o preço do produto vai aumentar ou que o seu volume global vai aumentar, o ganho de fiabilidade vale bem o esforço. Se pensarmos que a sequência de componentes faz parte de um avião em que estamos a viajar, sentir-nos-emos mais seguros se soubermos que existem alguns componentes redundantes para assumir a função do componente mais suscetível de se avariar. Os componentes R_i' e R_i'' são designados por componentes ativamente redundantes, uma vez que estão ativamente ligados no esquema de ligações, o que significa que funcionarão sempre que o produto ou o componente que apoiam estiverem em funcionamento.

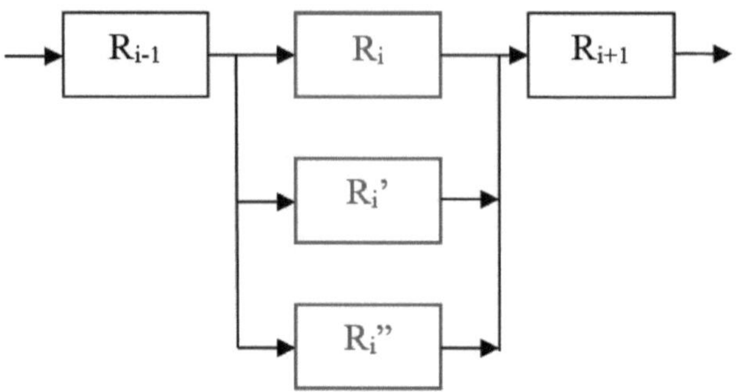

Figura26 - A redundância ativa

Os componentes redundantes também podem ser ligados de uma forma diferente, como se pode ver emFigura27

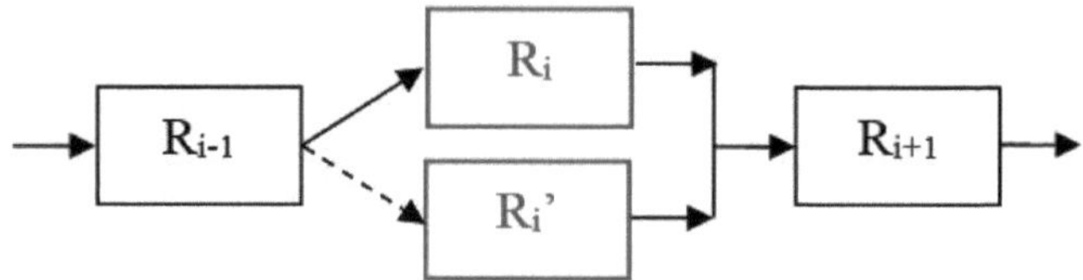

Figura27 - A redundância passiva

Neste caso, o componente R_i' é um componente passivamente redundante. Está ligado em paralelo ao componente R_i, mas é ativado através da comutação da ligação, de tal forma que, se o componente que falhar for retirado do esquema, a redundância assume o controlo. Este esquema permite uma substituição mais fácil do componente avariado, sem necessidade de retirar o produto de funcionamento.

A utilização de componentes redundantes é feita com cuidado, apenas após uma análise cuidadosa dos benefícios e custos associados.

3.8. Avaliar a fiabilidade dos produtos

A informação relativa à fiabilidade dos produtos é obtida (principalmente) por

- Acompanhamento do seu comportamento quando em funcionamento efetivo;
- Monitorizar o seu comportamento durante os ensaios de fiabilidade;
- Através da modelação (simulação) da sua utilização.

Figura27 apresenta as formas de recolha de dados relativos à fiabilidade dos produtos.

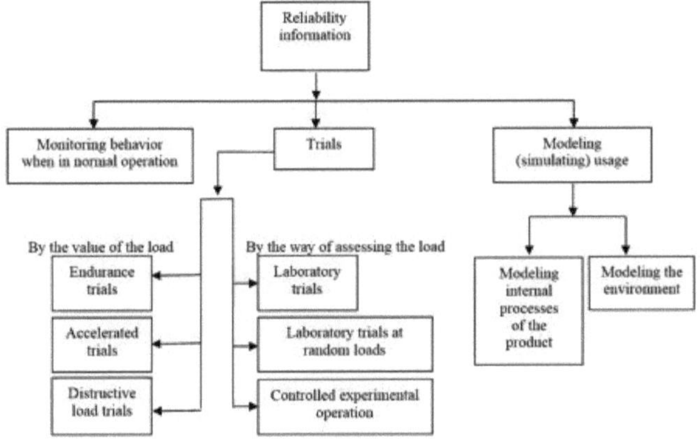

Figura28 - Formas de recolha de dados de fiabilidade

A fiabilidade dos produtos pode ser **avaliada das seguintes formas**:

- **Provisoriamente** - o cálculo provisório da fiabilidade requer a utilização de tabelas de dados que abordam o tempo de vida ou a taxa de falha dos produtos. Este método de cálculo baseia-se na lei da distribuição exponencial ($R = e^{-\lambda t}$) e é suficientemente simples de aplicar;
- **Através de ensaios experimentais (de laboratório)** - avaliação da fiabilidade Os ensaios experimentais são os mais edificantes, apresentando algumas **vantagens** (a homogeneidade das condições de ensaio, o acompanhamento unitário de todo o lote ensaiado, a possibilidade de escolher o nível de ensaios da forma mais favorável, a análise mais eficaz das falhas), mas também algumas **desvantagens** (as normas de ensaio são especialmente concebidas e também consideravelmente dispendiosas: necessitam de espaços especialmente equipados, requerem fontes de energia significativas, as cargas são convencionais e a duração prolongada exige pessoal altamente qualificado para preparar e acompanhar os ensaios);

- **Com base em resultados experimentais.**

3.9. Ensaios de fiabilidade

Na **prática dos ensaios laboratoriais**, encontram-se os seguintes tipos:

1. Ensaios determinativos, realizados para determinar a fiabilidade ou os parâmetros das leis de distribuição;
2. Ensaios de controlo, realizados para verificar o posicionamento da fiabilidade de um lote experimental dentro dos limites prescritos.

Podem ser efectuados ensaios laboratoriais:

- Em condições normais (sob parâmetros normais);
- Em condições de sobrecarga, ou seja, em ensaios acelerados.

Os lotes ensaiados são caracterizados pelos seguintes parâmetros: o volume do lote: n, o número de falhas: r, e a duração do ensaio: T. A duração total do ensaio (operação) é:

$$S(n,r,T) = \sum_{i=1}^{r} t_i + (n-r)T \qquad (3.61)$$

Em que t_i é o período de funcionamento correto dos componentes que falharam.

Existem **quatro tipos de ensaios de fiabilidade** que podem ser realizados **como parte dos ensaios laboratoriais**:

- **Ensaios em lote esgotados**, em que os ensaios persistem até que todos os componentes do lote falhem, sendo caracterizados por uma duração prolongada.

- **Os ensaios com censura** requerem a interrupção dos ensaios quando se atinge um determinado número de falhas pré-estabelecido, *r*. Este tipo de ensaios pode permitir ou não permitir substituições, da mesma forma que, quando o produto falha, pode ser substituído por um melhor ou não (ou seja, as reparações são efectuadas ou não).

- **Os ensaios truncados** requerem que o valor **T** de um ensaio seja pré-estabelecido, após o qual o ensaio é terminado, independentemente do número de falhas, que, ao longo do intervalo (0, T), é aleatório. Os ensaios truncados podem ser sem reposição (restauração) ou com reposição (restauração).

- **Os ensaios acelerados** destinam-se a reduzir as dificuldades relacionadas com a duração prolongada dos ensaios durante as cargas normais de funcionamento. Este tipo de ensaios destina-se a fornecer informações sobre a fiabilidade do produto durante um período de tempo muito mais curto do que a garantia. A redução da duração da carga consiste no aumento das cargas aplicadas, sem alterar o modelo físico dos ensaios, acabando por estabelecer relações funcionais entre a intensidade da falha,λ , o tempo e a carga aplicada. Os ensaios acelerados são efectuados quando se conhece a equivalência entre estas e as cargas normais.

Os ensaios de lotes esgotados têm uma duração determinada de forma imprecisa. Para concluir o ensaio, é necessário esperar até que o último produto do lote deixe de funcionar. Os ensaios censurados e truncados reduzem o tempo de ensaio e os custos associados. Só no caso dos ensaios truncados é que sabemos de antemão qual é a duração dos ensaios. A duração mais curta pode ser obtida no caso dos ensaios acelerados.

O diagrama de avaliação de avarias no caso de ensaios de lotes esgotados, apresentado emFigura29 , é também designado por "diagrama de rake".

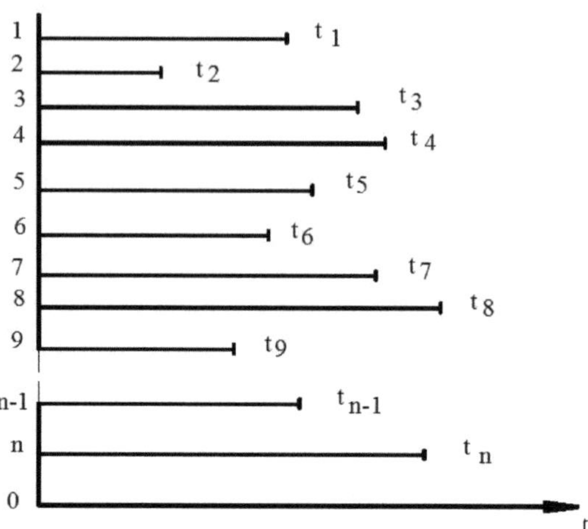

Figura29 - O diagrama de avaliação de falhas no caso de ensaios de lotes esgotados ("diagrama de ancinho")

O diagrama de avaliação de falhas envolve a representação do tempo médio entre falhas para todos os "n" produtos testados, e que compõem o lote testado. A partir daí, podemos determinar o tempo médio entre falhas e a dispersão dos tempos de funcionamento correto em torno do valor médio. A fiabilidade de um produto é tanto maior quanto maior for o tempo médio entre falhas e quanto menor for a dispersão dos valores do tempo médio entre falhas.

Se partirmos do princípio de que é necessário integrar o conceito de fiabilidade no conceito de qualidade total, a melhoria contínua da qualidade também se manifestará no que diz respeito à fiabilidade do produto. O sistema de gestão da qualidade total deve conter programas cujo objetivo é assegurar e aumentar a fiabilidade.

Existem **vários tipos de ensaios** que podem ser realizados como parte de um **programa cujo objetivo é garantir e aumentar a fiabilidade**:

- Assistência e apoio ao sector da investigação e desenvolvimento;
- Certificação, aquando do lançamento em série de um produto em produção;
- Controlo da manutenção do nível de fiabilidade que é atingido no início da produção;
- Melhoria, cujo objetivo é aumentar a fiabilidade concebida, que é alcançada no início da produção.

Independentemente do tipo de ensaio, existem **riscos de decisão** associados, as causas mais improváveis que conduzem a decisões e avaliações erróneas. Entre estes, os mais frequentes são: a forma defeituosa de recolher as unidades que constituem o lote de ensaio, a decisão não inspirada num pressuposto relacionado com a distribuição estatística seguida pelo processo de falha e, por último, mas não menos importante, os riscos estatísticos associados a qualquer decisão (o risco do utilizador e o risco do fabricante) tomada com base nos dados derivados da seleção do lote.

Embora o componente mais caro de um programa de fiabilidade complexo sejam os ensaios, quando estes são corretamente concebidos e executados, geram efeitos duradouros favoráveis que compensam consideravelmente os custos incorridos.

Os ensaios de fiabilidade baseiam-se no cálculo estatístico e na análise das informações numéricas recolhidas sobre o comportamento dos produtos durante os ensaios ou em funcionamento, de modo a efetuar a avaliação numérica dos indicadores numéricos (parâmetros) especificados ou pretendidos.

Há algumas **recomendações importantes** a observar **relativamente aos ensaios de fiabilidade**:

- As condições de funcionamento e ambientais assumidas devem ser tão próximas quanto possível das condições de funcionamento e ambientais encontradas no mundo real;
- A organização de ensaios de fiabilidade é uma questão que exige do especialista uma boa base teórica e uma

rica experiência prática. É necessária uma atenção cuidada quando:

- o Escolher os parâmetros relevantes que descrevem a fiabilidade num determinado momento;
- o Definição do ambiente e das condições de carga em que a experimentação é efectuada e que devem ter em conta as circunstâncias específicas em que os componentes funcionarão em condições normais de funcionamento.

- Ao escolher as condições de ensaio, é necessário ter em consideração:
  - o O principal objetivo do ensaio;
  - o A variabilidade provável das condições de funcionamento do produto;
  - o O custo relativo associado às opções de ensaio;
  - o O tempo e os meios técnicos disponíveis;
  - o Os valores prescritos para os indicadores de fiabilidade.
- As condições de funcionamento mais importantes que têm de ser observadas quando se trata de ensaios de fiabilidade têm a ver com: o modo de funcionamento do

produto, as condições de trabalho, a manipulação e o fornecimento de energia durante os ensaios.

- Ao longo da duração dos ensaios, é necessário seguir e aplicar um programa de manutenção preventiva que inclui: substituições, ajustamentos, lubrificação, limpeza, revisões, intervalos entre operações de manutenção preventiva, etc.

- Para fazer avaliações e previsões sobre o nível de fiabilidade dos produtos, é necessário extrair um número de $n << N$ elementos da "população pesquisada" (n é o volume do lote e N exprime o número total de produtos do mesmo tipo que constituem a "população pesquisada").

- Após a constituição do lote e o início dos ensaios, não é permitido efetuar qualquer operação nos produtos que estão a ser ensaiados. Se for necessário interromper o ensaio para efetuar uma manutenção preventiva ou corretiva, ou por qualquer outro motivo, o ensaio deve ser retomado o mais rapidamente possível.

- Com base nos dados recolhidos nos ensaios, é elaborado um **relatório de ensaio**. Este documento deve ser suficientemente exaustivo para constituir uma base sólida para a decisão final relativa à avaliação da fiabilidade. Deve incluir uma série de documentos que forneçam informações sobre as falhas e os sucessos operacionais, que devem ser transmitidos ao pessoal responsável pela fiabilidade.

O **relatório de ensaio** fundamenta as decisões tomadas em relação à fiabilidade dos produtos que são submetidos a ensaios de fiabilidade. Os principais documentos do relatório de ensaio são:

1. **As folhas de registo de funcionamento e de dados** são utilizadas para guardar os dados de identificação do produto (descrição, tipo, lote), os registos cronológicos das observações e das acções (data e hora da observação ou da ação, condições ambientais, valores das caraterísticas de funcionamento, etc.).
2. **O relatório de avaria**. Cada avaria grave exige um relatório que especifique a avaria, o resultado da análise da avaria e as medidas tomadas relativamente ao equipamento e aos seus componentes. Os principais dados do relatório referem-se às informações fornecidas pelo operador (a identificação da avaria: hora, número de série do equipamento, subconjunto avariado, condições de funcionamento no momento da avaria, etc.), às informações fornecidas pelo pessoal de

manutenção (sobre a confirmação da avaria, as medidas tomadas, a duração da reparação, os detalhes da natureza da avaria da peça, etc.) e à identificação dos componentes substituídos (nome exato, código, caraterísticas da peça, etc.).

3. **O resumo das falhas** é utilizado para inventariar as informações relativas a todas as falhas e inclui: informações gerais (identificação do produto), o relato cronológico das falhas mais salientes (data e hora, tempo e código da falha, o número de série do produto) e um resumo das falhas não relevantes.

4. **O resumo dos componentes substituídos e das peças avariadas**. Este documento fornece informações sobre a frequência de ocorrência de uma avaria, com o objetivo de assegurar o planeamento correto das operações de manutenção e o dimensionamento ótimo do inventário de peças sobressalentes.

5. **O relatório final** é uma síntese de todos os documentos e informações, a que se juntam conclusões e propostas de melhoria. Destina-se aos órgãos de decisão da organização.

3.10. O cálculo da fiabilidade de um produto

a) Cálculo provisório da fiabilidade de um sistema cuja fiabilidade dos componentes é conhecida

Consideremos o sistema de propulsão de um automóvel com tração dianteira. Se este sistema da estrutura do automóvel não funcionar, o proprietário não pode utilizar o automóvel para chegar onde pretende. O sistema de propulsão tem uma estrutura complexa.

Para o analisar, é necessário detalhar a estrutura e as ligações funcionais entre os componentes estruturais. Pode-se recorrer a um resumo pormenorizado deste sistema, ou a uma representação mais elaborada, até ao nível da entidade (onde as entidades são componentes indivisíveis que já não podem ser divididas em componentes ainda mais simples).

Adoptaremos um nível de pormenor mais reduzido, segundo o qual o sistema de propulsão considerado tem o esquema de ligações funcionais apresentado emFigura30

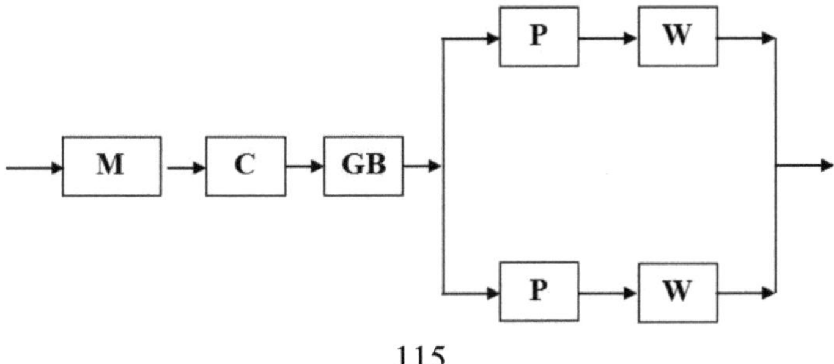

Figura30 - Esquema de ligações funcionais - sistema de propulsão de um automóvel

Como se pode observar, o movimento do automóvel ocorre como resultado do trabalho realizado pelo motor, **M**, que está ligado à caixa de velocidades, **GB**, através de uma embraiagem, **C**. O movimento proveniente da caixa de velocidades é dividido e depois enviado para as rodas motrizes, **W**, através dos mecanismos planetários, **P**. Assumimos então que, quando o período de garantia do automóvel termina, a fiabilidade dos seus componentes é: $R_M = 0,98$; $R_C = 0,97$; $R_{GB} = 0,99$; $R_P = 0,96$, e $R_W = 0,95$. Em seguida, procuramos determinar a fiabilidade do sistema de propulsão.

Com base na relação (3.44), podemos determinar as confiabilidades parciais das sequências estruturais que contêm componentes serializados:

$$R_{M+C+GB} = R_M \cdot R_C \cdot R_{GB} = 0.98 \cdot 0.97 \cdot 0.99 = 0.94 \quad (3.62)$$

$$R_{P+W} = R_P \cdot R_W = 0,96 \cdot 0,95 = 0,91 \quad (3.63)$$

Pode notar-se que a fiabilidade dos componentes em série é inferior ao valor mais baixo da fiabilidade de qualquer componente. O esquema de ligação em série leva à diminuição da fiabilidade do sistema.

Utilizando as relações (3.50) e (3.51) ou (3.59) obtemos:

$1 - R_{2(P+W)} = (1 - R_{P+W}) \cdot (1 - R_{P+W})$, o que significa:

$$R_{2(P+W)} = 1 - (1 - R_{P+W})^2 = 1 - (1 - 0{,}91)^2 = 0{,}99 \quad (3.64)$$

Pode notar-se que a fiabilidade do sistema que consiste nos dois ramos (W + P), que estão funcionalmente ligados em paralelo, é maior do que a fiabilidade dos componentes. A ligação em paralelo conduz a um aumento da fiabilidade do sistema.

A fiabilidade total do sistema é:

$$R_T = R_{M+C+GB+R2(P+W)} = R_{M+C+GB} \cdot R_{2(P+W)} = 0{,}94 \cdot 0{,}99 = 0{,}93 \quad (3.65)$$

Quando o período de garantia termina, a probabilidade de funcionamento correto do sistema de propulsão do automóvel é de **0,93**. Isto significa que existe uma probabilidade de **93%** de que funcione (sendo **7%** a probabilidade de avaria).

b) A análise da fiabilidade experimental de um produto

Um lote de **n = 100 componentes electrónicos** utilizados por um sistema mais complexo é submetido a ensaios de fiabilidade. Os componentes falharam após um período de tempo entre 510 horas e 1525 horas. Para simplificar os cálculos, o tempo foi "fatiado" em intervalos como: [500, 599]; [600, 699], ..., [1500, 1599]. Junto a cada classe, foi indicado o número de falhas durante o intervalo correspondente - coluna 3,Quadro .31 . Cada um destes valores é designado por frequência absoluta de falhas (n_i).

No.	Time intervals [hours]	Absolute frequency of failures (n_i), i.e. number of failures	Cumulated frequency (n_{cml}) $n_{cml} = n_i + n_{cml\,i-1}$	$\hat{F}(t) = \frac{n_{cml}}{n}$	$\hat{R}(t) = 1 - \hat{F}(t)$
1	**2**	**3**	**4**	**5**	**6**
1.	500-599	1			
2.	600-699	2			
3.	700-799	4			
4.	800-899	11			
5.	900-999	19			
6.	1000-1099	23			
7.	1100-1199	20			
8.	1200-1299	11			
9.	1300-1399	6			
10.	1400-1499	2			
11.	1500-1599	1			

Quadro .31 - Visão geral das falhas dos componentes electrónicos

Para **analisar a fiabilidade do produto**, é necessário seguir **os passos** seguintes:

1) Analisamos a situação das falhas e fazemos **representações gráficas** sugestivas - histogramas e polígonos de frequência;

2) A chamada **frequência acumulada (n_{cml})** é calculada - coluna 4 na Quadro .31

3) A função de falha/não fiabilidade, **F(t)**, é calculada - coluna 5 do Quadro .31

4) A função de fiabilidade, **R(t)**, é calculada - coluna 6 emQuadro .31 (Nota: o símbolo "^" utilizado na tabela,

, acima das funções **R(t)** e **F(t)**, destina-se a significar uma estimativa dessa medida).

5) O **tempo médio entre falhas** é calculado utilizando a relação:

$$\bar{t} = MTBF = \frac{1}{n}\left(n_1 t_1 + n_2 t_2 + ... + n_{10} t_{10} + n_{11} t_{11}\right) \qquad (3.66)$$

Em que $\mathbf{n_1 ... n_{11}}$ é a frequência absoluta de falhas em cada intervalo e $\mathbf{t_1 ... t_{11}}$ é o tempo médio entre falhas dos produtos que falharam em cada intervalo (por exemplo, o valor correspondente para o 5.º intervalo é $t_5 = 950$ horas);

6) Determinamos a **taxa de falha,λ = 1 / MTBF**;

7) Utilizamos o mesmo gráfico para **traçar R(t) e F(t)**;

8) Interpretamos os dados e fazemos comentários.

A análise é efectuada da seguinte forma:

Das possíveis representações gráficas sugestivas por cada intervalo monitorizado, apresentamos, como parte do passo 1) os seguintes gráficos (que foram feitos em **MS-Excel**):

- O histograma de falhas -Figura31
- O polígono de frequência de falhas -Figura32
- A função de densidade de probabilidade de falha -Figura33

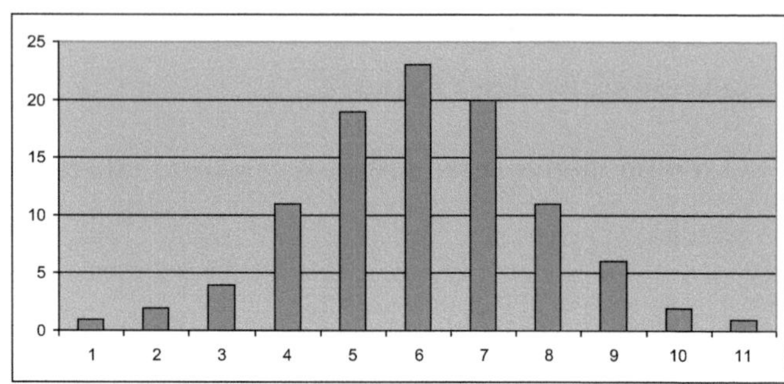

Figura31 - O histograma de falhas

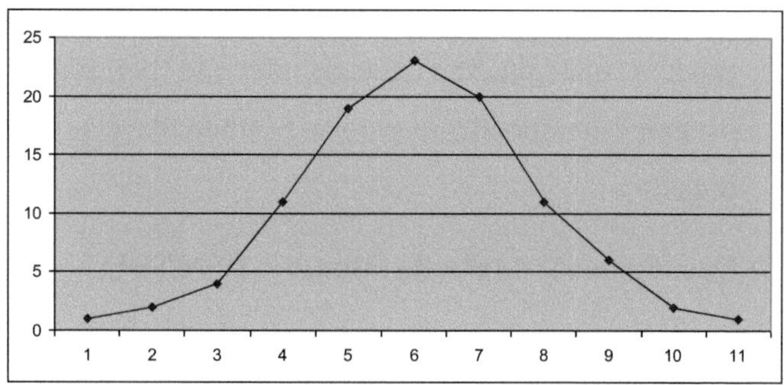

Figura32 - O polígono de frequência de falhas

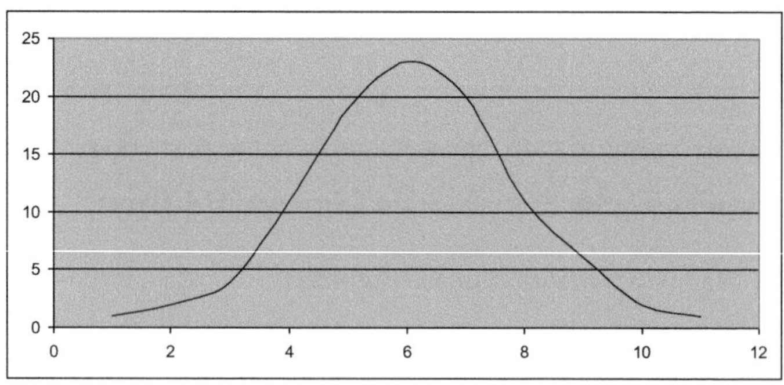

Figura33 - A função de densidade de probabilidade de falha, f(t)

Os resultados dos cálculos exigidos pelos passos 2), 3) e 4) são apresentados nas colunas 4, 5 e 6 do Tabela .32

No.	Time intervals [hours]	Absolute frequency of failures (n_i), i.e. number of failures	Cumulated frequency (n_{cml}) $n_{cml} = n_i + n_{cml\,i-1}$	$\hat{F}(t) = \frac{n_{cml}}{n}$	$\hat{R}(t) = 1 - \hat{F}(t)$
1	**2**	**3**	**4**	**5**	**6**
1.	500-599	1	**1**	**0.01**	**0.99**
2.	600-699	2	**3**	**0.03**	**0.97**
3.	700-799	4	**7**	**0.07**	**0.93**
4.	800-899	11	**18**	**0.18**	**0.82**
5.	900-999	19	**37**	**0.37**	**0.63**
6.	1000-1099	23	**60**	**0.60**	**0.40**
7.	1100-1199	20	**80**	**0.80**	**0.20**
8.	1200-1299	11	**91**	**0.91**	**0.09**
9.	1300-1399	6	**97**	**0.97**	**0.03**
10.	1400-1499	2	**99**	**0.99**	**0.01**
11.	1500-1599	1	**100**	**1.00**	**0.00**

Tabela .32 - Valores calculados para os componentes electrónicos

O tempo médio entre falhas, que corresponde ao passo 5), será:

$$MTBF = \bar{t} = \frac{1}{n}\left(n_1 t_1 + n_2 t_2 + ... + n_{10} t_{10} + n_{11} t_{11}\right) = \frac{105700}{100} = 1057 \ hours$$

(3.67)

NB: O tempo médio entre falhas também pode ser determinado calculando o tempo total de funcionamento, **T**:

$$T = \sum_{i=1}^{11} n_i \cdot t_i = 1 \cdot 550 + 2 \cdot 650 + 4 \cdot 750 + 11 \cdot 850 + 19 \cdot 950 + 23 \cdot 1050 + $$
$$+ 20 \cdot 1150 + 11 \cdot 1250 + 6 \cdot 1350 + 2 \cdot 1450 + 1 \cdot 1550 = 105700 \ hours$$

(3.68)

Que é depois dividido pelo número de produtos testados:

MTBF = T / n = 105700 / 100 = 1057 [horas] (3.69)

A taxa de insucesso, que é calculada como parte da etapa 6), será:

$$\lambda = 1 / MTBF = 1 / 1057 = 0{,}946 \cdot 10^{-3} [h^{-1}] \qquad (3.70)$$

A representação gráfica das funções R(t) e F(t), que constitui o passo 7), é mostrada emFigura34

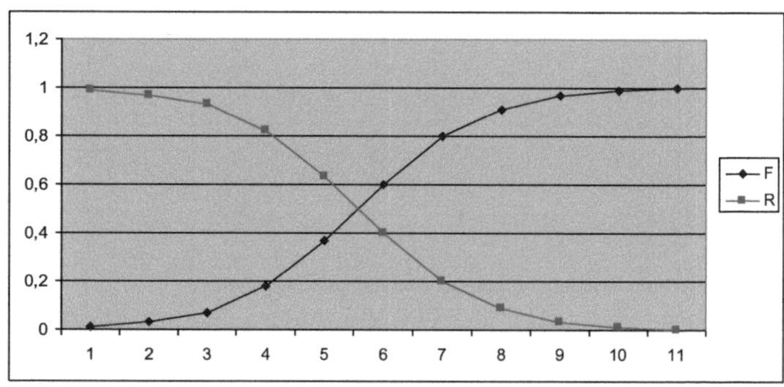

Figura34 - As funções de fiabilidade (R) e de não fiabilidade (F)

No âmbito da etapa 8), podem ser formulados os seguintes **comentários e interpretações**:

- A avaria dos componentes electrónicos analisados ocorre de forma desuniforme: primeiro, são poucas as peças que se avariam, depois são cada vez mais até atingir um pico, depois o número de peças vai diminuindo até à última unidade de trabalho falhar;

- As funções R(t) e F(t) são expressas matematicamente como verosimilhanças probabilisticamente complementares: **R(t) + F(t) = 1**;
- **O MTBF** (**MTBF = 1057 h**) está numericamente próximo do ponto médio do intervalo com o valor máximo da frequência de avarias ($\mathbf{t_{med\,6}}$ **= 1050 h**)
- O período máximo de garantia para este produto não deve exceder um valor que se situa, no máximo, no 3º (terceiro) intervalo;
- O intervalo de dispersão do tempo médio entre falhas é amplo, sendo aproximadamente igual ao **MTBF**;
- Para que se possa dizer que um produto é altamente fiável, o valor do **MTBF** deve ser o mais elevado possível e os tempos de funcionamento tão centrados quanto possível no **MTBF**.

Para analisar a fiabilidade de um produto em funcionamento, o algoritmo é o mesmo. A única diferença é que os dados relativos aos tempos de trabalho são obtidos através da monitorização da utilização real do produto, em vez do funcionamento simulado durante os ensaios de fiabilidade.

4. A capacidade de manutenção e a disponibilidade dos sistemas

Objectivos:

- Definir os conceitos de facilidade de manutenção e disponibilidade;
- Destacar a relação fiabilidade - facilidade de manutenção - disponibilidade;
- Compreender a forma de analisar o funcionamento do equipamento.

4.1. A capacidade de manutenção dos produtos

A manutenção pode ser definida da seguinte forma:

- Qualitativamente: a facilidade de manutenção é a capacidade de um produto ser mantido e reparado num determinado período de tempo e sob certas condições;
- Quantitativamente: a capacidade de manutenção é a probabilidade de um produto avariado ser reposto no seu estado de funcionamento correto num determinado período de tempo e sob certos pré-requisitos de manutenção.

A manutenção é, de acordo com a abordagem clássica, a soma das operações efectuadas para manter um sistema em condições de funcionamento e inclui operações de manutenção e reparação.

A manutenção pode ser *preventiva* ou *corretiva*.

As reparações preventivas podem ser classificadas da seguinte forma:

- *Reparações correntes* (CR), que incluem actividades como: limpeza, ajustamento, reparação e substituição de certos componentes expostos a um desgaste físico acelerado ou sujeitos a cargas intensas. Estas reparações são designadas por inspecções técnicas

- *As reparações intermédias (médias)* (IR) destinam-se a substituir os componentes que apresentam um desgaste normal maior e mais amplo do que as reparações correntes. Em determinadas situações, estas reparações intermédias têm dois graus de complexidade (IR_1 e $RM_{2)}$.

- *As grandes reparações* (MR) incluem a revisão completa do equipamento, a desmontagem completa das peças, a verificação de todos os pontos susceptíveis de gerar avarias, a substituição maciça de peças desgastadas (peças que esgotaram o seu "recurso" funcional ou que duraram um período que foi considerado como constituindo o seu limite superior de durabilidade).

O intervalo entre duas grandes reparações consecutivas, expresso em horas, é designado por ciclo de trabalho total. Do mesmo modo, o intervalo entre uma grande reparação e uma reparação média é designado por ciclo médio (Figura35).

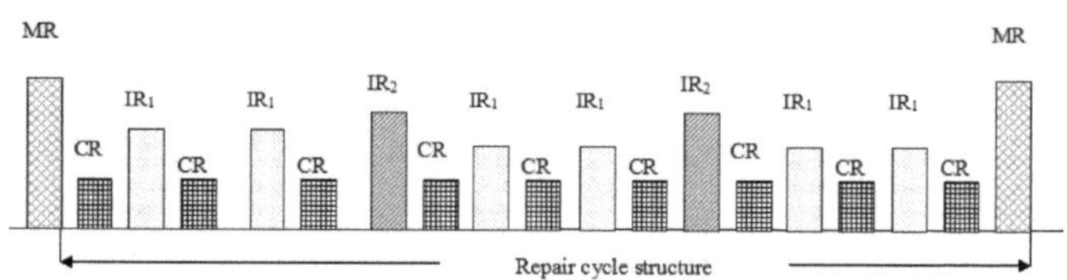

Figura35 - Ciclo de trabalho total

4.2. Indicadores de manutenção

Os indicadores de manutenção são:

$$G(t) = P(t > T) \text{ - a função de manutenção} \quad (4.1)$$

$$M(t) = 1 - G(t) \text{ - a função de não-manutenção} \quad (4.2)$$

$$\mu(t) = \frac{f(t)}{M(t)} \text{ - a taxa de reparações} \quad (4.3)$$

$$MTR = \frac{1}{\mu(t)} \text{ - o tempo médio de reparação} \quad (4.4)$$

De todos os indicadores de facilidade de manutenção, apenas dois são frequentemente utilizados, devido à sua utilidade prática. Estes dois indicadores são a taxa de reparações e o tempo médio de reparação. Quanto menor for a taxa de reparação de um produto, melhor será a sua capacidade de manutenção.

A capacidade de manutenção apenas diz respeito a produtos reparáveis cujo funcionamento pode ser representado como mostra a Figura36 . Os dois estados em que o produto se pode encontrar: funcionamento correto (F) ou reparação (R) são apresentados no eixo do tempo. É verdade que, muitas vezes, a duração de uma reparação é injustificadamente longa, quer devido à falta de peças sobresselentes, quer por outras razões.

O produto funciona durante um determinado período de tempo, t_1, depois é reparado durante t_1', depois funciona durante t_2 e está a ser reparado durante t_2', e assim sucessivamente. Note-se que a representação inclui "n" tempos de trabalho (t_i), juntamente com os tempos de reparação associados (t_i').

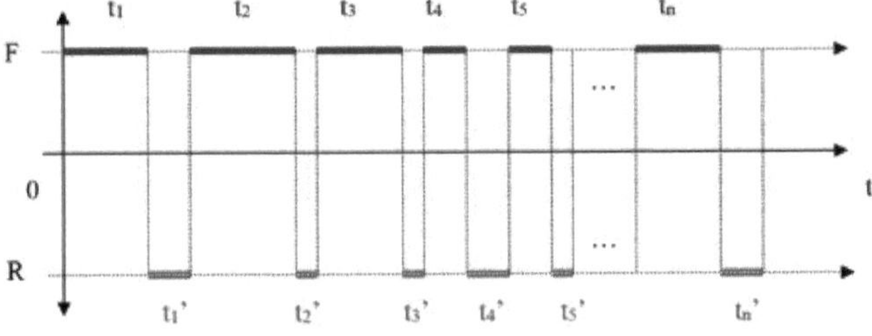

Figura36 - A utilização de um produto reparável

Neste caso, os indicadores de facilidade de manutenção serão calculados com base nestas relações:

$$MTR = \frac{\sum_{i=1}^{n} t'_i}{n} \quad (4.5)$$

$$\mu = \frac{1}{MTR} \quad (4.6)$$

Ao mesmo tempo, os dois indicadores de fiabilidade seguintes também podem ser facilmente calculados:

$$MTBF = \frac{\sum_{i=1}^{n} t_i}{n} \quad (4.7)$$

$$\lambda = \frac{1}{MTBF} \quad (4.8)$$

A **reposição de um produto no seu estado de funcionamento correto** depende de três aspectos fundamentais:

a) **Acessibilidade**, que é a propriedade de um produto complexo de permitir a montagem ou desmontagem fácil de qualquer um dos seus componentes. Dado que uma boa acessibilidade conduz a um aumento da disponibilidade do produto, aumentando a rapidez da atividade de manutenção, é dada especial atenção - em função do número de operações de manutenção - durante a fase de I&D de um produto à disposição e à facilidade de montagem ou desmontagem de cada componente individual.

b) **As peças sobresselentes** são elementos estritamente vitais necessários para efetuar reparações e para repor os produtos nas suas condições de funcionamento adequadas. É por isso que o fornecimento atempado de peças sobresselentes é uma tarefa primordial de todos os factores que trabalham em conjunto para fabricar o produto.

c) **Manutenção**. Para além da acessibilidade e das peças sobresselentes, as equipas de assistência e manutenção também constituem elementos primordiais para garantir a facilidade de manutenção dos produtos. O tempo de reparação depende também da capacidade e experiência do pessoal que executa as actividades de manutenção e reparação necessárias.

Hoje em dia, a atividade das equipas de assistência constitui um meio cómodo e eficaz de acompanhar o comportamento dos produtos em utilização, a sua fiabilidade e acessibilidade, as necessidades de peças sobresselentes, tudo isto com o objetivo de permitir ao fabricante fabricar produtos com um grau de disponibilidade tão elevado quanto possível.

4.3. A disponibilidade dos produtos

De acordo com a norma STAS 8174/3 - 77, **a disponibilidade** é a propriedade de um produto ou conjunto - sob o ponto de vista combinado da fiabilidade, da facilidade de manutenção e das acções de gestão da manutenção - de cumprir a sua função especificada num dado momento ou durante um determinado intervalo de tempo.

A disponibilidade dos produtos é composta pela fiabilidade do produto, juntamente com a sua capacidade de manutenção, como mostra a Figura37 .

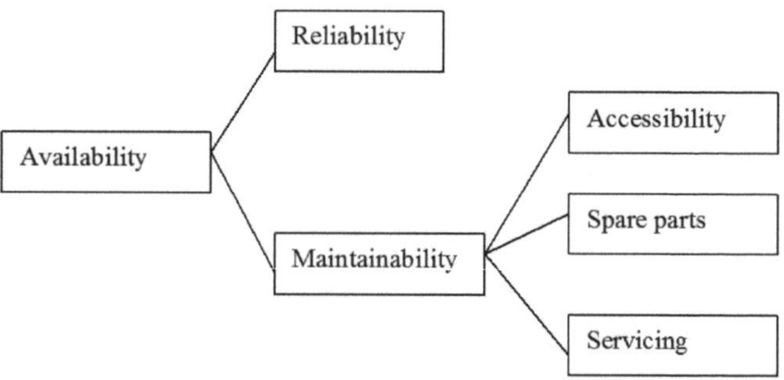

Figura37 - A disponibilidade de produtos

No que diz respeito à propriedade de um determinado sistema estar disponível, são aplicáveis as seguintes condições (Figura38): o tempo de disponibilidade (o intervalo durante o qual o produto é capaz de desempenhar a sua função especificada), o tempo de indisponibilidade (durante o qual não pode desempenhar as suas funções), o tempo operacional (o tempo durante o qual o produto desempenha efetivamente as suas funções), o tempo solicitado (para o qual o utilizador utiliza o produto), o tempo não solicitado e o tempo livre (quando o produto pode desempenhar as suas funções, mas não é solicitado a fazê-lo).

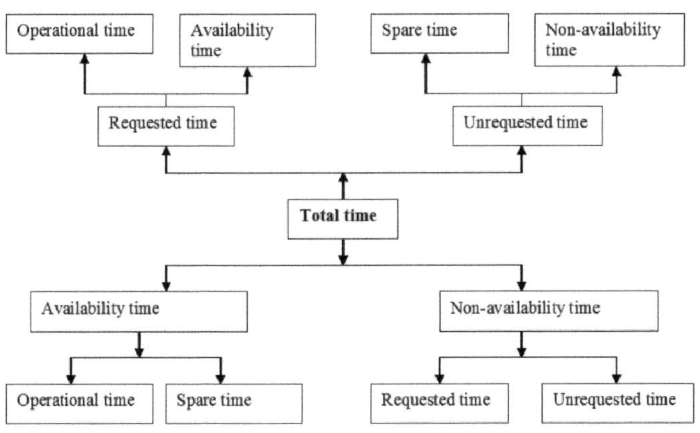

Figura38 - A estrutura do tempo total

A ligação matemática entre os três conceitos: disponibilidade, fiabilidade e facilidade de manutenção dos produtos, pode ser expressa através da relação:

$$D(t) = R(t) + [1 - R(t)] \cdot M(t') \qquad (4.9)$$

Ou este:

$$A(t) = R(t) + [1 - R(t)] \cdot G(t') \qquad (4.10)$$

As relações acima são diferentes apenas nas notações utilizadas: A(t) = D(t) representa a disponibilidade, M(t') = G(t') é a capacidade de manutenção e R(t) é a fiabilidade do produto.

Quando se trata de produtos não reparáveis, a sua disponibilidade é igual à sua fiabilidade:

$$A(t) = R(t) \qquad (4.11)$$

Isto é verdade porque, uma vez que não são reparáveis, a sua capacidade de manutenção é nula (G(t') = 0).

A disponibilidade é, de facto, a medida em que o sistema ou componente permite a sua utilização sempre que necessário ou, por outras palavras, a disponibilidade é a probabilidade de um produto estar em condições de funcionamento num determinado momento, *t*.

4.4. Indicadores de disponibilidade

Os indicadores de disponibilidade mais frequentemente utilizados são:

$D(t) = \frac{\lambda}{\lambda + \mu}$ - disponibilidade de instalações fixas (4.11)

$U(t) = 1 - D(t)$ - indisponibilidade estacionária (4.12)

$D = \frac{MTBF}{MTBF + MTR}$ - coeficiente de disponibilidade (4.13)

Se analisarmos a expressão do coeficiente de disponibilidade e a da disponibilidade estacionária, verificamos que são muito semelhantes. Os elementos que definem um dos dois indicadores são os inversos matemáticos dos elementos que definem o outro.

O coeficiente de disponibilidade é utilizado com muita frequência na prática. Tem um significado fácil de compreender, sendo o rácio entre um parâmetro que significa o tempo de trabalho (quando o produto está a ser utilizado) e o tempo total disponível. É por esta razão que este coeficiente pretende significar a "eficiência do produto em utilização". Quanto mais o MTBF aumenta e o MTR diminui, mais o valor do coeficiente de disponibilidade aumenta. Este valor mais elevado mostra que o produto é utilizado de forma eficiente devido a uma boa fiabilidade (um MTBF elevado) e a uma boa capacidade de manutenção (MTR baixo).

4.5. Análise do funcionamento de uma unidade de produção

a) Definições e considerações teóricas

As realizações das empresas industriais dependem, entre outros factores, da produtividade das instalações de produção que utilizam. Esta não depende apenas das caraterísticas técnicas do equipamento utilizado, mas também da sua fiabilidade. É por isso que é importante tratar este problema com a consideração que merece. Se considerarmos também que o elemento central da teoria da fiabilidade é a falha e, além disso, que este evento pode ser causado por uma utilização inadequada, a questão da análise da fiabilidade dos equipamentos é perfeitamente justificável perante qualquer pessoa.

Escusado será dizer que o equipamento de fabrico não pode funcionar sem parar, havendo manutenção, reparação ou outros tipos de períodos de inatividade. Todos estes intervalos de inatividade têm de ser reduzidos ao mínimo, de modo a garantir uma utilização eficiente do equipamento.

Se seguirmos a evolução dos estados de uma máquina, podemos traçar um diagrama semelhante ao apresentado na Figura39 . O diagrama aponta para o facto de existirem três estados distintos de uma máquina: o estado de bom funcionamento (**F**), o estado de reparação (**R**) ou o estado de estagnação (**S**), causado por outros factores que não as reparações (pausas, tempos de espera, atrasos, falta de encomendas, etc.).

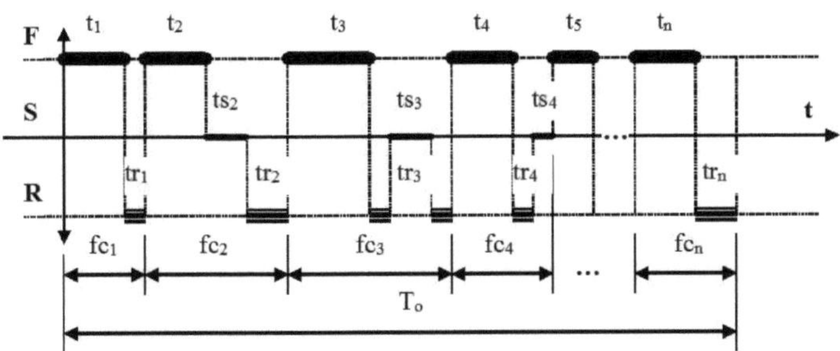

Figura39 - A evolução real dos estados de uma máquina

O tempo total de monitorização da evolução da máquina (**T_o**) é constituído por vários ciclos de funcionamento, **fc_i**, **$i \in$** {1, n} de duração variável. Isto também pode ser explicado pelo facto de os tempos de funcionamento correto (**t_i**), os tempos de reparação (**tr_i**) e os tempos de estagnação (**ts_i**) terem valores variáveis.

O mesmo período de monitorização pode ser descrito com a ajuda de "n" ciclos de funcionamento de igual duração (fc), para os quais os tempos específicos serão substituídos pelas médias obtidas para todo o período de monitorização (Figura40).

$$MTBF = \frac{\sum_{i=1}^{n} t_i}{n} \; ; \; ; MTR = \frac{\sum_{i=1}^{n} tr_i}{n} \quad MTS = \frac{\sum_{i=1}^{n} ts_i}{n} \qquad (4.14)$$

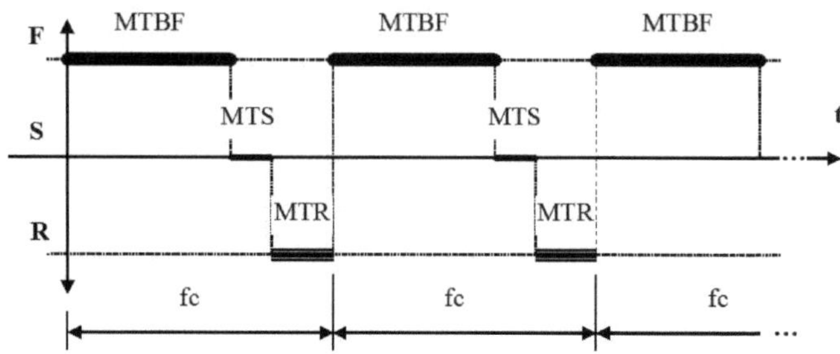

Figura40 - A evolução equivalente dos estados de uma máquina

Com base nas relações (4.14) podemos determinar outras medidas específicas sobre a fiabilidade dos equipamentos, nomeadamente a intensidade de avarias (**λ**), a intensidade de reparação (**μ**) e o coeficiente de disponibilidade (**K_a**):

$$\lambda = \frac{1}{MTBF} \; ; \; ; \mu = \frac{1}{MTR} \quad K_a = \frac{MTBF}{MTBF + MTR + MTS} \qquad (4.15)$$

Se aceitarmos o facto de que a maioria dos componentes do equipamento são de natureza mecânica e que a intensidade das falhas é aproximadamente constante, então podemos utilizar o modelo de distribuição exponencial. De acordo com este modelo, a fiabilidade, R(t), e a disponibilidade, A(t), podem ser calculadas utilizando estas relações:

$$R(t) = e^{-\lambda \cdot t} \; ; A(t) = \frac{\mu}{\lambda + \mu} + \frac{\lambda}{\lambda + \mu} \cdot e^{-(\lambda + \mu) \cdot t} \qquad (4.16)$$

Considerando que a não fiabilidade, F(t) e a indisponibilidade, U(t) podem ser determinadas por razões de complementaridade estatística:

$$F(t) = 1 - R(t); U(t) = 1 - A(t) \quad (4.17)$$

O cálculo das medidas especificadas pelas relações (4.14), (4.15), (4.16) e (4.17) fornece-nos informações valiosas sobre a fiabilidade do equipamento de fabrico.

b) Exemplo de cálculo da fiabilidade de um equipamento de fabrico

Consideremos uma máquina monitorizada ao longo de 10 ciclos de trabalho. As informações sobre o seu funcionamento foram limitadas apenas às de carácter temporal e estão sintetizadas na Quadro .41

	Working cycles	1	2	3	4	5	6	7	8	9	10
State	**Times**										
F	t_i [h]	250	280	102	56	502	362	589	987	758	628
S	ts_i [h]	0	0	25	0	42	0	0	0	0	0
R	tr_i [h]	10	15	7	3	29	69	4	6	3	8

Quadro .41 - Informações registadas

Para realizar uma análise prática da fiabilidade dos equipamentos considerados, foi criada a aplicação MS-Excel apresentada emFigura41Figura42Figura43 , eFigura44 .

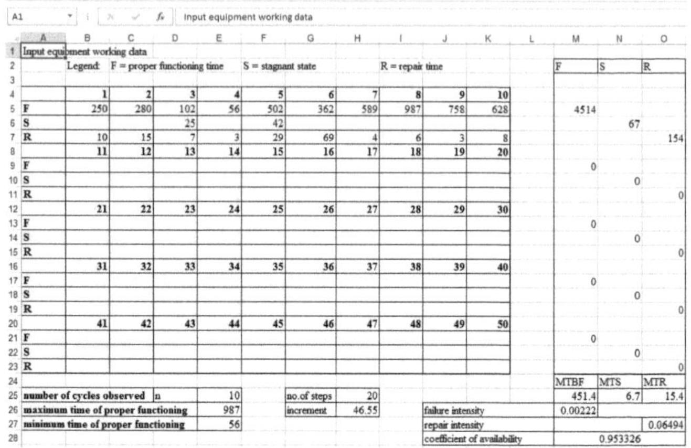

A1 — Input equipment working data

Input equipment working data

Legend: F = proper functioning time; S = stagnant state; R = repair time

	1	2	3	4	5	6	7	8	9	10	F	S	R
F	250	280	102	56	502	362	589	987	758	628	4514		
S			25		42							67	
R	10	15	7	3	29	69	4	6	3	8			154
	11	**12**	**13**	**14**	**15**	**16**	**17**	**18**	**19**	**20**			
F											0		
S												0	
R													0
	21	**22**	**23**	**24**	**25**	**26**	**27**	**28**	**29**	**30**			
F											0		
S												0	
R													0
	31	**32**	**33**	**34**	**35**	**36**	**37**	**38**	**39**	**40**			
F											0		
S												0	
R													0
	41	**42**	**43**	**44**	**45**	**46**	**47**	**48**	**49**	**50**			
F											0		
S												0	
R													0

					MTBF	MTS	MTR
number of cycles observed	n	10	no.of steps	20	451.4	6.7	15.4
maximum time of proper functioning		987	increment	46.55	failure intensity	0.00222	
minimum time of proper functioning		56			repair intensity		0.06494
					coefficient of availability	0.953326	

Figura41 - Recolha de dados de entrada

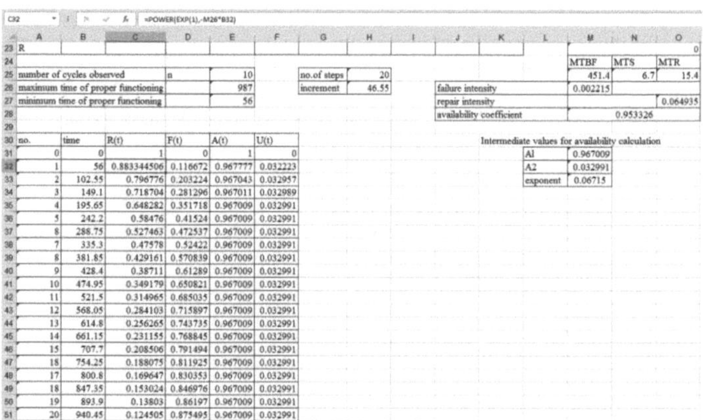

C32 — =POWER(EXP(1),-M26*B32)

R							0
					MTBF	MTS	MTR
number of cycles observed	n	10	no.of steps	20	451.4	6.7	15.4
maximum time of proper functioning		987	increment	46.55	failure intensity	0.002215	
minimum time of proper functioning		56			repair intensity		0.064935
					availability coefficient	0.953326	

no.	time	R(t)	F(t)	A(t)	U(t)
0	0	1	0	1	0
1	56	0.883344506	0.116672	0.967777	0.032223
2	102.55	0.796776	0.203224	0.967043	0.032957
3	149.1	0.718704	0.281296	0.967011	0.032989
4	195.65	0.648282	0.351718	0.967009	0.032991
5	242.2	0.58476	0.41524	0.967009	0.032991
8	288.75	0.527463	0.472537	0.967009	0.032991
7	335.3	0.47578	0.52422	0.967009	0.032991
8	381.85	0.429161	0.570839	0.967009	0.032991
9	428.4	0.38711	0.61289	0.967009	0.032991
10	474.95	0.349179	0.650821	0.967009	0.032991
11	521.5	0.314965	0.685035	0.967009	0.032991
12	568.05	0.284103	0.715897	0.967009	0.032991
13	614.8	0.256265	0.743735	0.967009	0.032991
14	661.15	0.231155	0.768845	0.967009	0.032991
15	707.7	0.208506	0.791494	0.967009	0.032991
18	754.25	0.188075	0.811925	0.967009	0.032991
17	800.8	0.169647	0.830353	0.967009	0.032991
18	847.35	0.153024	0.846976	0.967009	0.032991
19	893.9	0.13803	0.86197	0.967009	0.032991
20	940.45	0.124505	0.875495	0.967009	0.032991

Intermediate values for availability calculation

Al	0.967009
A2	0.032991
exponent	0.06715

Figura42 - Área de cálculo

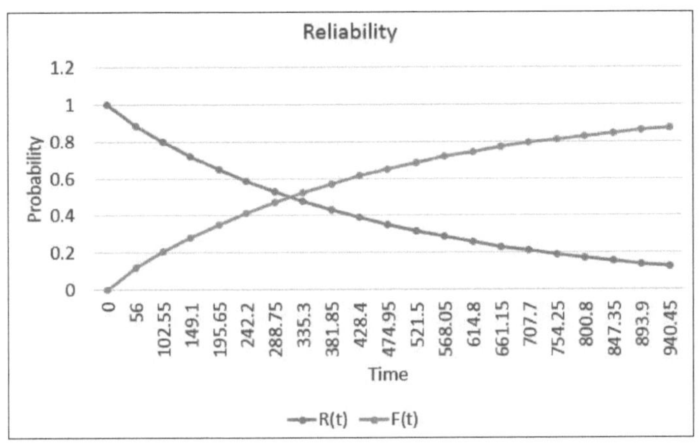

Figura43 - Representação gráfica das funções de fiabilidade e de não fiabilidade

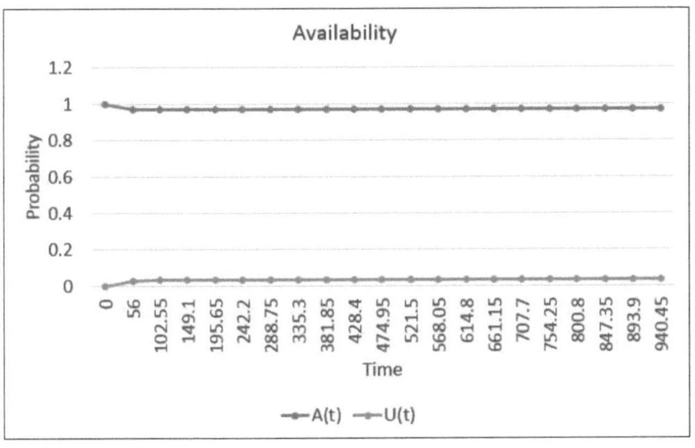

Figura44 - Representação gráfica das funções de disponibilidade e indisponibilidade

A aplicação MS-Excel permite a recolha de dados relativos à exploração de um equipamento de fabrico durante **50 ciclos de trabalho**. Foi concebida para calcular automaticamente os indicadores de fiabilidade, , tal como definidos pelas relações (4.14) e (4.15), e para representar graficamente as funções definidas através das relações (4.16) e (4.17), exigindo **20** pontos distintos. Os screenshots acima mostram os equipamentos considerados, monitorizados ao longo de **10 ciclos de trabalho**, como se pode ver emQuadro .41

Os valores obtidos podem também ser especialmente úteis para a realização de cálculos económicos. Assim, podem ser utilizados, por exemplo, para calcular o **custo total das reparações** ao longo de **n** ciclos de trabalho (**C_R**):

$$C_R = n \cdot (MTR \cdot x \cdot s + N \cdot C_N) \quad (4.18)$$

Onde: x - o número médio de trabalhadores necessários para uma reparação;

s - o salário médio por hora pago aos trabalhadores que efectuam a reparação;

N - o número médio de peças substituídas numa reparação;

C_N - o custo médio de uma peça substituída.

Ao mesmo tempo, a aplicação permite efetuar cálculos mais objectivos sobre a capacidade de produção de cada equipamento, uma vez que se baseia em dados factuais recolhidos através da monitorização individual de cada máquina. A capacidade de produção de uma máquina (**Cp_t**)

pode ser corrigida (**Cp**) através do coeficiente de disponibilidade (**Ka**):

$$Cp = Cp_t \cdot K_a \tag{4.19}$$

As perdas decorrentes da paragem e reparação das máquinas ao longo dos **n** ciclos de trabalho (**P**) podem ser estimadas através da relação:

$$P = C_R + P_h \cdot (MTR + MTS) \cdot n \tag{4.20}$$

Onde $\mathbf{P_h}$ é a perda por hora devido ao não funcionamento de uma máquina.

A recolha e o tratamento dos dados através de uma aplicação MS-Excel como a apresentada acima é fácil de implementar e utilizar. Fornece dados relevantes sobre a fiabilidade do equipamento e permite a identificação de determinadas medidas de melhoria da fiabilidade e disponibilidade do equipamento de produção.

A aplicação acima descrita pode certamente ser desenvolvida, sendo perfectível. Podem ser adicionados outros meios de armazenamento para acomodar outros dados relativos às observações que podem ser feitas ao longo do intervalo de monitorização (a especificação das peças substituídas, os seus custos, as causas das avarias, a assistência pessoal, as razões de não funcionamento, etc.) e ao processamento dos resultados (efetuar cálculos do tipo dos descritos nas relações (4.18), (4.19) e (4.20), ou de outros semelhantes).

Com base nos resultados obtidos, algumas das decisões de gestão no domínio da manutenção são tomadas com base em considerações objectivas. Podem ser adoptadas novas estratégias de manutenção, podem ser feitas propostas de compra de novos equipamentos e o departamento de manutenção pode ser reorganizado.

A utilização destas aplicações electrónicas dispensa a utilização das tradicionais fichas de monitorização dos equipamentos, substituindo-as por meios de armazenamento e processamento mais modernos e integráveis em sistemas electrónicos mais amplos. A informação obtida através destes instrumentos de trabalho pode ainda ser utilizada por outros departamentos da empresa, amplificando-se assim os efeitos da sua utilização. Produzem-se, assim, efeitos favoráveis à correta exploração dos equipamentos de produção, garantindo um aumento significativo da margem de lucro.

5. A problemática da manutenção de sistemas

Objectivos:

- Definir os conceitos de base da manutenção;
- Identificar os domínios de ação e de responsabilidade da manutenção;
- Evidenciar as implicações da manutenção na atividade de fabrico;
- Delinear e definir as estratégias específicas de manutenção.

O final dos anos 70 foi o teatro de uma mini-revolução industrial. Até então, bastava manter o equipamento industrial de modo a produzir ao máximo da sua capacidade e, por conseguinte, o utilizador limitava-se a efetuar operações de manutenção, ou seja, a reiniciar o equipamento industrial após uma avaria, examinando assim o sistema sem controlar a sua disponibilidade para a produção. Nos últimos anos, a tendência mundial - influenciada por alguns factores como: a crescente complexidade e automatização dos equipamentos, a integração e o progresso constante da tecnologia, o aumento da fiabilidade dos sistemas, o custo cada vez mais elevado dos investimentos e a exigência cada vez maior dos clientes no que diz respeito à segurança de utilização - tem sido a de passar da conservação e reparação dos equipamentos para a sua manutenção.

A implementação de um departamento de manutenção como uma função importante dentro de uma organização levou - e continua a levar - à possibilidade de antecipação e à capacidade de prever falhas e planear acções para evitar falhas.

A função manutenção representa, em média e como custo direto, 4% do total do volume de negócios industrial, e, se incluirmos os custos indirectos, este valor atinge 7 - 8% (em resultado do impacto complementar devido aos custos induzidos pela indisponibilidade).

Esta função é ocupada por especialistas cujas qualificações são cada vez mais elevadas e em domínios cada vez mais específicos.

A manutenção dispõe de métodos específicos e de instrumentos cada vez mais sofisticados.

A implementação de um serviço deste tipo como uma função integrada de uma organização permite-lhe

- Efetuar a gestão da manutenção, através do controlo dos rácios relevantes, da análise das paragens de fabrico, da gestão dos custos de manutenção e da otimização da escolha das políticas de manutenção;

- Utilizar métodos de manutenção que conduzam ao planeamento de acções preventivas, lubrificações programadas, gestão de peças e subconjuntos sobresselentes e programação de intervenções;
- Adaptar os recursos e, em especial, a formação e a capacitação da mão de obra de acordo com os sistemas utilizados e a gestão das interfaces com outras entidades da organização (direção, serviços de RH, finanças, qualidade, tecnologia, aprovisionamento e pós-venda).

Existem quatro eixos de progresso dedicados à manutenção:

- O aumento da produtividade do sistema, ou seja, da quantidade de produtos ao melhor preço possível e de uma forma sustentável ao longo do tempo;
- A participação na melhoria contínua da qualidade dos produtos, nomeadamente dos produtos fabricados e dos serviços oferecidos;
- A garantia do bom funcionamento do sistema e a segurança das pessoas que o gerem;
- O seguro de proteção do ambiente.

5.1. A definição de manutenção

A manutenção não é uma descoberta do mundo moderno. A idade exacta desta atividade perde-se no tempo, estando presente ao longo de toda a história da humanidade, quer tenha ou não sido conceptualizada. O que é certo, porém, é que o desenvolvimento da sociedade humana, acompanhado de uma forte revolução técnica no domínio da tecnologia, foi apoiado pelo desenvolvimento deste tipo de atividade.

Estando no centro das atenções dos cientistas desde as fases incipientes da tecnologia, o termo "manutenção" tem múltiplas definições que revelam diferentes aspectos. Por exemplo, o "Grand dictionnaire universel du XIXe siècle" de Pierre Larousse, Paris, 1873, inclui as seguintes explicações:

MAINTENIR (manter) - conservation, défense, protection..., ou seja, conservação, defesa, proteção..;

O dicionário acima também apresenta os seguintes termos:

ENTRETIEN (manutenção) - soin qu'on prend e mentenir une chose en état; dépense qu'on y consacre..., ou seja, aquilo que é feito para manter uma coisa em bom estado de funcionamento; despesas destinadas a..;

REPARATION (reparação) - action de remise en marche..., ou seja, a ação de repor o estado de funcionamento correto...

Relativamente aos mesmos termos, a "Encyclopaedia Britannica", 1998, apresenta as seguintes explicações:

MAINTENANCE - manter num estado existente...;

REPARAR - repor em bom estado...;

(TO) PRESERVE - manter em bom estado...

Daqui se conclui que existe uma diferença significativa entre "manutenção", "reparação" e "(para) preservar", um aspeto que também foi revelado por "Dicţionarul explicativ al limbii române", 1975:

A MENŢINE - a păstra ceva în aceeaşi stare sau formă în care se află la un moment dat, a face să dureze..., significando manter algo no mesmo estado ou forma num determinado momento, fazer algo durar...;

A REPARA - a face propriu pentru folosire, a reface, a menţine..., que significa tornar próprio para uso, restaurar, manter..;

A ÎNTREŢINE - a păstra în stare bună, în bune condiţii; a face să dureze, a menţine..., significando conservar em bom estado, em boas condições; fazer durar, manter...

Os termos definidos no dicionário acima têm a sua origem na língua francesa e, consequentemente, a literatura especializada romena considera que, na utilização atual, o termo "manutenção" encontra a sua justificação com as seguintes ressalvas:

A manutenção envolve actividades de conservação e reparação;

É errado afirmar que apenas a execução de actividades de conservação e reparação significa "manutenção".

Por conseguinte, **a manutenção é um conjunto de actividades técnico-organizacionais destinadas a obter o máximo desempenho do bem considerado (máquina, edifício, equipamento, etc.)**.

De facto, esta opinião, exposta pela literatura especializada romena, é confirmada pelas normas de manutenção francesas, que salientam o seguinte aspeto: *...uma combinação de actividades técnicas, administrativas e de gestão... repor em condições de funcionamento ou manter em condições de funcionamento seguro...*

Outras observações relativas a este termo são as relacionadas com os *custos* (1990), *a duração de vida dos equipamentos* (1992), o *risco e a segurança na utilização* (1994), bem como o alargamento da aplicação da terminologia no domínio dos *recursos humanos* (1987) e *da proteção do ambiente* (1993).

O termo "manutenção" só foi utilizado extensivamente pela literatura especializada romena depois de 1989, enquanto antes desta data o termo era frequentemente substituído por "preservação e reparações" (devido às conotações políticas). O termo "facilidade de manutenção" foi, no entanto, estabelecido no léxico romeno, não havendo outro equivalente para descrever toda a complexidade deste indicador.

Em conclusão, atualmente, a literatura especializada romena neste domínio considera que o termo que caracteriza de forma mais exaustiva o fenómeno analisado é "manutenção", e os seus componentes básicos incluem não só a conservação e a reparação, mas também as actividades administrativas e de gestão em toda a sua complexidade. Considera-se que a manutenção é um patamar superior à conservação dos meios fixos, a que todas as organizações devem aspirar, para além de uma nova cultura e de uma visão moderna, que conduzam à máxima eficiência da atividade económica.

De um modo geral, as organizações romenas concentram-se mais na "preservação e reparação" do que na "manutenção", especialmente porque, devido ao recente impacto da crise económica, muitas delas foram confrontadas com um processo de involução, que se repercutiu no terreno.

Uma vez que o papel da manutenção é muitas vezes subestimado e a sua função produtiva não é totalmente reconhecida, pode afirmar-se que não se pode dizer que a "manutenção" seja realizada até que as organizações romenas tenham passado por um extenso processo de transformação e evolução tecno-económica e social.

Por conseguinte, a "manutenção" deve tornar-se um aliado obrigatório da produção, razão pela qual a missão deste livro é sensibilizar os factores de decisão nas organizações romenas para a ligação e importância das actividades de gestão da manutenção no progresso da vida social e económica na Roménia.

5.2. Os domínios de atividade e a responsabilidade da manutenção

Existem quatro funções básicas em qualquer organização moderna que correspondem a quatro responsabilidades fundamentais (Figura45 e uma série de implicações na atividade de produção da organização.

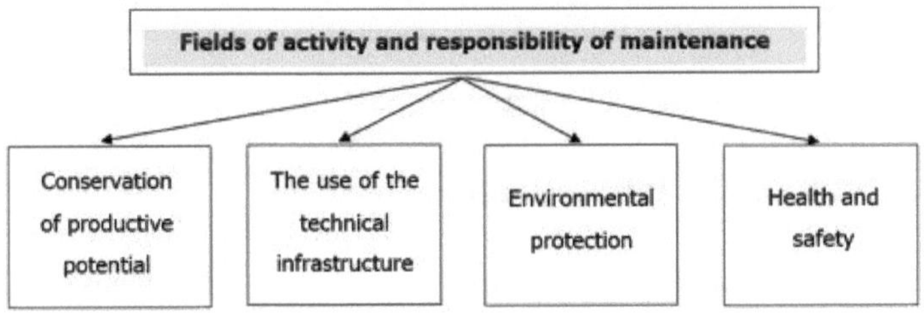

Figura45 - Campos de atividade e responsabilidade da manutenção

Conservação do potencial produtivo

A fim de assegurar a conservação do potencial produtivo de uma organização, as responsabilidades da manutenção materializam-se em acções destinadas a:

- Fornecer um diagnóstico permanente do estado técnico das máquinas e equipamentos;
- Curar as disfunções detectadas;
- Reparar e repor em condições de funcionamento o equipamento avariado;
- Realizar actividades de instalação, disposição e conceção de novos métodos de manutenção, de modo a otimizar a utilização do novo equipamento.

Estas actividades puramente técnicas serão enraizadas em determinadas políticas e estratégias de gestão específicas da manutenção. A avaliação da eficácia será efectuada de acordo com uma série de indicadores específicos de avaliação do desempenho (introduzidos ao longo do livro).

A utilização das infra-estruturas técnicas

"Infraestrutura técnica" é uma expressão que designa a montagem das redes de esgotos e de armazenamento e a distribuição das utilidades necessárias à realização das actividades próprias da organização (fornecimentos eléctricos, térmicos, de água, de ar pressurizado, de vapor, de gás, etc.). O serviço de manutenção será responsável por:

- O diagnóstico permanente do estado técnico geral dos serviços públicos;
- A execução de actividades específicas de manutenção e reparação;
- A conceção e a instalação de novas redes de serviços públicos;
- O controlo da qualidade e da quantidade do fluido transportado;
- A redução do consumo e das perdas durante o transporte e a distribuição de serviços públicos.

No espírito das actividades acima descritas, alguns autores defendem que a exploração do parque logístico da organização deve também ser acrescentada a esta categoria de actividades, caso em que a função logística é combinada com a função de manutenção. Segundo outras abordagens, a atividade logística é, ela própria, considerada uma função organizacional essencial, sendo acompanhada pela função de manutenção de forma semelhante à função de produção.

A organização clássica adoptada pela maioria das empresas romenas exige a existência de um departamento "mecânico-energético" e de um departamento "logístico".

Proteção do ambiente

Pela sua própria natureza, um serviço de manutenção só deve realizar actividades que respeitem os princípios do respeito pelo ser humano e pelo nosso ambiente. Para o efeito, as actividades específicas que se inserem no âmbito de competência do serviço são as seguintes

- O diagnóstico permanente do estado técnico dos equipamentos ligados ao gás;
- A prevenção de fugas de fluidos;
- O controlo permanente do nível de poluição devido a actividades específicas da empresa e a aplicação de medidas que o mantenham dentro dos limites legais prescritos;

- A manutenção e exploração da recirculação, recuperação, filtragem, etc., dos fluidos residuais.

De acordo com muitas abordagens da gestão da manutenção, a qualidade dos serviços está estreitamente ligada às suas implicações no ambiente. Para tal, é necessário ter em conta que a manutenção produtiva total tem como objetivo principal a "poluição zero".

Saúde e segurança

A saúde e a segurança constituem o objeto de múltiplas leis, decretos ou decisões governamentais que regulam a exploração segura de máquinas e equipamentos específicos de cada ramo económico. Embora as normas de segurança se dirijam diretamente às pessoas envolvidas no funcionamento e exploração dos vários tipos de equipamentos, considera-se que o serviço de manutenção tem implicações importantes na garantia da segurança através de actividades específicas como:

- A garantia do bom funcionamento dos dispositivos de alerta específicos dos diferentes tipos de equipamentos;
- A manutenção global dos equipamentos, destinada a evitar o aparecimento de acidentes graves que possam pôr em perigo a vida do pessoal;

- A elaboração de normas internas de higiene e segurança, de acordo com qualquer alteração que possa afetar a estrutura básica do equipamento em resultado de qualquer reparação ou atualização efectuada;
- A realização de estudos sobre a segurança de funcionamento dos novos tipos de máquinas e a elaboração de normas específicas;
- O desenvolvimento de métodos completamente seguros e de ação rápida relativamente ao pessoal e aos activos fixos.

Em qualquer atividade de manutenção, a segurança do pessoal é mais importante do que a produtividade ou as questões relacionadas com os custos. Além disso, de acordo com as técnicas de gestão modernas, a saúde e a segurança e as regras que regem este domínio são consideradas factores de motivação pelos trabalhadores.

5.3. Sistemas de manutenção

O método de organização do funcionamento das actividades específicas da manutenção é sustentado por aspectos relacionados com: a disposição do edifício, as caraterísticas das instalações de produção existentes, etc.

A abordagem sistémica exige a consideração das seguintes formas de organização da manutenção que, em função dos recursos atribuídos e dos objectivos pretendidos, se destinam a assegurar a disponibilidade óptima dos sistemas técnicos (Figura46):

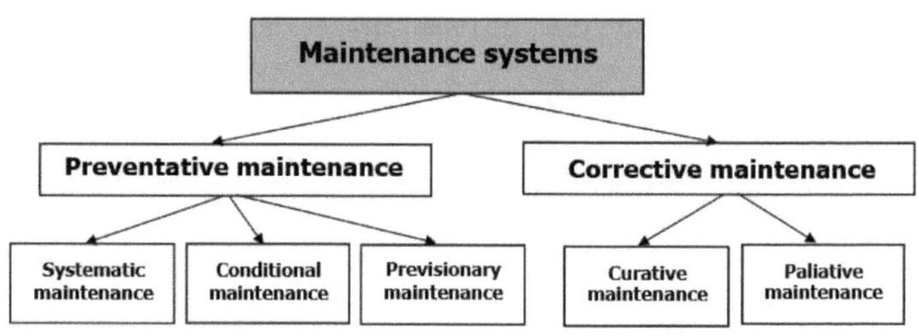

Figura46 - Sistemas de manutenção

a) Manutenção corretiva

A manutenção corretiva é "o conjunto de actividades realizadas após a falha de um meio de produção ou após a sua função ter sido inesperadamente afetada. Estas actividades consistem na localização de defeitos e no seu diagnóstico, na reabilitação com ou sem alterações e no controlo do bom funcionamento do equipamento". Divide-se em dois subtipos:

- **Manutenção curativa**, que representa "as actividades de manutenção corretiva destinadas a repor um meio de produção num estado específico de bom funcionamento, que lhe permita cumprir as suas funções". Estas actividades podem ser: reparações, modificações ou outras disposições destinadas a suprimir as falhas;

- **Manutenção paliativa**, que consiste em "actividades de manutenção corretiva destinadas a permitir que um meio de produção assegure provisoriamente o cumprimento total ou parcial das suas funções". A resolução de problemas é frequentemente utilizada, consistindo este tipo de manutenção paliativa principalmente em acções provisórias que devem ser seguidas de acções curativas.

b) Manutenção preventiva

A manutenção preventiva é a "manutenção que tem por objetivo reduzir as probabilidades de falha ou deterioração de um bem ou serviço". Os tipos de manutenção preventiva que podemos citar são:

- **Manutenção sistemática**, ou seja, "a manutenção efectuada através de actividades de conservação, de reparações correntes, de revisões e de grandes revisões, todas elas integradas num plano de ação técnico normalizado e específico para cada máquina".

- **Manutenção condicional**, ou seja, "o tipo de manutenção efectuada através do controlo dos parâmetros de desgaste dos principais componentes ou subconjuntos das máquinas com a ajuda de determinados instrumentos específicos (indicadores de desgaste, de vibração, de óleo, etc.)". É necessário garantir que as acções de manutenção são realizadas antes da ocorrência da avaria;
- **A manutenção preventiva**, que é "a manutenção preventiva regida pela análise da evolução traçada pelos parâmetros pertinentes que dão o desgaste do produto, e que permite adiar e planear as acções".

Uma forma de comparar a eficiência dos sistemas acima referidos é através do custo total médio de manutenção por unidade de tempo.

5.4. Os níveis de desenvolvimento da manutenção

A forma como os serviços de manutenção e reparação estão organizados pode ser considerada um critério de avaliação da competitividade de uma empresa. Consequentemente, o grau de desenvolvimento da manutenção é descrito por um certo nível, que é determinado por:

- Os sistemas de manutenção utilizados;
- A estratégia operacional adoptada;
- A configuração do serviço;
- As técnicas, os instrumentos e os métodos utilizados.

A literatura da especialidade fornece-nos classificações de actividades que abrangem quatro níveis de evolução da manutenção. O que é certo, porém, é que não pode haver uma distinção clara entre os níveis, uma vez que se pode identificar uma multiplicidade de fases intermédias de desenvolvimento. De acordo com a classificação que a literatura da especialidade considera mais conclusiva, a manutenção de uma empresa pode ser dividida nos seguintes níveis (Quadro .51).

Level	Type of maintenance	The setup of the maintenance service	Strategies	Instruments and methods	Types of companies
1	• conditional • previsionary	- tends to be organized as a research service run by specialized teams	- Total Productive Maintenance (TPM) - new equipment - investment orientation - maintenance based on reliability (MBR)	- computer-aided maintenance techniques - reliability and availability studies	- iron and steel and chemical firms, pilot stations - top tier airlines
2	• systemic • conditional	- centralized-decentralized maintenance service - activities are subcontracted	- investment orientation - concentration of the activity; new equipement to a limited extent - maintenance based on reliability (MBR)	- computer-aided maintenance management (CAMM) - failure mode, effect, and criticality analysis (FMECA) - expert maintenance system	- continuous production or high-risk companies (nuclear stations, airlines, etc.)
3	• systematic • conditional, only applies to certain machines	- centralized maintenance service, leaning slightly towards decentralization	- diversafication of activity - investment orientation - subcontracting, to a limited extent	- computer-aided maintenance management (CAMM), to a limited extent - less integrated software applications	- large discontinuous production companies - manufacturing companies with weak research tendencies
4	• corrective, to the largest extent • systematic, occasional	- slightly structured maintenance service, splitting its activity between the productive sectors	- diversafication of activity	- sparsely represented	- non-automated discontinuous production companies - low technology companies

Quadro .51 - Níveis de desenvolvimento da manutenção

A situação das actividades de manutenção dentro de um dos níveis acima referidos é feita com base numa análise de diagnóstico específica. Alguns trabalhos de investigação de especialistas franceses na matéria conduziram à criação e aperfeiçoamento de um questionário que, com base numa grelha de avaliação, permite quantificar o nível de desenvolvimento da manutenção.

5.5. Níveis de complexidade das actividades de manutenção

A tabela anterior (Quadro .51) apresenta a classificação das empresas com base no nível de organização e desenvolvimento da manutenção. Do ponto de vista da complexidade das actividades realizadas, podemos encontrar as seguintes actividades de manutenção:

- Actividades de manutenção de nível I;
- Actividades de manutenção de nível II;
- Actividades de manutenção de nível III.

Como parte das **actividades de manutenção de nível I**, podemos encontrar actividades de manutenção relativamente simples, que serão realizadas principalmente pelos operadores de fabrico como parte do processo de auto-manutenção.

Desta forma, as tarefas de manutenção actuais serão resolvidas, tais como:

- Limpeza geral e limpeza da zona de trabalho da máquina;
- Manter a ordem no local de trabalho;
- Lubrificação;
- Ajustar certos parâmetros de trabalho;
- Verificação do nível dos fluidos, do binário de aperto de certos componentes, da tensão das correias de transmissão, etc;

- Preenchimento de determinadas fichas com dados de parâmetros tecnológicos recolhidos durante o funcionamento e seu arquivo;
- Outras acções de prevenção simples;
- Alertar para as anomalias que requerem um apoio especializado.

A realização destas actividades não requer competências especiais dos operadores de produção; a única questão é a sua disponibilidade para este tipo de trabalho que, de outro modo, seria realizado pelos operadores de manutenção.

As actividades de manutenção de nível II têm um grau de dificuldade mais elevado, o que significa que não podem ser resolvidas através da auto-manutenção, mas sim por operadores de manutenção especializados na execução de actividades específicas de manutenção e reparação, e incluem

- Actividades corretivas em curso;
- Acções preventivas - sistemáticas de elevado grau de dificuldade;
- Actividades de disposição e reconfiguração de equipamentos.

A consultoria e o acompanhamento de acções de manutenção de alto nível ou de acções pouco frequentes que têm um baixo grau de repetibilidade são realizados como **actividades de manutenção de nível III**. Este tipo de tarefas é da competência de peritos em manutenção, de empresas terceiras ou dos fabricantes dos equipamentos em causa, durante todo o período de garantia ou de pós-venda.

5.6. As "6 grandes perdas" devidas às actividades de manutenção

As principais categorias de perdas incorridas quando se negligenciam as actividades de manutenção derivam principalmente de

1) *Paragens acidentais*, durante as quais a máquina é desligada devido a uma avaria. Neste caso, a produção da máquina perde-se durante o período de identificação da avaria e da sua reparação. Aplicando certas tecnologias modernas de manutenção, bem como prevenindo o aparecimento de falhas, esta categoria de falhas pode ser drasticamente diminuída e mantida sob controlo;

2) *As regulações e ajustes* do equipamento são períodos de tempo necessários para reajustar a máquina de modo a

passar ao fabrico de um produto diferente. Mais uma vez, a máquina não produz, encontrando-se numa situação semelhante à das paragens acidentais;

3) *marcha lenta e as pequenas paragens* do equipamento são causadas pela ausência momentânea do operador ou são feitas para: limpar o local de trabalho no final de um ciclo, reparar um produto que tenha uma pequena falha ou evacuar um produto que tenha falhado, reabastecer, etc. Algumas destas perdas dependem da tecnologia e da especificidade da máquina e podem, portanto, ser controladas, enquanto outras dependem muito da organização da produção e do trabalho;

4) *Velocidade reduzida* (o equipamento funciona com parâmetros normais) devido à complexidade da operação ou à incapacidade do operador de dominar e utilizar a tecnologia à sua disposição. Esta categoria de perdas só pode ser avaliada através da análise do funcionamento da máquina e da produção média durante um longo período de tempo.

5) *Defeitos de qualidade*, como consequência do funcionamento inadequado da instalação de produção utilizada. Considera-se que o estado de uma máquina

quando dá origem a um produto defeituoso é equivalente ao seu estado de não funcionamento;

6) *Rejeitados de arranque*, que surgem aquando do arranque de uma nova máquina ou de uma nova linha tecnológica. Os primeiros produtos são testes, servindo de base para futuros ajustes do processo; consequentemente, constituirão perdas semelhantes aos defeitos de qualidade. Podem ser reduzidas através de uma sólida organização das actividades de planeamento do produto.

Com base no tempo total de trabalho de uma máquina,Figura47 esquematiza as categorias de perdas acima descritas.

GROSS WORKING TIME						
Net working time	Failures		Non-productivity		Stoppages	
	Startup rejects	Quality defects	Reduced speed	Minor stops	Setups and adjustments	Accidental stoppages

Figura47 - As "6 grandes perdas" devidas às actividades de manutenção

O resultado é que as perdas descritas levam à diminuição do tempo útil de funcionamento das máquinas, resultando em perdas de produtividade e na redução da utilização da capacidade de produção.

5.7. Estratégias da atividade de manutenção

Foi referido anteriormente que a manutenção tem múltiplas implicações na atividade da empresa, sendo o aspeto estratégico um dos mais evidentes. As estratégias representam uma conduta organizacional de gestão e que conduzirá à materialização dos objectivos do negócio ou da empresa.

A análise das actividades de manutenção não pode ser considerada completa se não forem revelados os aspectos relativos à estratégia. Tendo em conta as circunstâncias específicas em que uma empresa se pode encontrar num determinado momento, existem três alternativas estratégicas para abordar a atividade de manutenção, que são

- Realizar actividades específicas de manutenção;
- Subcontratar a manutenção;
- Adquirir novos equipamentos (e renunciar à manutenção).

Tendo em conta a complexidade e a especificidade das acções que cada estratégia implica, estas são divididas em estratégias puras e combinadas.

Figura48 apresenta a delimitação das direcções de ação com base nas alternativas estratégicas.

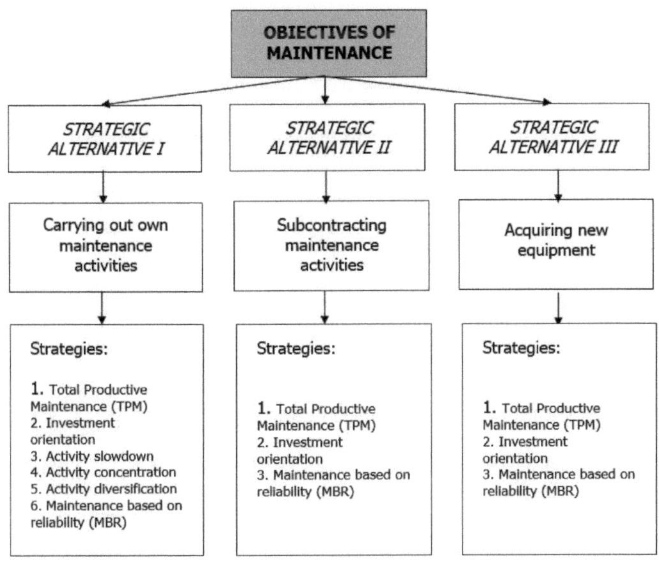

Figura48 - Estratégias da atividade de manutenção

a) Estratégias de manutenção pura

Tendo em conta os métodos e técnicas de gestão da manutenção utilizados, podem ser encontradas as seguintes estratégias puras:

- **A estratégia de manutenção produtiva total - S1** baseia-se nos princípios da manutenção produtiva total e da manutenção produtiva, respetivamente, da auto-manutenção e dos "5S", aplicados por todos os empregados da empresa, que são educados e formados em conformidade. Trata-se de uma forma moderna de abordagem estratégica das actividades de manutenção e reparação, que assegura o bom funcionamento do processo de fabrico e a obtenção de produtos de alta qualidade. É a estratégia considerada mais inovadora no domínio da manutenção (razão pela qual será desenvolvida mais adiante).

- **A estratégia de orientação para o investimento - S2** requer a consulta do pessoal de manutenção no que respeita à aquisição de novas máquinas e equipamentos. A aplicação desta estratégia pode evitar o aparecimento de situações em que, tendo o "preço" como critério principal, se recorre frequentemente à aquisição de equipamentos em segunda mão que, como solução de curto prazo, traz vantagens para a empresa graças às poupanças e à redução das despesas de investimento, mas prejudica a competitividade a médio e longo prazo devido aos custos de manutenção acelerados.

- **O abrandamento da atividade de manutenção (ou seja, a estratégia de "sobrevivência") - S3** significa a redução drástica do orçamento atribuído ao departamento de manutenção, levando ao adiamento ou supressão de actividades de manutenção e reparação previamente planeadas. É aplicada quando uma empresa reduz a sua esfera de ação ou tem dificuldades em utilizar a sua capacidade de produção. É a estratégia mais perniciosa que uma empresa pode adotar, sendo a "sobrevivência" um assunto espinhoso com graves consequências na atividade a médio e longo prazo; no entanto, permite poupanças de tesouraria a curto prazo.

- **A estratégia de concentração das actividades de manutenção - S4** visa concentrar-se em actividades específicas de manutenção e reparação necessárias ao bom funcionamento do processo de produção. O que se procura aqui é a acumulação de novas experiências no terreno e a obtenção de uma maior eficiência das acções. Em intervalos de médio e longo prazo, cria a premissa da estabilização do orçamento atribuído, e mesmo a sua redução.

- **A estratégia de diversificação de actividades - S5** implica a realização de actividades específicas da manutenção por outras empresas - do mesmo ramo ou de um ramo diferente. Procura-se a valorização do potencial inexplorado do serviço, bem como da experiência acumulada ao longo do tempo. Surge a possibilidade de melhorar os métodos de trabalho, a valorização do know-how acumulado, a sua transferência de uma área para outra, bem como o aperfeiçoamento da atividade a médio e longo prazo. Além disso, são feitas contribuições para o volume de negócios da empresa e, implicitamente, para o seu resultado final. Como resulta da experiência de outras empresas do sector, sem recorrer a terceiros para a realização de certas actividades, a estratégia tende a tornar-se extremamente onerosa.

- **A estratégia de manutenção baseada na fiabilidade (MBR) - S6** implica a afetação de fundos destinados às actividades de manutenção, em função do impacto que estas têm nos resultados da empresa. Procuram-se os pontos críticos do funcionamento dos sistemas de produção, orientando os recursos para a garantia da máxima fiabilidade dos pontos-chave do sistema de produção. Os princípios predominantes utilizados são o do estado e da economia de acções. Alargado a um nível global, o MBR é suscetível de se tornar uma estratégia de implementação da manutenção produtiva total;
- **A estratégia de equipamentos novos - S7** exige a utilização exclusiva de equipamentos novos e com garantia. É a alternativa mais cara em termos de investimentos, sendo poucas as empresas com poder financeiro para a aplicar, mesmo nos países mais ricos

do mundo. As vantagens são obtidas no que respeita ao nível técnico e tecnológico, que será sempre o mais elevado a nível mundial. Os problemas de manutenção dos equipamentos serão mínimos e transferidos para os fornecedores ou fabricantes, consoante o caso. Quando a garantia chega ao seu termo, o equipamento é vendido e são adquiridos novos equipamentos de substituição, de última geração. O problema que se coloca é o da amortização porque, mesmo no caso de uma produtividade elevada, esta continua a ter uma forte influência na estrutura dos custos de produção, levando a uma inflação acentuada dos mesmos.

Muitas empresas romenas são, infelizmente, as "beneficiárias" desta opção, adquirindo o equipamento em segunda mão assim eliminado, que, em alguns casos, apenas custa o desmantelamento e o transporte de volta para a Roménia.

b) Estratégias de manutenção combinadas

Na prática, em função das circunstâncias específicas encontradas, é difícil e ineficaz aplicar apenas um método, uma técnica ou uma estratégia de manutenção. A gestão da manutenção implica a aplicação rápida e eficaz da combinação de estratégias que conduzem - de forma rápida e eficaz - ao sucesso. É também a razão pela qual a manutenção é considerada rentável quando se atinge a "receita" óptima da combinação das estratégias acima referidas. Além disso, a combinação de alternativas estratégicas será feita em resultado da disponibilidade de recursos que podem ser afectados pela empresa à atividade de manutenção.

5.8. Conclusões

A manutenção tende a evoluir para além da esfera técnica, onde costumava ser principalmente responsável pelos aspectos técnicos da manutenção e reparação de equipamentos, e para o lado estratégico da atividade da empresa, razão pela qual se procurará incluir a manutenção num esforço do tipo manutenção produtiva total. Os resultados práticos recolhidos no mercado mostram que, de um modo geral, as empresas romenas ainda não aplicam uma estratégia coerente no que diz respeito à implementação da manutenção, sendo dada mais atenção aos aspectos relacionados com os recursos utilizados e menos atenção aos benefícios diretos e indirectos obtidos.

6. Manutenção Produtiva Total

Objectivos:

- A introdução do conceito de manutenção produtiva total (TPM);
- Destacar e desenvolver os princípios básicos da TPM;
- Definir os objectivos específicos da TPM;
- Sublinhar os factores de resistência e de promoção à introdução das TPM nas empresas industriais romenas;
- Elaboração de recomendações relativas à gestão da implementação do TPM.

6.1. Manutenção Produtiva Total (TPM): História, definição, princípios

A gestão fornece-nos uma série de conceitos que, uma vez aplicados, têm como objetivo modelar a atitude das pessoas em relação a um determinado estado de facto. A manutenção produtiva total (MPT) representa uma revolução no domínio da manutenção.

Como resulta da literatura da especialidade, o termo é sempre encontrado escrito em inglês. Apesar disso, a sua origem é japonesa, o que não deve surpreender ninguém se considerarmos a rica contribuição dos japoneses para a cultura de gestão mundial. Não devemos, no entanto, confundir TPM com manutenção de terceiros, que é outro conceito básico da gestão da manutenção industrial.

Esta terminologia não encontra a sua utilização nas publicações centrais da literatura de especialidade romena, mas sim de forma esporádica, como parte de artigos publicados por ocasião de diversos eventos científicos ou em revistas da especialidade, com uma exceção notável: um livro denominado "Managementul activităţii de mentenanţă" elaborado por Ion Verzea, Marc Gabriel e Daniel Richet e publicado pela POLIROM em 1999. É por esta razão que, com base na designação inglesa, o material documental mencionado propõe o equivalente romeno deste conceito como Mentenanţa Productivă Totală - MPT.

O desenvolvimento da TPM está ligado à gestão da manutenção japonesa e, nomeadamente, a uma instituição profissional denominada "Japan Institute of Plant Maintenance" (JIPM), criada em 1969 pela "Japan Management Association", que é uma espécie de consórcio constituído por algumas grandes empresas com a ajuda de especialistas de algumas universidades japonesas de renome. O impacto na indústria japonesa manifesta-se através de um prémio anual denominado PM (Productive Maintenance), atribuído às empresas que obtiveram os melhores resultados na aplicação das doutrinas da manutenção produtiva.

Nos anos 70, dá-se uma explosão de conceitos relacionados com a qualidade, observados de perto pelos gestores da Toyota. A Nippon Denso, fornecedor de peças sobresselentes para a indústria automóvel, inicia a técnica de participação nas actividades de manutenção dos operadores fabris, ganhando assim o prémio PM. Este momento marca a transformação dos métodos americanos de manutenção produtiva em manutenção produtiva total - TPM. O principal promotor é Seiichi Nakajima, vice-presidente do JIPM, cujo nome está ligado ao desenvolvimento desta teoria.

Sendo um conceito muito importante para a gestão da manutenção, a manutenção produtiva total (TPM) tem estado na mira de muitos cientistas de renome, daí a grande variedade de interpretações. Para começar, vamos à definição de Nakajima , para quem a manutenção produtiva total (TPM) significa:

- Atingir a máxima eficiência global das máquinas e equipamentos;
- A implementação de um sistema global de manutenção produtiva ao longo de toda a vida útil dos meios fixos;

- O envolvimento competente de todos os departamentos de trabalho - desde a conceção até ao utilizador final - bem como dos seus gestores;
- Aumentar a autonomia de ação dos trabalhadores e organizá-los em círculos (por exemplo, o círculo da qualidade).

Outra definição básica do conceito é a que se pensa ter sido formulada por Yves Pimor:

- A manutenção produtiva total (TPM) consiste em procurar as razões pelas quais uma empresa não produz até à sua capacidade nominal e em corrigir esse facto.

Esta abordagem é demasiado sintética e global, uma vez que nem todos os factores que conduzem à não utilização plena da capacidade de produção podem ser diretamente associados à manutenção. A vantagem, no entanto, é a de integrar o conceito no contexto produtivo da empresa.

De acordo com outras abordagens, a manutenção produtiva total (MPT) está ligada à *produtividade*, tendo também em conta aspectos *de proteção ambiental.*

É interessante a ideia de que a manutenção produtiva total (TPM) é *a vertente software da qualidade* e a manutenção da qualidade total (TQM) a *vertente* hardware, formando, juntamente com o just-in-time (JIT), um "triângulo dourado da qualidade total".

A partir das definições anteriores, a literatura romena recente começou a considerar a manutenção produtiva total (TPM), tal como definida emFigura49

Como se depreende da figura seguinte, a manutenção produtiva total (MPT), enquanto elemento protetor do contexto produtivo da empresa, é suportada por cinco pilares sobre uma base de TQM. A solidez do sistema é assegurada pelo correto dimensionamento dos "pilares" de suporte, sendo que qualquer fragilidade em qualquer um deles é suscetível de comprometer toda a estrutura. A qualidade total está na base da manutenção e é protegida pela manutenção da qualidade total (TQM).

Outra definição que se encontra na literatura da especialidade é a *dos "objectivos zero"*, ou seja, *"0 interrupções"* - *"0 falhas"*.

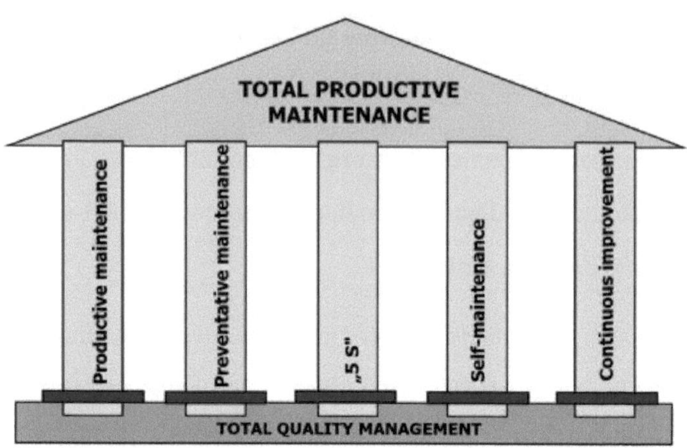

Figura49 - Os principais pilares da

A definição que se mantém como a mais atual e, simultaneamente, a mais completa, provém da literatura francesa e define oito pontos fundamentais de um sistema de manutenção da qualidade total (TQM):

- A supressão sistemática das perdas;
- Manutenção autónoma;
- Manutenção produtiva;
- Formação técnica e operacional;
- Conceção e gestão (de produtos e equipamentos);
- Qualidade do produto;
- O desempenho do serviço;
- Gestão da segurança.

A multiplicidade de definições encontradas, que visam delinear certos aspectos do epítome da manutenção, só pode confirmar a importância estratégica da TPM para garantir o sucesso das actividades de fabrico da empresa.

Entre a grande diversidade de definições e princípios da manutenção produtiva total, os seguintes são considerados princípios básicos pela literatura especializada romena:

- "5 S";
- Auto-manutenção;
- Manutenção produtiva.

6.2. Os objectivos da Manutenção Produtiva Total

Como definição geral, os objectivos conferem uma imagem concreta da orientação geral da organização e da gestão da empresa, em função da sua missão. Quando têm um carácter funcional (referem-se a uma função ou a um departamento de trabalho, como é o caso da manutenção), devem ser integrados no plano de ação organizacional. Concretizam-se sob a forma de acções específicas e exprimem uma imagem quantitativa dos resultados pretendidos.

Consequentemente, os objectivos da atividade de manutenção não se coadunam com a missão da empresa e desviam-se da finalidade declarada de assegurar as condições técnicas para atingir a qualidade total através da utilização eficiente dos meios de produção. É este facto que determina a forte influência nos resultados globais da empresa, daí a complexidade das tarefas que se pretendem realizar:

- Assegurar a qualidade dos produtos fabricados, garantindo os parâmetros óptimos de funcionamento das máquinas e equipamentos;
- Redução dos custos de fabrico, garantindo a máxima fiabilidade dos meios fixos e a rapidez de resposta na resolução das perturbações de funcionamento do sistema de fabrico;
- Manter os compromissos de entrega, assegurando a disponibilidade necessária dos meios fixos;
- Garantir a saúde e a segurança do local de trabalho, contribuindo para a prevenção de causas que promovam o aparecimento de falhas que possam ameaçar a segurança da força de trabalho da empresa;
- A proteção do ambiente, através da criação de condições óptimas para o exercício de actividades produtivas desprovidas de emanações tóxicas, contribuindo assim para a preservação do ambiente.

Muitas das abordagens encontradas na literatura da especialidade juntam os objectivos da manutenção produtiva total (MPT) com os da manutenção da qualidade total (GQT) ou com o plano estratégico da empresa. Pode dizer-se que a literatura especializada romena destaca a contribuição da TPM para o cumprimento da missão da empresa, e é por esta razão que faz sentido dividir os objectivos em diretos e indirectos (Figura50).

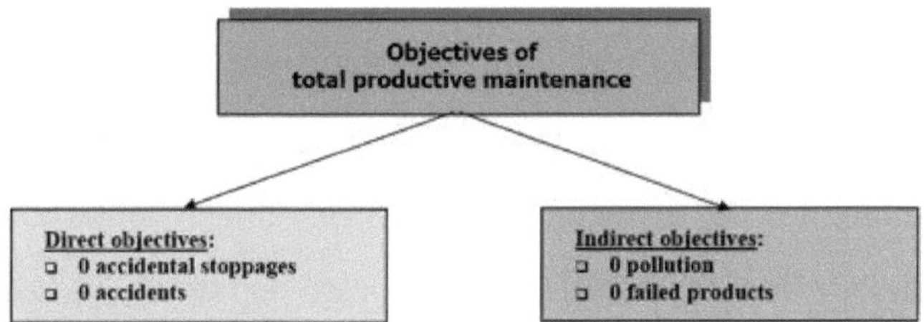

Figura50 - Os objectivos da TPM

a) Objectivos diretos da TPM

Os objectivos diretos dependem exclusivamente da aplicação dos princípios da TPM, constituindo uma frente de ação distinta pela especificidade das actividades desenvolvidas.

A principal direção de ação é a do desempenho técnico dos meios fixos detidos, que será depois expressa em medidas e indicadores específicos de manutenção. Tendo mencionado tudo isto, considera-se que os objectivos diretos da TPM são

- 0 paragens acidentais das máquinas e equipamentos;

- 0 acidentes de trabalho.

Como se pode observar, existem duas direcções principais de ação. Convém não esquecer que a realização dos dois objectivos é extremamente difícil e exige a afetação de recursos humanos e materiais.

b) Objectivos indirectos da TPM

A modalidade operacional da TPM tem também uma vertente indireta, contribuindo para a melhoria dos resultados globais da empresa. Uma vez que os objectivos diretos foram definidos em relação ao desempenho técnico dos meios fixos, os indirectos são sustentados por aspectos relacionados com a qualidade do funcionamento do processo de fabrico assistido. Deste ponto de vista, os objectivos indirectos da TPM serão:

- 0 poluição do ambiente;
- 0 produtos falhados.

A complexidade destes dois objectivos é igualmente elevada, sendo as implicações para a produção semelhantes às do esforço de manutenção da qualidade total (TQM).

Uma vez elaborados, os objectivos tornam-se obrigatórios e constituirão a direção orientadora das futuras decisões e recursos de gestão.

De acordo com a abordagem clássica da manutenção produtiva total (TPM), os objectivos encontram-se sob a designação clássica de "Os 0 objectivos da TPM", nomeadamente "0 interrupções - 0 falhas", semelhantes aos da TQM. Contribuições futuras acrescentaram outros "0" a estes objectivos, nomeadamente os relacionados com a poluição e a segurança do pessoal. Uma vez que o papel e a importância da TPM foram considerados excessivos, foi feita uma proposta para delinear campos de ação e objectivos e dividi-los em "diretos" e "indirectos", tal como derivado do esquema acima. Desta forma, torna-se muito mais fácil inferir onde e como a manutenção produtiva total (TPM) contribui para a demarcação de novos objectivos.

6.3. Os "5 S" da Manutenção Produtiva Total

A arrumação das máquinas e o aspeto bem organizado do chão de fábrica são um dos resultados mais espectaculares da introdução do TPM na cultura organizacional. Conceituados por Nakajima, os "5 S" representam, cada um, um princípio para alcançar esta ordem "interior" e um pequeno "segredo" do sucesso na manutenção. Considerados coletivamente, os cinco conceitos são uma expressão de certos elementos do pensamento e da cultura japonesa, aplicados ao domínio da gestão.

Alguns dos termos provenientes da língua japonesa no domínio da TPM foram mantidos na sua forma original, como forma de reconhecimento da contribuição dada pelo "Japan Institute of Plant Maintenance" (JIPM) para o desenvolvimento desta filosofia.

Os "5 S" são: **SEIRI, SEITON, SEISSO, SEIKETSU**, e **SHITHSUKE** e significam:

- **SEIRI: disposição, arrumação**

Representa a solução perfeita para a erradicação de pequenas paragens no funcionamento das máquinas e para o preenchimento do horário de trabalho dos operadores do , no que diz respeito a responder à necessidade de contornar coisas inúteis ou de procurar as ferramentas necessárias para um determinado tipo de operação.

As actividades necessárias e as vantagens da aplicação deste "S" (SEIRI) consistem em

- Otimizar a disposição das ferramentas, dos dispositivos e dos materiais de manutenção, de modo a facilitar a assistência ao utilizador e a permitir o acesso mais rápido possível;

- Estabelecer a conformidade entre o material utilizado e o tipo de máquina que é objeto de manutenção, a fim de obter uma manutenção mais rápida quando necessário;
- Melhorar o nível de formação dos operadores no que respeita aos métodos de manutenção a aplicar;
- Eliminar os objectos ultrapassados e avariados, as peças sobressalentes defeituosas que já foram substituídas e evitar tudo o que possa prolongar as viagens dos operadores ou aumentar o grau de concentração necessário para os identificar, etc.

A SEIRI acaba por se tornar uma filosofia de organização ergonómica de ferramentas e dispositivos, bem como de disposição optimizada de equipamentos ou células de trabalho na oficina.

- **SEISSO - inspeção, controlo**

Representa a transposição de um princípio básico de gestão e controlo para a manutenção. A inspeção periódica dos equipamentos é um aspeto frequentemente negligenciado pelas equipas de intervenção, desde que estes funcionem corretamente. A tendência para aplicar a manutenção corretiva é justificada pelos menores custos a curto prazo que, a longo prazo, conduzem a custos injustificadamente elevados. SEISSO significa:

- Aplicação da manutenção preventiva, que conduz à elaboração de um plano de inspeção e de manutenção e reparação dos meios fixos detidos;
- Controlo da sua aplicação adequada.

Este "S" é a chave do sucesso do esforço TPM, cuja realização depende em grande parte da possibilidade de conceber e respeitar um plano técnico de manutenção.

- **SEIKETSU - limpeza**

Exprime as vantagens técnicas de ter máquinas e equipamentos limpos, que se concretizam através de:

- A facilidade de deteção de fugas de fluidos;
- Oferece um controlo fácil no aperto de parafusos e na verificação dos níveis de fluidos;
- Deteção de fissuras e de sobrecarga de certos componentes, susceptíveis de conduzir à rutura em cadeia de certos subconjuntos;
- Evitar os tipos de poluição gasosa e líquida;

- A prevenção do controlo de qualidade devido à contaminação dos produtos por contacto com fugas de fluidos;
- A redução das operações de pequenos retoques e de repintura;
- Evitar os riscos de incêndio;
- A redução da percentagem de pequenas paragens ou perdas de eficiência devido à acumulação de poeiras em locais inacessíveis, etc.

É uma expressão da ideia de civilização e de respeito, tanto para com os utilizadores, como para com os meios fixos detidos e o esforço feito pelos investidores para adquirir esses meios.

- **SHITHSUKE - disciplina, educação moral, respeito pelos outros**

Este "S" é um exemplo de um princípio da cultura japonesa transposto para a gestão moderna dos recursos humanos. A disciplina dos membros da organização ou do grupo de trabalho, tal como o respeito pelos outros, conduz à criação de um ambiente favorável à obtenção de um elevado desempenho em todas as actividades desenvolvidas e, implicitamente, à adoção do TPM como elemento básico da cultura organizacional.

A cultura de gestão, enquanto filosofia da empresa relativamente à forma de conduzir os negócios, reflecte o pensamento dos gestores, os padrões éticos, o conjunto de políticas de gestão, as tradições, as atitudes, os acontecimentos e os eventos pelos quais a empresa passou ou está a passar. A orientação da cultura de gestão para resultados de elevado desempenho é feita em estreita relação com a satisfação motivacional dos empregados, juntamente com a concretização do sentimento de realização.

A aplicação dos "5 S" à rotina diária tem implicações não só técnicas e ergonómicas que conduzem à melhoria do desempenho físico das máquinas, mas também psicológicas. A limpeza, a arrumação e o controlo contribuem não só para aumentar a disponibilidade das máquinas, mas também para simplificar a atividade dos operadores de fabrico e manutenção, reforçando assim a "proximidade" entre a máquina e o ser humano.

Em primeiro lugar, a limpeza geral cria um ambiente propício para que as máquinas atinjam o nível técnico e operacional ótimo. O passo seguinte consiste em eliminar todas as causas que possam comprometer este estado. Todas as acções têm por objetivo satisfazer o desejo dos trabalhadores de trabalhar num ambiente limpo e não poluído. Por conseguinte, a melhoria técnica do quadro de funcionamento das máquinas conduz à melhoria das condições de vida de todos os membros da organização.

O comité de atribuição do prémio PM aprecia não só o aspeto interior das instalações de produção, mas também a ausência de poluição exterior. Não se consegue nada se os fumos e a sujidade forem expulsos do interior da empresa. A SHITHSUKE leva o respeito pelos "outros" ao extremo, tendo em consideração as implicações da manutenção em todos os membros da sociedade.

Fala-se cada vez mais da "revolução cultural". O "5 S" é considerado um dos elementos-chave para favorecer este processo . De acordo com a tradição latina - e não nos referimos apenas à Roménia - o chão de fábrica é visto como um local barulhento, cheio de máquinas sujas operadas por trabalhadores que usam fatos-macaco azuis manchados de óleo. No entanto, os últimos anos têm-nos dado muitos exemplos de empresas onde a atividade se desenvolve em locais perfeitamente limpos (por exemplo, a indústria de componentes electrónicos). É muito provável que ainda demore algum tempo até que todas as empresas tenham esse aspeto, mas o importante é que os primeiros passos já foram dados.

A prática tem demonstrado que, na sua fase inicial, os "5 S" aumentam os custos de produção e de manutenção, mas contribuem de forma vital para a elevação da motivação dos trabalhadores para trabalharem melhor e para a melhoria da imagem da empresa, percepcionada pelos fornecedores e beneficiários. Uma vez que são adoptados por todos os membros da organização, os "5 S" tornam-se elementos culturais e de rotina e, ao mesmo tempo, não requerem despesas adicionais para serem mantidos.

6.4. Auto-manutenção

A auto-manutenção é o conceito mais inovador do TPM. A manutenção preventiva já é praticada há muito tempo em muitas empresas e, como resultado, encontramos uma preocupação permanente com a melhoria do desempenho das máquinas e equipamentos que possuímos, portanto nada de especial aqui. A novidade surge quando, através da aplicação do TPM, uma parte das actividades de manutenção passa a ser da responsabilidade de outra pessoa que não a que realiza essas actividades por rotina.

A auto-manutenção consiste em dar instruções aos operadores de fabrico para manterem as suas máquinas e equipamentos em bom estado de funcionamento, verificando-os diariamente, lubrificando-os regularmente, substituindo certas peças, reparando, medindo os parâmetros de funcionamento, etc. Trata-se de transferir certas tarefas de manutenção para os operadores de fabrico. Desta forma, o serviço de manutenção é libertado de certas tarefas rotineiras e repetitivas, ficando mais apto a ocupar-se das tarefas essenciais.

A auto-manutenção é mais frequentemente aplicada no caso de empresas altamente automatizadas, onde a maioria dos operadores de produção não tem contacto direto com o processo tecnológico em curso. Em caso de interrupção ou de anomalia de funcionamento, o operador deve poder efetuar um determinado diagnóstico ou mesmo agir. Isto obriga a equipar o operador de fabrico com as ferramentas e os instrumentos necessários à intervenção.

Quando a reparação exige a intervenção do serviço de manutenção, o operador de fabrico assiste e ajuda a reparar a avaria. Durante toda a duração da reparação, fará parte da equipa de intervenção e contribuirá para o êxito desta ação. Para corroborar esta opção, poderíamos analisar o caso da manutenção dos robots da Nissan, em que, para reduzir o tempo de reparação em caso de avaria de última hora (método SMED), os trabalhadores receberam não só uma formação adequada, mas também as peças sobressalentes necessárias para a reparação.

Como definição geral resultante das afirmações anteriores, **a auto-manutenção é o envolvimento competente do pessoal de produção nas actividades de manutenção dos meios de produção utilizados no processo de fabrico.**

De acordo com a definição acima, a auto-manutenção segue as seguintes orientações: aplicação de um plano de manutenção preventiva eficiente; monitorização do funcionamento das máquinas e equipamentos, criando e utilizando uma base de dados histórica contendo os indicadores técnicos e económicos específicos; adaptação dos meios de fabrico às condições técnicas e ambientais em que são utilizados; envolvimento dos operadores de fabrico em ajustes e acções de baixo nível; recurso a operadores de manutenção mais qualificados para as operações de manutenção mais exigentes.

Partindo da enumeração de tarefas acima, a auto-manutenção apresenta uma importância tripla, nomeadamente:

- Ajuda a evitar desajustes que podem levar a um aumento das despesas de manutenção;
- Ajuda a evitar deslocações desnecessárias de técnicos de manutenção no caso de acções menores;
- Assegura a existência de um conjunto de tarefas simples de manutenção preventiva destinadas aos utilizadores das instalações de produção.

Tendo em conta as afirmações anteriores, os objectivos da manutenção e as suas implicações na gestão podem ser esquematizados como mostra a Figura51 . Estes objectivos estarão na base da reorganização de toda a atividade de manutenção da empresa, como se verá nas páginas seguintes.

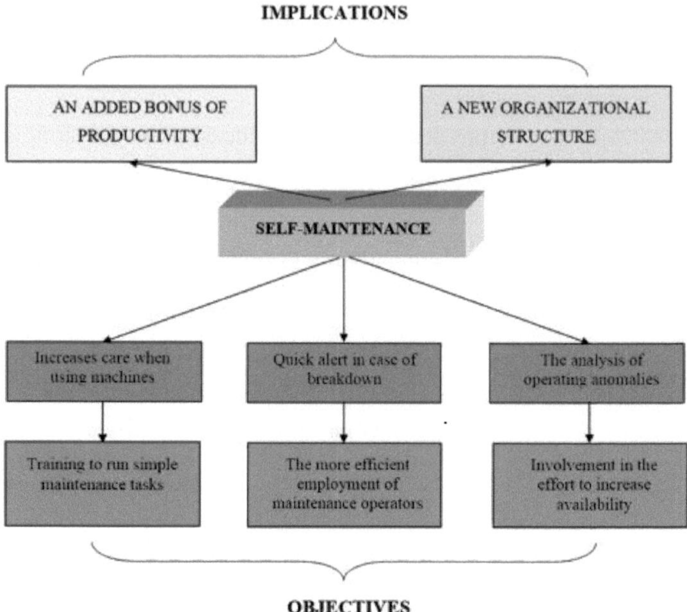

Figura51 - Implicações e objectivos da manutenção

A auto-manutenção define um novo conjunto de relações máquina/homem, que conduzem a:

a) Produtividade acrescida

As empresas estão permanentemente à procura de soluções que lhes dêem uma vantagem competitiva sobre os seus rivais. O objetivo é duplo:

- Manter-se na vanguarda do seu nicho industrial;
- Para manter sempre a vantagem sobre a concorrência.

Esta corrida contrarrelógio pelo desempenho faz com que a empresa seja sempre comparada com as empresas de topo do sector, enquanto os gestores tentam, ao mesmo tempo, apropriar-se dos métodos de trabalho mais recentes e, sobretudo, se possível, daqueles que a concorrência utiliza para inovar. O objetivo desta ação é designado por "benchmarking".

O aspeto mais importante para aumentar o desempenho da empresa é a relação entre o ser humano, que possui inteligência e know-how, e a máquina, que se define pela força e precisão.

Uma pessoa pode melhorar as suas capacidades físicas e intelectuais através da formação e da instrução, ao passo que as empresas podem evoluir continuamente se fizerem esforços persistentes para formar os seus empregados numa base constante.

Uma máquina pode melhorar o seu desempenho durante a utilização se for objeto de manutenção e funcionar corretamente. De acordo com a abordagem clássica, o operador utiliza a máquina, enquanto as tarefas de manutenção são relegadas para uma categoria diferente de trabalhadores, nomeadamente os operadores de manutenção. Consequentemente, a parte que contribui diretamente para o desgaste e a avaria da máquina é deixada de fora do processo de restauro, tornando-se assim improdutiva juntamente com a máquina. Esta situação provoca uma desconexão artificial entre o ser humano e a máquina, associada a uma diminuição da responsabilidade do utilizador.

A auto-manutenção contribui para o aumento da produtividade do trabalho e para os resultados globais da empresa:

- Uma melhor utilização do tempo de trabalho dos operadores de fabrico através da redução dos tempos de espera causados pelas operações de reparação;
- A orientação de parte do pessoal fabril para a esfera dos serviços de manutenção, levando à diminuição relativa do esforço realizado face aos recursos afectos a este serviço;
- Aumento da fiabilidade (a caraterística de um produto - sistema, dispositivo, etc. - definida pela probabilidade de este cumprir a sua função específica, em determinadas condições e durante um determinado período de tempo), a disponibilidade (a caraterística de um produto definida pela probabilidade de este cumprir a sua função específica num determinado momento, tendo também em conta a probabilidade de o repor em

bom estado de funcionamento após a reparação de uma eventual avaria) e a eficiência das máquinas;

- A redução do tempo de diagnóstico e de reparação em caso de avaria;
- Desenvolver a responsabilidade dos operadores no que respeita à utilização dos meios de produção graças a uma nova relação máquina/homem;
- Aumento da qualidade global de fabrico e redução da taxa de não qualidade devido à manutenção;
- O emprego mais eficiente de operadores de manutenção, que só são chamados em caso de acções mais difíceis, etc.

b) Uma nova estrutura organizacional

A modificação da estrutura organizacional do departamento de manutenção e da empresa em geral representa outra mudança inovadora provocada pela auto-manutenção. A aplicação efectiva só pode ser concretizada se a empresa se adaptar à nova relação manutenção - fabrico.

De acordo com a abordagem clássica, a manutenção pode ser organizada como: um sistema centralizado, um sistema descentralizado ou um sistema misto.

Os estudos romenos no terreno revelaram que a maior parte das empresas romenas que foram investigadas e analisadas apresentam uma estrutura organizacional rígida e funcional, que se esforça por evitar a subcontratação da manutenção (este tipo de estruturas começou a ser abandonado desde o início dos anos 30 pelos americanos), e não há sequer uma tentativa de formalizar a auto-manutenção, embora, tradicionalmente, ela exista numa forma primária, mas não seja aparente.

A partir do momento em que a manutenção é introduzida, há uma fusão de interesses entre o departamento de produção e o departamento de manutenção, o que torna as duas equipas mais responsáveis pela utilização eficiente dos meios de trabalho de que dispõem.

A auto-manutenção significa mudar a vida de uma organização. Por conseguinte, há uma série de barreiras que surgem aquando da introdução de tal opção, tais como:

- Aumentar a responsabilidade dos gestores de produção;

Ao aplicar a auto-manutenção, certas actividades que costumavam ser realizadas pelo serviço de manutenção passarão a ser da sua competência e a responsabilidade estender-se-á implicitamente a estas acções. Além disso, não poderão utilizar a ineficiência da atividade de fabrico para justificar a ineficiência da atividade de manutenção e reparação.

- Diminuição da responsabilidade dos gestores de manutenção;

O responsável pela manutenção pode presumir que, ao confiar a outras pessoas algumas das suas responsabilidades habituais, a sua autoridade está a ser minada e pode recear que a sua demissão do cargo esteja iminente.

- Carregar os operadores de fabrico com novas tarefas relacionadas com a manutenção;

Estes sentir-se-ão menosprezados se lhes forem exigidas tarefas adicionais. Considerarão a introdução da auto-manutenção como uma nova forma de enriquecer ainda mais a direção da empresa às suas custas.

- A perda de prestígio dos operadores de manutenção;

É provável que vejam como uma ofensa o facto de as actividades que eram tradicionalmente suas serem agora desempenhadas por pessoas que não têm a sua experiência e formação. Consequentemente, a sua imagem como "pessoas-chave" da empresa pode ser afetada.

A experiência francesa no domínio da TPM permitiu conhecer outros aspectos relativos às dificuldades de implementação da auto-manutenção, nomeadamente

- Os operadores da indústria transformadora têm relutância em obter múltiplas qualificações;
- Numa primeira fase, a auto-manutenção desmotiva os trabalhadores; consequentemente, é necessário tomar medidas para motivar todos os trabalhadores envolvidos;
- A auto-manutenção pode ser considerada como um primeiro passo para a implementação da gestão contratual, delimitando gradualmente as tarefas repetitivas que são executadas pelos operadores de fabrico e manutenção;
- É extremamente difícil fazer evoluir uma mentalidade de "clã" para uma mentalidade participativa, como o exige a auto-manutenção.

Uma auditoria de aceitação da auto-manutenção efectuada numa empresa romena revelou uma elevada resistência de todas as categorias de pessoal a esta importante mudança na vida da organização.

6.5. Imagem global do papel da manutenção produtiva na empresa

O principal objetivo da manutenção produtiva (MP) é melhorar o desempenho dos meios fixos. O processo é especialmente complexo, uma vez que se vai desenrolar ao longo de toda a vida útil do equipamento.

Figura52 ilustra uma perspetiva global deste tipo de atividade, que terá como objetivo a melhoria substantiva do desempenho do equipamento.

O processo inicia-se com a avaliação da situação atual, que incide sobre os aspectos técnicos da manutenção através de um indicador global de avaliação do desempenho denominado taxa de eficiência sintética (SER) ou Overall Equipment Efficiency (OEE). Os aspectos económicos da utilização dos meios de produção são especificamente ilustrados através do "custo global reduzido".

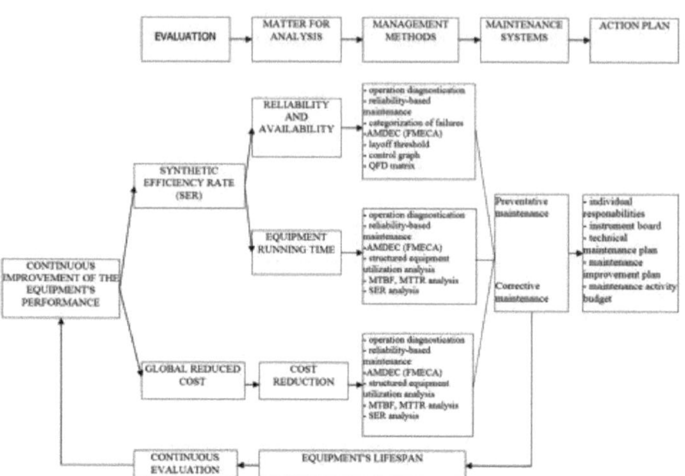

Figura52 - Melhorar o desempenho do equipamento através da lente da PM

Os resultados obtidos consistirão em questões relacionadas com a fiabilidade, a disponibilidade, o tempo de funcionamento e a redução dos custos, e estarão na base da aplicação de métodos de gestão específicos. Os sistemas de manutenção escolhidos deverão corresponder aos aspectos técnicos e económicos anteriormente revelados e constituirão a base de um circuito de retorno de informação sobre a melhoria. Os planos de melhoramento materializar-se-ão sob a forma de acções de manutenção específicas, sustentadas por um orçamento adequado.

A identificação do grau de desenvolvimento da manutenção produtiva é efectuada através de uma análise específica denominada "perfil de manutenção produtiva", que é abordada na secção seguinte.

6.6. Manutenção Produtiva Total no Contexto Socioeconómico Atual e Futuro

Estando diretamente inter-relacionada com a TQM, a implementação e a evolução da TPM são efectuadas em função de uma correlação estrita com a primeira. A tendência das empresas para a excelência na produção exige uma evolução para a qualidade total, que não pode ser alcançada fora de uma estratégia TPM no domínio da manutenção.

Algumas empresas certificadas pela ISO 9000 desenvolvem a TPM em paralelo com a TQM, enquanto noutras situações as estratégias adoptadas exigem o desenvolvimento posterior da manutenção produtiva total. A introdução do TPM exige a reformulação radical dos métodos de trabalho utilizados numa empresa, explicitando uma série de factores que promovem a mudança, mas também uma série de barreiras (factores de resistência). A promoção de uma mudança resulta de influências externas à empresa, independentemente do seu estado atual, e internas à empresa, que dependem da configuração e da gestão adoptadas.

Entre os **factores favoráveis provenientes do ambiente externo**, merecem destaque os seguintes:

- A livre concorrência, que exige a adoção permanente de medidas de melhoria do desempenho das empresas, sendo a TPM uma delas;
- A evolução do domínio técnico e tecnológico e a necessidade de adaptação permanente dos métodos de gestão;
- A globalização da economia, que permite a transferência rápida de métodos dos países economicamente desenvolvidos para os países emergentes ou em reestruturação;
- O acesso rápido à informação, através dos meios de comunicação social habituais;
- A existência de instituições internacionais fortes no domínio da manutenção que contribuem significativamente para a evolução do conceito (por exemplo, o JIPM);
- TPM, juntamente com a certificação TQM, que é considerada uma garantia da qualidade dos produtos;
- A tendência geral de aumento das exigências das pessoas no que respeita à qualidade dos produtos e serviços;

- A vontade permanente de manter o ambiente limpo e de lutar contra a poluição, etc.

Entre os **factores favoráveis provenientes do ambiente interno**, merecem destaque os seguintes:

- O desejo da direção da empresa de melhorar continuamente o seu desempenho;
- A existência de recursos necessários para a implementação de um programa de TPM (isto é especialmente bem sucedido em empresas que têm perspectivas claras de uma evolução ascendente);
- O desejo de utilizar - de forma óptima e eficaz - os meios disponíveis;
- A existência de um plano de execução coerente;
- O entusiasmo da equipa dirigente, que pode adaptar permanentemente a empresa às mudanças decorrentes do ambiente socioeconómico, etc.

O fator primordial que determina o sucesso de um programa TPM é a "vontade política" da gestão de topo, que pode orientar a estratégia da empresa para o desempenho no domínio da manutenção. A resistência à introdução do TPM não deve ser ignorada. Para obter as vantagens pretendidas, há que fazer sacrifícios que não serão facilmente aprovados pelos gestores da organização. A fim de sublinhar toda a complexidade do fenómeno, será utilizada uma classificação para dividir os factores de resistência em factores externos e internos.

Entre os factores de resistência externa à introdução do TPM, podem citar-se os seguintes

- A crise social e económica em alguns países do mundo;
- A incapacidade do sector económico de certos países de se adaptar a uma economia global em constante evolução - por razões políticas ou sociais;
- O baixo nível tecnológico de certos sectores industriais;
- As discrepâncias entre os métodos de gestão utilizados e o grau de automatização e de avanço tecnológico da produção.

Entre os potenciais factores de resistência à introdução do TPM que provêm do interior da empresa, podem ser mencionados os seguintes

- A rigidez da direção na implementação da mudança;
- A fraca motivação na execução das rotinas diárias dos trabalhadores, o que leva à difícil aceitação de qualquer outro sacrifício;

- Uma estrutura organizacional rígida, que tem um excesso de degraus hierárquicos;
- A falta de experiência e o desconhecimento dos métodos de trabalho;
- Falta de informação sobre novos métodos de gestão, etc.

Como já foi referido, o esforço de TPM está estreitamente ligado à adoção de princípios de qualidade total. Dado que cada vez mais empresas romenas estão a tentar penetrar em novos mercados, a certificação ISO dos seus produtos torna-se uma condição essencial para o sucesso num mercado ocidental. O único problema é que essa certificação caracteriza um resultado de forma proeminente, sem ter em consideração a escala dos esforços efectuados.

O rótulo "TPM", associado ao "TQM", é uma expressão da utilização eficaz dos meios fixos de que se dispõe, uma garantia da obtenção da qualidade total, bem como uma prova de gestão moderna. O facto de a maior parte das despesas globais de manutenção do ter sido absorvida pelo fabricante é assim certificada, libertando o consumidor de esforços adicionais. A vantagem de uma empresa que ostenta ambos os rótulos nos seus produtos é, portanto, evidente.

A introdução do TPM na NISSAN DENSO é uma consequência do desejo de aumentar a eficiência num esforço para implementar uma gestão moderna adaptada ao progresso técnico em curso. Noutros casos, como, por exemplo, em algumas empresas metalúrgicas francesas, o esforço de TPM sancionado pelo governo foi adotado como último recurso num ramo industrial em queda livre. Este equilíbrio precário entre os factores de resistência e os factores de promoção à introdução da TPM é específico da economia romena em transição. O contexto socioeconómico, caracterizado por mudanças acentuadas geradas pela crise, é favorável a qualquer uma das alternativas, positivas ou negativas, sendo a implementação da TPM uma decisão estratégica para todo o sector industrial. Se o momento atual não for aproveitado, a TPM nunca se concretizará para além de uma intenção para muitos mais anos, o que levará ao acentuar da disparidade económica entre nós e os países industrializados. Um primeiro passo nesta direção é a aclimatação dos gestores romenos aos princípios da manutenção produtiva total. Começar este processo desde a faculdade seria também extremamente benéfico. Ao contrário dos países desenvolvidos que têm especializações, e mesmo faculdades inteiras, dedicadas ao campo da manutenção produtiva, este assunto é apenas esporadicamente abordado nos currículos universitários na

Roménia. É por isso que os especialistas na matéria estimam que o processo de familiarização com os princípios da TPM será particularmente moroso, mas que, a prazo, será cada vez mais frequentemente utilizado como último recurso para aumentar a competitividade das empresas. A manutenção produtiva total é um dos conceitos mais inovadores da gestão da produção. As suas implicações nas organizações e actividades produtivas são imensas, uma vez que se destina a estimular todas as funções da empresa para o desempenho. A adoção da TPM pelas organizações leva a uma mudança de paradigma nas tradições e mentalidades, o que impulsiona a "fabricação" e a "manutenção" para uma nova cultura organizacional. As actividades tendem a misturar-se, e os resultados pretendem manifestar-se numa melhor cooperação entre departamentos e numa relação máquina/homem mais eficiente.

7. Métodos de gestão das actividades de manutenção

Objectivos:

- Apresentação de métodos específicos às actividades de gestão da manutenção;
- Exemplificar a sua aplicação à prática da gestão da manutenção;
- Definição de certos conceitos básicos do domínio;
- A análise comparativa dos métodos apresentados.

A gestão apresenta-nos uma multiplicidade de métodos cujo objetivo é assegurar a melhoria contínua da manutenção. Uma vez que a gestão é simultaneamente uma arte e uma ciência, a criatividade conduz à adoção de métodos de domínios conexos e à sua aplicação à manutenção e, além disso, à extensão da aplicabilidade de alguns deles dos domínios de alta tecnologia às pequenas e médias empresas.

A aplicação de um único método de gestão da manutenção não é suficiente. A obtenção de um resultado específico só pode agradar momentaneamente a um operador de manutenção ou a um chefe de departamento.

A panóplia de métodos que se vai delinear tem como objetivo orientar a escolha dos gestores para uma abordagem estratégica da manutenção e para a procura de resultados a nível global.

É lógico que a aplicabilidade destes métodos deve fazer parte de um processo contínuo de melhoria da manutenção. É também por esta razão que se procurou descrever todos os métodos apresentados de forma faseada. A abordagem será sempre multidisciplinar, reforçando assim a colaboração entre os serviços da empresa.

Considera-se que, para ser verdadeiramente eficaz na gestão da manutenção, é necessário otimizar a aplicação global de todos os métodos apresentados neste capítulo. Esta afirmação é um passo importante para um conceito original, nomeadamente a manutenção global baseada na fiabilidade, que alguns investigadores romenos e franceses estão a tentar popularizar a nível mundial.

Os métodos específicos mais habituais que podem ser adoptados serão destacados no âmbito desta secção intitulada "Métodos de gestão das actividades de manutenção".

7.1. Análise de modos de falha, efeitos e criticidade - FMECA

O método FMECA é considerado um dos fundamentos da gestão da manutenção, bem como da qualidade total. O seu início ocorreu na década de 60, estando ligado a projectos da NASA que visavam assegurar a máxima disponibilidade de equipamento militar estratégico (a designação inicial era *Failure Mode and Effect Analysis* - FMEA). Alguns anos mais tarde, o método começou a ser aplicado também noutros campos, sendo notável a contribuição francesa ao estender o método à indústria automóvel (onde foi renomeado para *Analyse des Modes de Défaillance, de leurs Criticité* - AMDEC (FMECA)). As últimas tendências na evolução do método estão ligadas à sua transferência para as actividades de manutenção e garantia da qualidade nas PME.

a) Definição e modos básicos utilizados na FMECA

A FMECA é um método de análise que tenta reunir as competências dos grupos de trabalho envolvidos num processo de fabrico, a fim de elaborar um plano de medidas destinadas a aumentar o nível de qualidade dos produtos, processos de trabalho e meios de fabrico.

Por conseguinte, a FMECA tem por objetivo

- Produto - projeto;
- Produto - processo;
- Meio de trabalho / máquina.

A FMECA de produto - projeto permite o acompanhamento e a análise de produtos desde a fase de conceção, tentando destacar possíveis falhas e o seu impacto na utilidade do produto final.

A FMECA produto-processo permite a validação das tecnologias de fabrico de um produto, de modo a garantir a sua produção eficiente.

A FMECA centra-se na análise dos meios de produção, com o objetivo de reduzir o número de rejeições, a taxa de falhas e aumentar a fiabilidade e a disponibilidade.

Tendo em conta as considerações anteriores, a gestão da atividade de manutenção utilizará principalmente um método de média de trabalho/máquina; no entanto, a FMECA de produto também é utilizada na elaboração de planos de melhoria da manutenção.

Quando surge uma falha, o principal problema que um especialista pode colocar a si próprio é: qual é a causa do seu aparecimento?

A resposta não é dada devido às seguintes considerações:

- A causa pode ser um elemento de natureza diferente da área de especialização do especialista;
- Pode ser de natureza desconhecida no caso da manutenção de equipamentos novos;
- A sua causa pode, por sua vez, ser o efeito de outra falha situada a montante na cadeia tecnológica.

Consequentemente, acabamos por cair num círculo vicioso em que as causas seguem os efeitos e vice-versa. É por esta razão que se torna oportuna a clarificação das seguintes noções básicas do método FMECA:

- Causa da falha = a forma como o evento iniciador ocorre;
- Efeito da falha = as consequências da falha para o utilizador;
- Modo de falha = a forma como uma falha aparece.

Dependendo das análises específicas que se lhe aplicam, o método permitirá a resolução correta desta questão.

b) Objectivos da FMECA

Sendo uma análise crítica, a FMECA tem objectivos extremamente claros, que se destinam a

- Determinar os pontos fracos de um sistema técnico;
- Procurar as causas iniciadoras das disfunções dos componentes;
- Analisar o impacto sobre: o ambiente, a segurança no funcionamento e o valor do produto;
- Estipular determinadas medidas corretivas que impeçam o aparecimento de falhas;
- Elaboração de um plano de melhoria da qualidade do produto e da manutenção;
- Determinar as actualizações tecnológicas e a modernização da produção;
- Aumentar o nível de comunicação entre os sectores de trabalho, as pessoas e os níveis hierárquicos.

De importância primordial é a elaboração do plano de melhoria da manutenção: de facto, o objetivo também será incluído nos outros métodos de gestão da atividade de manutenção.

c) Etapas da máquina - método FMECA

Uma vez que a versão que melhor corresponde ao objetivo de melhoria da manutenção é a FMECA máquina, as linhas seguintes serão dedicadas a esta variante. As principais etapas deste método são as seguintes

(1)A identificação do processo, produto ou ambiente a ser estudado

O método aumenta a sua eficácia no momento em que são selecionados os equipamentos chave dos processos tecnológicos, cuja falha pode implicar perdas importantes de produção.

(2)Reunir a equipa FMECA

De acordo com a definição, a FMECA tenta reunir as competências dos grupos de trabalho envolvidos num processo de fabrico. Assim, torna-se necessário constituir uma equipa multidisciplinar que possa identificar as causas profundas do aparecimento de falhas. No mínimo, a equipa deve incluir representantes dos departamentos de fabrico, de garantia de qualidade e de manutenção. A equipa será dirigida por um moderador com experiência na aplicação do método.

(3)Elaborar o ficheiro FMECA

A fim de reunir a documentação necessária para aplicar o método, um ficheiro FMECA deve incluir os seguintes elementos

- A análise do processo de fabrico / funções do produto;

- O ambiente (onde está localizado, construído, utilizado)
- Objectivos de qualidade e de manutenção;
- O historial de funcionamento do equipamento;
- O historial das actividades de manutenção levadas a cabo no objeto em análise;
- Outras informações consideradas necessárias.

(4)Decidir sobre os critérios de avaliação da frequência de ocorrência, gravidade e grau de deteção de falhas

A originalidade do método FMECA consiste na possibilidade de classificar as falhas com base na sua gravidade e frequência de ocorrência, bem como na possibilidade de as detetar.

A frequência de ocorrência (F) é dada pela probabilidade de ocorrência de uma falha que, por sua vez, resulta da probabilidade de ocorrência de uma causa. Pode ser avaliada através do tempo médio entre falhas - MTBF (a duração média, estatisticamente determinada, entre duas falhas sucessivas). A exemplificação do método de avaliação do critério é apresentada na Tabela .71

Description of criterion	Coefficient of assessment (F)
The equipment fails once at more than 3000 h of operating time (MTBF > 3000 h)	1 - 2
The equipment fails once every 2000-3000 h of operating time (2000 h < MTBF < 3000 h)	3 - 4
The equipment fails once every 1000-2000 h of operating time (1000 h < MTBF < 2000 h)	5 - 6
The equipment fails once every 500-1000 h of operating time (500 h < MTBF < 1000 h)	7 - 8
The equipment fails once at less than 500 h of operating time MTBF < 500 h	9 - 10

Tabela .71 - Critérios de avaliação da frequência de ocorrência de uma falha (F)

A gravidade (G) é uma avaliação do efeito da falha, que é sentida pelo utilizador do respetivo produto/equipamento. Pode ser expressa através do tempo médio de reparação em serviço - MTSR. Uma forma de avaliar o indicador G é apresentada na Tabela .72

Description of criterion	Coefficient of assessment (G)
MTSR < 1h	1 – 2
1 h < MTSR < 8 h	3
8 h < MTSR < 16 h	4
16 h < MTSR < 32 h	5
32 h < MTSR < 48 h	6
48 h < MTSR < 64 h	7
64 h < MTSR < 72 h	8
MTSR > 72 h	9 –10

Tabela .72 - Critérios de avaliação da gravidade da falha

A detetabilidade (D) será determinada pela probabilidade de uma falha ser detectada quando a causa do seu aparecimento existe. Será expressa com base em cálculos probabilísticos. Uma proposta de valores de detetabilidade (D) é apresentada na Quadro .73

Description of criterion	Coefficient of assessment (D)
Automatically detected operating failure	1
Operating failure detected after analyzing the tricot on the machine	2 – 3
Operating failure detected after analyzing the tricot on the cloth-inspection machine	4 – 5

Quadro .73 - Critérios de avaliação da detetabilidade

A principal contribuição do método FMECA é o facto de descrever uma falha com base num índice de criticidade (C), tendo em consideração todas as influências acima mencionadas. Como resultado, a criticidade de uma falha será calculada utilizando a relação (7.1):

$$C = F\times G\times D \qquad (7.1)$$

A dificuldade consiste na avaliação correta dos factores F, G e D, o que exige a revisão de todo o histórico de dados de manutenção. No entanto, o método de cálculo da criticalidade torna-se relativamente simples, especialmente porque serão utilizadas folhas FMECA normalizadas para o efeito.

Vale a pena mencionar que em certas empresas ocidentais (por exemplo, França, Suíça, Áustria, etc.) a gravidade do fracasso é codificada pelo beneficiário do produto ou serviço, obrigando o fornecedor a centrar a sua atividade no sentido de evitar certos desvios graves em relação a essas normas impostas.

(5)Redação da ficha FMECA

A análise será efectuada através de um formulário normalizado do método, que incluirá todos os dados necessários para identificar a falha, as suas causas, bem como as formas de remediar a situação existente.

Exemplos de fichas FMECA utilizadas em abordagens específicas a esta análise estão disponíveis em vários sítios Web.

(6)Leitura das fichas FMECA

Durante esta fase, a equipa FMECA analisa os resultados obtidos, de modo a elaborar medidas de melhoria da situação atual.

(7)Elaboração do plano de melhoria

Com base nas fichas FMECA preenchidas no âmbito do estudo, será elaborado um plano de medidas de melhoria da situação atual. O objetivo é a redução da criticidade das falhas, procurando reduzir o mais possível cada indicador. Na prática, haverá situações que podem ser matizadas de uma certa forma, dependendo de G, D e F; é por esta razão que será necessária uma avaliação específica para decidir sobre as medidas de melhoria.

O método FMECA pode, naturalmente, ser aplicado a todos os tipos de máquinas, independentemente do ramo económico considerado. Os critérios podem assumir aspectos específicos, constituindo responsabilidade da equipa FMECA estabelecer as prioridades do estudo em termos de frequência, gravidade e detetabilidade. Os resultados podem conduzir com sucesso à formulação de prioridades no domínio da qualidade e da manutenção e à sua integração no plano estratégico da empresa.

7.2. O Controlo Estatístico do Funcionamento de Equipamentos. Gráficos de Controlo

Como mencionado anteriormente, a manutenção preventiva implica, entre outras coisas, a utilização de registadores de dados, que permitem o acompanhamento dos principais parâmetros de funcionamento do equipamento ao longo do tempo. Com base na informação recolhida ao longo de um determinado período de tempo, podem ser especificadas acções de manutenção preventiva e, em caso de certas anomalias, pode ser decidido o momento certo para a ação corretiva. Um instrumento específico deste tipo de manutenção é a carta de controlo.

a) Definições e objectivos

O controlo estatístico de funcionamento é *um método de acompanhamento dinâmico do nível dos parâmetros técnicos de funcionamento dos equipamentos e da qualidade dos produtos obtidos, baseado em métodos estatísticos como a seleção de lotes e análises de média e dispersão de valores.*

Tendo em conta as implicações do controlo estático na implementação e funcionamento de uma manutenção moderna em toda a empresa, podemos considerar que o método visa os seguintes objectivos

- A determinação do momento ótimo de atuação para efetuar um ajustamento, com base numa carta de controlo;
- Poder conhecer, em qualquer altura, o nível dos principais parâmetros de funcionamento;
- Assegurar que este nível não evolua de forma negativa;
- Estimular a melhoria contínua da qualidade dos produtos obtidos e a manutenção das máquinas e equipamentos.

Simplificando, o método permitirá, num dado momento, responder a estas questões:

- Devo fazer ajustes ou não?
- Devo produzir ou não?

b) Etapas de aplicação do método

Sendo um método que implica a utilização de certos conhecimentos técnicos e matemáticos, requer a realização das seguintes etapas:

- Observar o processo

Esta etapa tem como objetivo conhecer a variabilidade natural do processo através da elaboração de uma carta de controlo sem estabelecer limites de variação. Para acompanhar a evolução do processo, um lote de dados operacionais é medido regularmente em determinados intervalos de tempo.

De seguida, calcula-se a média da caraterística ($\mathbf{X_m}$) de cada lote recolhido e representa-se graficamente. Depois, calcula-se a amplitude do lote (**R**), que é a diferença entre o valor máximo e o valor mínimo. Este valor é adicionado ao gráfico. À medida que se efectuam mais determinações e surgem novos pontos no gráfico, obtém-se a evolução do fenómeno ao longo do tempo (Figura53).

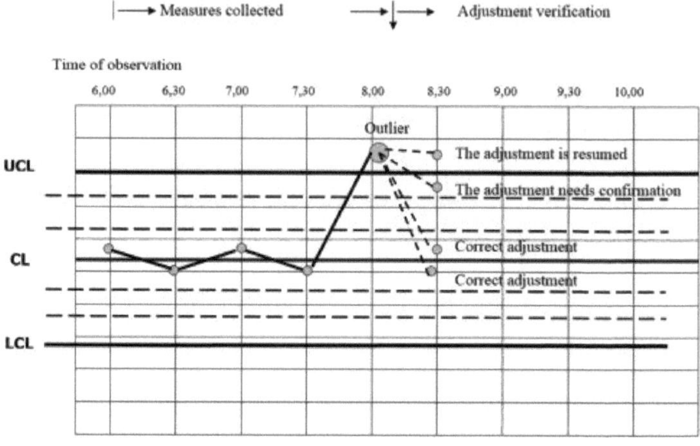

Figura53 - Carta de controlo

- Cálculo de valores de parcelas

Sabendo qual é a variabilidade do processo, os limites de variação gerados por causas comuns são definidos utilizando as amplitudes médias da amostragem efectuada durante o passo 1. A carta de controlo marca duas linhas importantes:

- UCL - o limite superior de controlo do valor médio;
- LCL - o limite inferior de controlo do valor médio.

- Tomar medidas preventivas

O objetivo desta etapa é prevenir o aparecimento de falhas e levar a cabo acções específicas de melhoria da qualidade do processo. O ponto de partida será constituído pela deteção de anomalias de funcionamento, com base nos gráficos de variação efectuados anteriormente.

- A melhoria do processo

O processo pode ser melhorado através da melhoria dos valores dos limites de controlo. Com base no processo, serão encontrados os problemas revelados na etapa 2, cuja resolução garantirá o sucesso de todo o método.

c) Regras de controlo do ajustamento

Quando for necessário tomar medidas para ajustar o processo, será necessária a confirmação de que este foi corretamente executado. A confirmação do ajustamento será efectuada através da recolha de um novo lote.

As principais situações que podem ser encontradas são ilustradas emFigura53 . Devemos ter em conta que um processo é executado corretamente se os pontos estiverem situados no terço médio da carta de controlo.

7.3. A Rede de Manutenção Técnica e Humana (RTHM)

Para organizar a manutenção de uma forma eficaz, é necessário correlacionar corretamente todas as actividades realizadas pelas pessoas e departamentos considerados. Uma verdadeira ajuda para resolver esta questão é-nos dada pela análise da "rede de manutenção técnica e humana (RTHM)", que é, de facto, um método de análise dos sistemas de informação existentes na empresa.

a) Definição e objectivos

O diagrama THMN é *um método de gestão do conjunto de relações, actividades e projectos específicos de uma determinada função da empresa.*

A investigação em causa procurou aplicar este método às relações existentes no âmbito do serviço de manutenção. O contexto em que o método encontra a sua aplicabilidade é o da melhoria contínua da atividade da empresa.

Consequentemente, o objetivo deste método é definir as actividades da função de manutenção, as interações com o departamento de produção, bem como a definição da responsabilidade de cada ator envolvido. Por conseguinte, o diagrama tem por objetivo resolver as questões seguintes:

- Quais são as actividades de manutenção (definição e classificação)?
- Quem são os actores envolvidos (serviços, compartimentos de trabalho e pessoal)?

- Quais são as informações necessárias para ajudar a cumprir a missão e como é que a sua circulação é conseguida?
- Como é que os grupos de pessoas e de informações podem ser permutados de modo a obter uma melhor organização da função?
- Que meios podem melhorar a transferência de informação?
- Qual é a influência do compartimento de um ator nos resultados globais da função?

O princípio que está na base da análise pode ser formulado da seguinte forma:

$$\text{Manutenção} = \Sigma \text{ actividades} + \Sigma \text{ informação e comunicação} + \Sigma \text{ projectos} \quad (7.2)$$

A fim de descrever pormenorizadamente o sistema de relações que constituem a função de manutenção, a relação deve ser expressa da seguinte forma

$$\Sigma \text{ Actividades} = \text{gestão} + \text{manutenção preventiva} + \text{manutenção corretiva} \quad (7.3)$$

Σ Informação e comunicação = base de dados de manutenção + sistema informático + sistema de comunicação entre os actores (7.4)

Σ Projectos =Σ projectos de investimento + Σ projectos de melhoria contínua das actividades (7.5)

Vale a pena notar que entre os projectos de melhoria contínua de actividades que podem ser aplicados estão: TQM, TPM, MBR, JIT, SMED, KanBan, CAMM, etc.

O diagrama é elaborado de forma interactiva, procurando determinar de forma sistemática as implicações de cada fator para o sucesso da manutenção. Os aspectos relacionados com o fluxo de informação serão seguidos, bem como a cronologia do sistema de relações.

b) Símbolos utilizados no diagrama

Os símbolos adoptados são apresentados no Tabela .74

Symbol	Meaning	Description of meaning
o	Operation	Action or activity carried out or not on a document by a department / person who receives / sends information (e.g. requests an action, fills out a report subsequent to an action taken, etc.).
● Action •	Action	Performance (by a maintenance operator or someone else in charge) of an action, defined as a piece of information acquired or carried out on an actual piece of equipment or subassembly.
□	Control	The action of checking out a piece of information or action.
V	Storing, archiving	Definitive arrangement and classification of information within each department.
▼	Pause	Waiting on a piece of information or the result of an action.
⊕	Relaying	The action of issuing new information as a result of an activity performed or information acquired.

Tabela .74 - Símbolos utilizados na redação dos diagramas THMN

Todos estes elementos conduzirão a uma ilustração perfeita do sistema de relações entre os "actores" da atividade de manutenção. Além disso, serão utilizadas setas unidireccionais ou bidireccionais (, ,→←↔) para simplificar a compreensão da forma como a informação circula.

c) Elaboração do diagrama THMN

A elaboração do diagrama THMN requer os seguintes passos:

1. Identificação do processo a estudar e elaboração do objetivo;
2. Identificar os actores que intervêm no processo;
3. Apontar as acções específicas;
4. Identificar o sistema de relações entre os actores;
5. Ilustração do diagrama THMN;
6. Analisar o sistema de relações entre os actores;
7. Elaboração de medidas de melhoria da manutenção.

A parte superior do diagrama contém alguns identificadores do processo, incluindo os actores que estão envolvidos no processo, divididos em categorias. É de notar que este diagrama pode ser elaborado para dois estados: existente e melhorado. Nas linhas seguintes, é apresentado um exemplo de diagrama THMN, resultado de uma investigação prática efectuada numa empresa romena de malhas.

d) Estudo de caso: aplicação do diagrama THMN a uma empresa romena de malhas

O objetivo do estudo consistiu em identificar e analisar o sistema de relações entre os actores que colaboram na reparação da avaria de uma máquina de tricotar circular.

Após analisar a ação de reparação de uma avaria (substituição de uma came), foram identificadas as seguintes **acções**:

1. O operador apercebe-se da avaria da máquina e informa o chefe de fabrico;
2. O chefe de fabrico elabora um pedido de ação que é dirigido ao operador de manutenção;
3. O operador de manutenção recebe o pedido;
4. A pessoa responsável (ou seja, o chefe de equipa) elabora, juntamente com o operador de fabrico, um diagnóstico da avaria;
5. A ação corretiva é executada;

7\. , 8. A operação é verificada;

9. O operador ajuda a controlar o bom funcionamento da máquina. O chefe de fabrico recebe informações sobre os problemas que não foram resolvidos;
10. O serviço de manutenção técnica elabora um plano de manutenção preventiva, recorrendo igualmente aos dados de peças sobresselentes em stock;
11. As existências são verificadas;
12. O gestor do armazém actualiza as existências;
13. As informações sobre o tipo e a quantidade de peças utilizadas por tipo de máquina são armazenadas na base de dados.

Utilizando os símbolos apresentados emTabela .74 , foi realizada a representação convencional das relações existentes entre os actores no processo de resolução de uma avaria através de algumas acções corretivas (Figura54).

O plano de melhoria da manutenção:

Depois de analisar o diagrama juntamente com o chefe do departamento de fabrico e o chefe do departamento de manutenção, chegou-se à conclusão de que a situação atual pode ser melhorada da seguinte forma:

- Desenvolvendo a auto-manutenção, com o objetivo de envolver de forma competente o operador de fabrico na resolução de avarias de baixo nível;
- Reduzindo implicitamente o número de acções corretivas;
- O curto-circuito da relação fabricante - operador de manutenção, renunciando à intercessão do chefe de fabrico;
- A presença no local de operadores de manutenção e do chefe de fabrico;
- Uma medida prospetiva que também foi alcançada foi a de melhorar a manutenção através da descentralização do serviço.

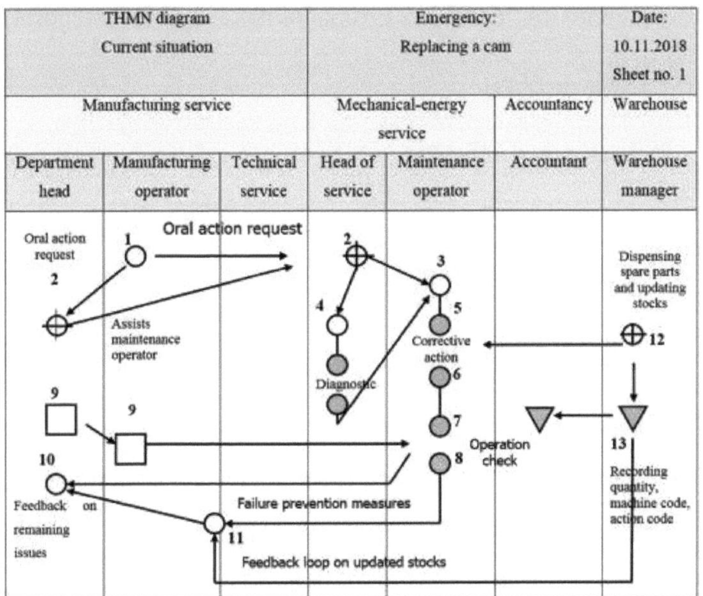

Figura54 - O diagrama THMN

7.4. A análise de causa e efeito do "5M

O estudo da relação causa-efeito é de grande importância para a gestão da manutenção e da fiabilidade. O método específico para este tipo de análise é designado por "5M", que é completado através de uma abordagem por diagrama ISHIKAWA.

a) Os objectivos do método "5M

O método foi concebido para ajudar a identificar os elementos que concorrem para o êxito da atividade estudada.

Para o efeito, os **"5M"** são agrupados nas seguintes categorias

- Mão de obra;
- Meios de produção;
- Médio;
- Métodos;
- Materiais.

A literatura da especialidade refere que este "5M" é específico da gestão da qualidade, pelo que se torna necessário adaptar o método ao domínio da gestão da manutenção. O método apresenta outras alternativas, entre as quais podemos citar:

"6M":

- Materiais;
- Métodos;
- Máquina;
- Mão de obra;
- Médio;
- Medição.

"7M":

- Materiais;

- Métodos;
- Máquina;
- Mão de obra;
- Mensagens;
- Gestão;
- Meios financeiros.

Estruturado desta forma, o método pode ser aplicado com sucesso à gestão estratégica da empresa.

"4M + I":

- Mão de obra;
- Materiais;
- Máquina;
- Método;
- Informações.

Esta abordagem não tem em conta o meio e tende a deixar que os problemas se agravem.

Tendo em conta as afirmações acima referidas, considera-se que o método mais adequado para a gestão da manutenção é o "5M".

b) Aplicar o método. Integrar e assegurar a manutenção

Uma vez que existe uma forte semelhança entre a manutenção e a gestão da qualidade no que diz respeito aos seus conceitos, métodos e objectivos, a fim de aplicar o método "5M", propõe-se a seguinte terminologia

- A manutenção integradora, que é definida como um conjunto de elementos físicos que concorrem para a realização dos objectivos de manutenção (semelhante à qualidade integradora).
- Assegurar a manutenção, que constitui o conjunto das informações que garantem a boa execução de todas as exigências requeridas pelo processo de integração da manutenção (semelhante à garantia de qualidade).

A secção seguinte será dedicada a uma tentativa de descrição de cada um destes aspectos, a fim de identificar a especificidade da relação causa - efeito. A questão de fundo é a gestão de uma atividade específica da empresa: a manutenção. Por sua vez, esta pode ser dividida em subactividades e, com a ajuda de um questionário, podem ser constituídas as referências necessárias. As dificuldades que podem surgir estão relacionadas com as informações necessárias, que são difíceis de encontrar nos registos da empresa.

O ponto de partida para a definição do problema é a identificação dos elementos que conduzem à necessidade de uma atividade de manutenção eficiente. Procurar-se-á a constituição de um referencial, identificando o estado atual do processo. A identificação é feita procurando responder às seguintes questões-chave da análise:

- *Quem é o beneficiário das actividades de manutenção?*

  Resposta possível: o sector da indústria transformadora.

- *O que é que os beneficiários esperam do serviço de manutenção?*

  Resposta possível: manter o atual parque de máquinas e equipamentos em condições de funcionamento, assegurando a assistência técnica específica.

De facto, os pré-requisitos de qualidade da atividade de manutenção serão definidos, materializados através de objectivos claros e precisos (por exemplo, "0 avarias", "0 falhas", "0 poluição").

Do ponto de vista da informação, podemos distinguir entre:

- *Informação preliminar*, resultante da preparação da atividade de manutenção, e que constituirá o conjunto de regras a seguir pelos operadores de manutenção. São materializadas através de um conjunto de medidas cautelares do beneficiário do serviço;

- *Informação final*, que é apresentada ao beneficiário (ou seja, àquele que aguarda a prestação do serviço) e que nos mostra se a atividade de manutenção está a decorrer de acordo com o plano ou se houve incidentes que afectaram a qualidade do desempenho.

A etapa seguinte consiste em identificar os "5M" da manutenção. O ponto de partida é um primeiro inventário dos critérios susceptíveis de constituir uma referência para a descrição destes "5M". Estes podem ser definidos da seguinte forma:

- M_1 - mão de obra envolvida na atividade de manutenção, operadores de manutenção e, eventualmente, pessoal de fabrico;
- M_2 - meios de trabalho utilizados na atividade de manutenção, nomeadamente ferramentas, modelos e dispositivos de controlo, meios de reparação, etc;
- M_3 - matérias (brutas) utilizadas na realização de actividades específicas de manutenção e reparação;
- M_4 - métodos de manutenção divididos em categorias e sistemas;

- M_5 - o meio em que se realiza a atividade de fabrico e manutenção.

À primeira vista, podemos deduzir que os elementos que constituem a composição da manutenção estão ligados a M_1, M_2 e M_3, enquanto M_4 e M_5 concorrem para a sua garantia.

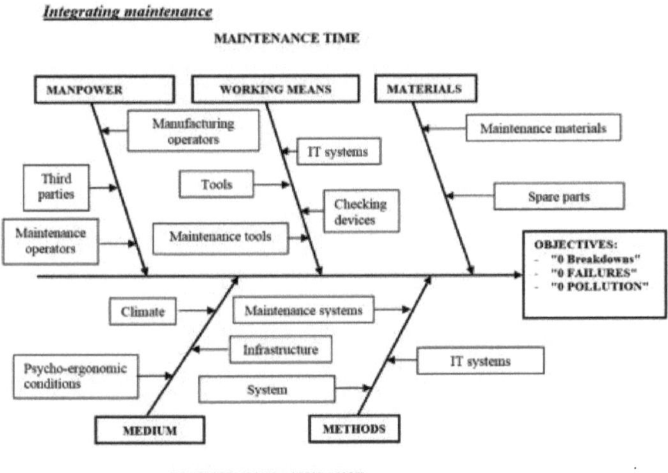

Figura55 - O diagrama de manutenção da ISHIKAWA

De acordo com a definição anterior, teremos de encontrar tudo o que contribui para o bom funcionamento dos serviços prestados ao beneficiário da manutenção. É possível - e desejável, ao mesmo tempo - acordar um diagrama de causa - efeito para revelar os elementos que têm uma influência positiva ou negativa no resultado (Figura55).

Note-se que, tendo em conta a natureza da questão, seria aconselhável incluir um conjunto possível de elementos constitutivos em cada rubrica "M". Desta forma, justificamos a possibilidade de os operadores de fabrico realizarem tarefas de manutenção, o que exige um certo grau de formação e instrução no terreno (de acordo com os princípios do TPM). Este inventário não foi concebido para ser um modelo de geração de ideias de brainstorming, mas deverá incluir certos elementos salientes.

Assegurar a manutenção

Neste ponto, vamos detalhar as informações susceptíveis de garantir a realização bem sucedida de cada exigência requerida pela integração da manutenção (Figura55). Um aspeto específico que devemos detalhar é o dos métodos de manutenção utilizados para atingir os objectivos pretendidos.

A matriz de manutenção

Os elementos apresentados na descrição da integração e da garantia da qualidade e representados no diagrama ISHIKAWA correspondente serão integrados na matriz de manutenção. Para além do diagrama, é necessário avaliar o estado de desenvolvimento de cada referência, efectuando ao mesmo tempo uma análise crítica (Quadro .75)

As rubricas 1 a 3 representam as referências a observar (*a priori*).

As rubricas 4 e 5 definem as informações a recolher *a posteriori* (após a referência).

Rubrica 1 - Foi examinada a necessidade de observar a referência?

Se *não*, o método (diagrama) é reiniciado. Se *sim*, o segundo marco é abordado.

Rubrica 2 - Estas regras foram criadas? Existem? Onde? É possível aumentar ou reduzir o seu número?

Rubrica 3 - São adaptadas ou foram expressas tendo em vista a validação?

Rubrica 4 - As regras foram respeitadas?

Rubrica 5 - Relativamente ao que foi efetivamente realizado, foram preservados os traços desta relação?

ENSURING MAINTENANCE						
REFERENCE		EXISTING			OBSERVED	
		Necessary	Existing	Adapted	Observed	With consequences
		1	2	3	4	5
THE INTEGRATION OF MAINTENANCE	**Manpower**					
	1.1. Maintenance operator					
	• general knowledge					
	• ready for the activity					
	• mission					
	- knows the working methodology					
	- is familiar with the means used					
	- is available for action					
	1.2. Manufacturing operator					
	• situations in which they can step in					
	• other criteria (same as above)					
	Working means					
	2.1. Tools					
	• adaptated acc.to mission					
	• number of					
	• moral wear					
	• physical wear					
	2.2. Equipment used by maintenance service					
	• pace of work					
	• wear					
	• age					
	• quick servicing possibilities					
	2.3. Checking devices					
	• compliance with maintenance mission					
	• precision					
	• number of...					

.
.
.

Quadro .75 - A matriz de manutenção

7.5. A árvore de falhas

A análise do funcionamento do equipamento utilizando uma estrutura em árvore pode ser considerada como um método complementar à aplicação do estudo FMECA. Estas estruturas em árvore são comuns em muitos ramos da gestão, como nos processos de tomada de decisão (a árvore de decisão) ou na gestão de custos (a árvore de custos). Na próxima secção, tentaremos aplicá-la à análise do funcionamento do equipamento.

a) Definição e objectivos

A árvore de falhas é um método de investigação sistemática das causas e da combinação de eventos que afectam o funcionamento de um sistema. Utilizando a representação gráfica como instrumento, podemos indicar os níveis sucessivos de evolução de cada evento (falha, no nosso caso). Este processo de divisão em eventos elementares continua até ao momento em que:

- As causas são independentes das mesmas;
- As probabilidades podem ser estimadas com suficiente exatidão;
- Já não podemos dividi-los em acontecimentos mais simples.

Sendo um método de análise dedutivo baseado em representações gráficas, os objectivos da árvore de falhas são

- A análise e a síntese dos disfuncionamentos do sistema;
- A revisão dos estados de degradação;

- Previsão das causas e possíveis combinações de causas de falha;
- A representação lógica dos mesmos.

É geralmente difícil identificar a causa de um acontecimento, uma vez que, por sua vez, este pode ser o efeito de outra causa. O principal mérito deste método é o facto de conseguir identificar as causas iniciadoras dos eventos (falhas, no nosso caso).

b) A descrição do método

O método desenrola-se de forma lógica, partindo do geral e tentando aprofundar o específico. De seguida, tentaremos abordar o tema de uma forma geral, tentando destacar as principais etapas.

Partimos de uma segmentação primária, que é feita ao nível das funções da empresa (F_1, F_2, ..., F_i), seguida da identificação dos departamentos e oficinas constituintes (Figura56

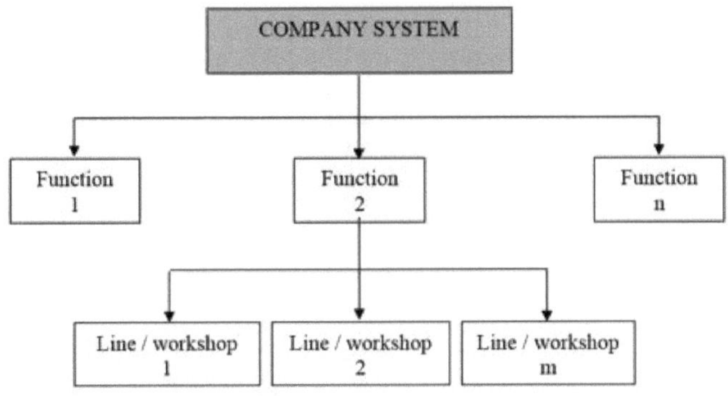

Figura56 - A árvore do sistema da empresa

A divisão em elementos primários continua, numa tentativa de destacar as principais peças de equipamento que se encontram nas oficinas. Por sua vez, estes cumprem uma série de funções, sendo a árvore resultante semelhante à apresentada emFigura57

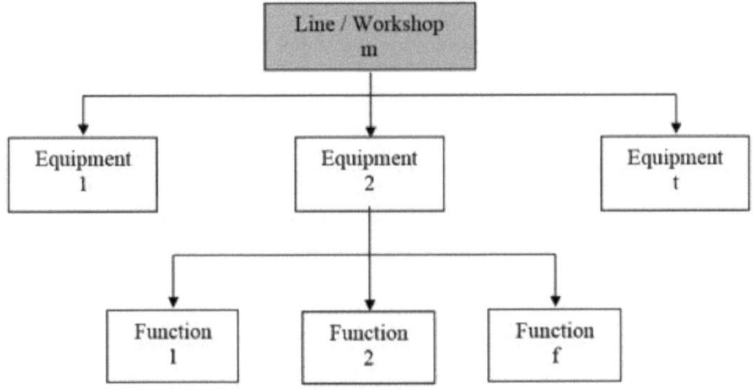

Figura57 - A árvore de equipamentos e funções da linha/oficina

O estudo prossegue, procurando identificar os subconjuntos que permitem a existência de funções específicas de cada equipamento. A análise acaba por chegar a um ponto em que, com base num "desfile" de causas de falha, se procurará identificar a forma como cada subconjunto contribui para o aparecimento de uma falha (Figura58).

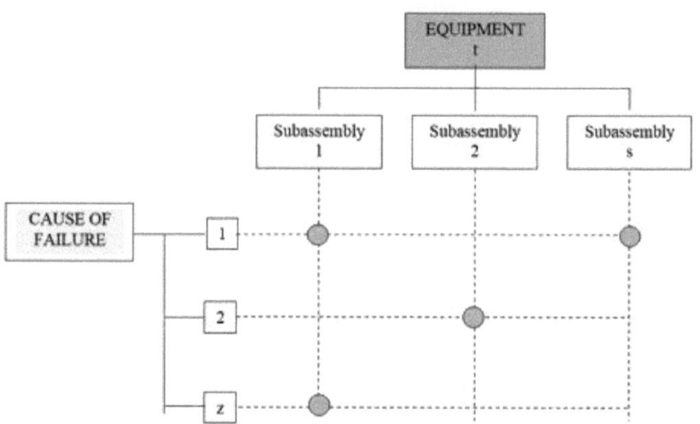

Figura58 - A árvore de subconjuntos e causas de falha

É de salientar que uma determinada causa pode atuar em vários sistemas, facto que é mais difícil (ou trabalhoso) de assinalar no caso de outras alternativas de análise causa - efeito. O método mostra-se extremamente eficiente na identificação de causas de falha, sendo o problema colocado o das limitações do estudo. É de particular utilidade a sua correlação com uma análise do tipo FMECA.

c) Exemplo de utilização

Consideremos uma máquina CNC de electroerosão por fio AGIECUT EVOLUTION 3. A máquina destina-se a operações de corte de materiais metálicos electrocondutores, especialmente aqueles que possuem elevada resistência à tração e dureza.

As principais falhas e as causas que as originaram são apresentadas na Tabela .76 . Com base nisto, Figura59ilustra a árvore de falhas da máquina em análise.

A análise mostra os tipos de falha mais importantes, destacados ao nível do subconjunto. O pormenor pode ser efectuado até ao nível da peça individual. Pode notar-se que as falhas mais graves e frequentes afectam o sistema de guiamento e o tensor do fio.

Subassembly	Failure or nonconformity	Cause of failure
1.Wire guidance system	1.1.Failure of the wire driving system	1.1.1.burn out of the driving motor
		1.1.2.wear of rollers
	1.2.Incorrect functioning when making slanted cuts	1.2.1.wear of toroids
		1.2.2.accidental hitting of the toroids
	1.3.Failure of the jet guidance device	1.3.1.wear of rubber seal
		1.3.2.accidental, due to human error
	1.4.Diamond guide	1.4.1.failure to replace it in time
	1.5.Failure of the wire cutter	1.5.1. wear of cutting rollers
2.Wire tensioner device	2.1.Incorrect operation or breakage of wire	2.1.1.wear of roller tensioners
		2.1.2.motor burn out
	2.2.Failure of the wire shredder	2.2.1.wear of cutters
		2.2.2.failure of the camlock
		2.2.3.wear of bearings
3.Immersion tank	3.1. Failure of the inflatable seal	3.1.1.accidental breakage
	3.2. Failure of the teflon seal	3.2.1.wear
	3.3.Inconsistency of gaps	3.3.1.wear of the lead screw and ball guides
4.Dielectric aggregate	4.1. Failure of the cooling system	4.1.1.noticable wear of roller bearings
	4.2.Improper filtering of the dielectric	4.2.1.clogged filters

Tabela .76 - Falhas e causas do seu

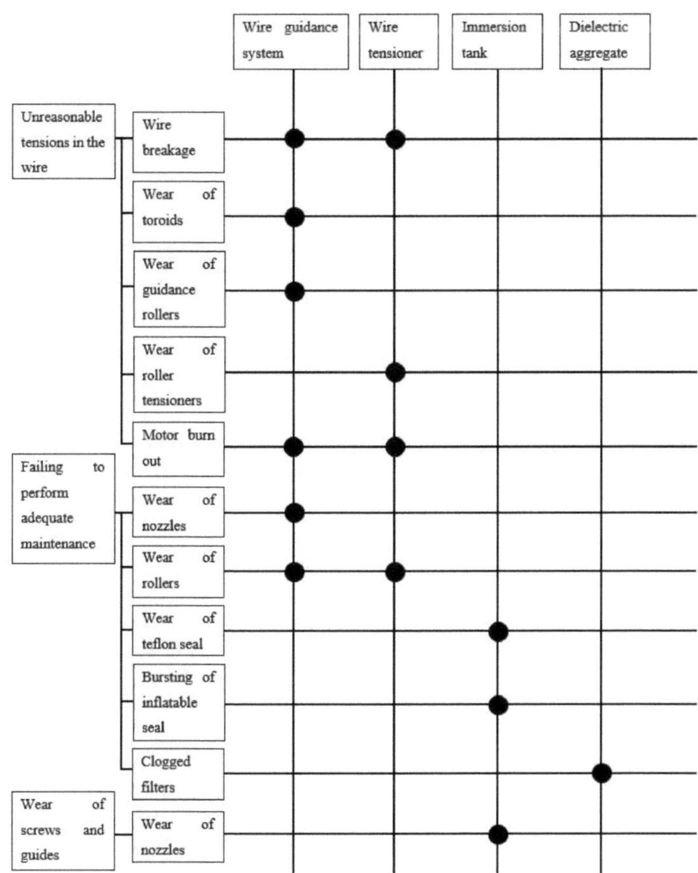

Figura59 - A árvore do fracasso

Figura59 mostra que certas causas aparecem com mais frequência, algumas afectando vários componentes da máquina. O componente mais afetado é o sistema de orientação do fio (6 tipos de falhas), seguido do tensor do fio (4 tipos de falhas), o tanque de imersão - que contém o espaço ativo da máquina (3 tipos de falhas), e o agregado dielétrico (afetado por apenas um tipo de falha).

Ao mesmo tempo, a árvore de falhas (Figura59) mostra que 7 causas de falha podem ser minimizadas através de acções de manutenção adequadas, sendo o foco colocado na manutenção preventiva. Outra parte das causas (6) pode ser minimizada através de uma utilização mais cuidada da máquina por parte do operador.

7.6. O método de Pareto (ABC, 80 / 20)

A razão pela qual este método é evocado não se deve à sua novidade, mas sim ao facto de ser injustificadamente raramente aplicado na prática da manutenção industrial.

a) Os objectivos do método

O objetivo do método, que aplicaremos à manutenção, será o de *identificar as principais causas do aparecimento de falhas e orientar eficazmente os recursos necessários para as evitar.*

O princípio subjacente ao método é o de que 80% das falhas de funcionamento de uma máquina se devem a 20% das causas. A fim de correlacionar corretamente os esforços e obter resultados de uma forma expedita, a eliminação destas causas será tentada com prioridade.

b) Aplicação do método

O cenário que se segue é frequente na prática da gestão da manutenção industrial: no momento em que surge uma avaria rara e difícil, a sua resolução passa imediatamente para a responsabilidade dos melhores operadores de manutenção, "gastando" assim muitos recursos humanos, materiais e de tempo.

Durante este período, no entanto, todas as outras actividades correntes são deixadas ao cuidado dos operadores mais fracos, o que leva a perdas muito maiores do que as causadas pela falha de chave acima mencionada.

É por esta razão que a aplicação deste método é necessária, o que, por sua vez, conduz a decisões estratégicas de grande importância para a empresa e a sua atividade, como, por exemplo, a aplicação de uma gestão contratual da manutenção (CMM, de acordo com a literatura da especialidade).

As etapas de aplicação do método são as típicas; no entanto, serão adaptadas à especificidade da manutenção e serão formuladas como exemplos nas próximas linhas.

1 - Identificar os principais tipos de falhas

Será analisado o histórico de funcionamento das máquinas, procurando, ao mesmo tempo, recolher a informação, como se pode ver emQuadro .77 . Os dados obtidos serão representados graficamente, como se pode ver emFigura60

Type of failure	Downtime	% of the total duration of unavailability
Type "a" failure	...	...
Type "b" failure	...	...
...	...	...
Type "k" failure	...	...

Quadro .77 - Resumo dos insucessos

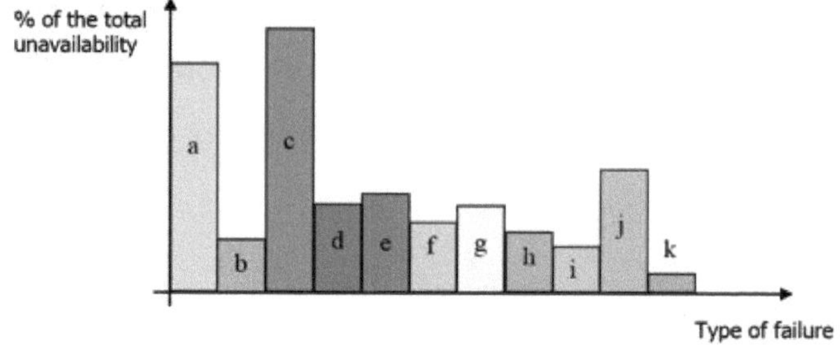

Figura60 - Gráfico acumulado de indisponibilidade por tipo de falha

2 - Ordenar os tipos de falha de acordo com a duração total da indisponibilidade

Com base na tabela de resumo, serão reveladas as falhas que têm um forte impacto na duração da indisponibilidade, mostrando como 20% delas conduzem a 80% do resultado total. Os dados obtidos podem ser representados graficamente, como mostra a Figura61 .

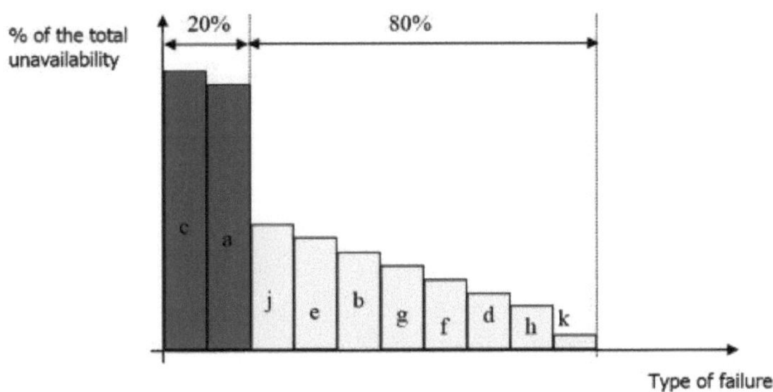

Figura61 - Classificação dos tipos de falhas

Como resulta daFigura59 , as falhas de tipo "a" e "c" (ou seja, 20% do total) correspondem a uma percentagem significativa do número total de repercussões. Por conseguinte, a sua erradicação conduzirá a uma melhoria constante das actividades de manutenção.

Se optarmos por uma classificação do tipo "ABC", os grupos de insucesso serão os seguintes

A - Falhas repetitivas que ocupam uma grande percentagem da duração total da indisponibilidade;

B - Falhas aleatórias que ocupam uma percentagem moderada da duração total da indisponibilidade;

C - Falhas aleatórias com influência negligenciável nos resultados.

De acordo com esta classificação, obtém-se a representação gráfica apresentada emFigura62

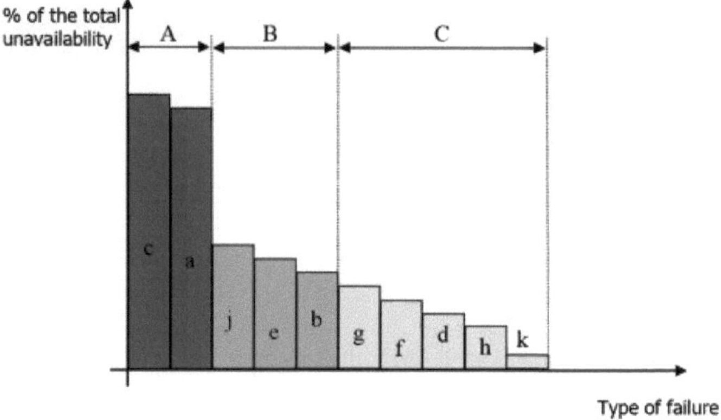

Figura62 - A classificação "ABC" dos fracassos

3 - Interpretação dos resultados e medidas de melhoria

Com base no que precede, é evidente que as causas que conduzem às avarias dos tipos "c" e "a" serão objeto de uma atenção prioritária, ao passo que as dos tipos "j", "e" e "b" serão objeto de um acompanhamento suficientemente rigoroso. As outras falhas, em função da sua especificidade, podem constituir o objeto de um contrato de manutenção.

Uma vez que é importante tratar preferencialmente as falhas que têm efeitos graves na indisponibilidade, considera-se oportuno submetê-las - com prioridade - a uma FMECA e a uma análise da árvore de causa raiz, procurando que as acções de manutenção subsequentes as erradiquem.

c) Exemplo de utilização

Consideremos o caso das molas de compressão helicoidais que são feitas de arame calibrado através de enformação a frio. O arame é enrolado em torno de uma hélice cilíndrica utilizando uma máquina especial de moldagem de molas com a ajuda de algumas ferramentas chamadas dedos de enrolamento. As extremidades das molas são esmeriladas de modo a obter superfícies de contacto normais ao eixo da mola. São realizadas operações de tratamento térmico adequadas, de modo a garantir as propriedades elásticas necessárias do material, seguidas do revestimento das molas por eletroforese, de modo a garantir a sua resistência à ferrugem durante a sua utilização.

Para estarem em conformidade, as molas não devem apresentar falhas de fabrico, pois serão recusadas pelo cliente. O cliente é uma empresa de construção de máquinas que adquire regularmente grandes quantidades. Para além das caraterísticas de qualidade que podem ser facilmente inspeccionadas no momento da compra (dimensões e aspeto), o cliente também exige que as molas resistam a um grande número de ciclos (pelo menos 5×10^6 ciclos de compressão - distensão).

Embora, aparentemente, as molas estejam sujeitas a compressão, o material da mola está especialmente sujeito a torção. Devido ao seu modo de funcionamento, as molas de compressão estão sujeitas a cargas cíclicas variáveis, que provocam a rotura do material por fadiga.

Se a mola apresentar outras não-conformidades, pode partir-se ainda mais cedo. Assim, certas não-conformidades menos aparentes (microfissuras, microdeformações, etc.) podem levar à sua rotura antes de ser atingido o número mínimo de ciclos de carga. Se isto acontecer, o utilizador final da máquina fica insatisfeito e comunica a falha ao fabricante. Por sua vez, o fabricante queixa-se ao fabricante da mola e pode mesmo chegar ao ponto de cancelar o contrato comercial, o que tem um efeito prejudicial para o fabricante da mola.

Para não perturbar a empresa de construção de máquinas, o fabricante de molas compra de volta as molas e efectua testes de fiabilidade periódicos, certificando-se de que melhora continuamente a qualidade das molas. Como resultado destes testes, foram encontradas quatro causas de falha que levam à rutura prematura das molas. Estas são apresentadas no Tabela .78

Para as classificar, é utilizado o diagrama de Pareto, na sua representação cumulativa da variante das falhas. Aqui procuramos identificar as causas de falha que produzem 80% das não-conformidades operacionais. O diagrama de Pareto do caso analisado é apresentado emFigura63

Cause of nonconformity	Ranking	Nonconformity (per 100 pcs.)	%	Code
Microfissures	major	5	45.5	failure1
Distructive effects of electric arcs (due to the electrophoresis coating)	major	3	27.3	failure2
The grinding discs used to process the ends of the spring are not adjusted at the time intervals specified by the technical documentation	major	2	18.2	failure3
The winding machine's coiling finger is cracked, causing the deterioration of the spring's surface and the inherent breakage in use	major	1	9.1	failure4

Tabela .78 - Principais causas de insucesso

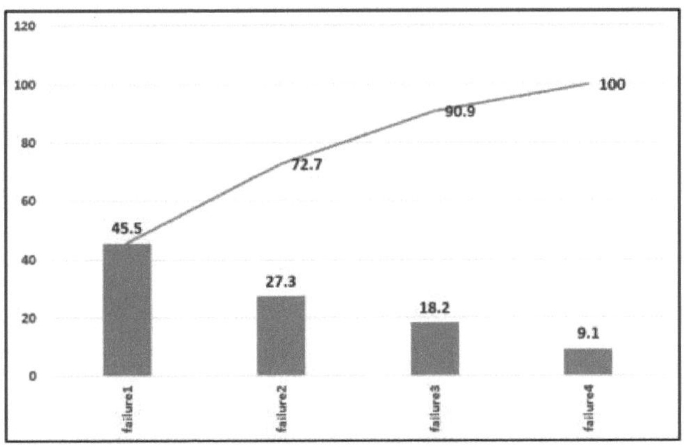

Figura63 - Diagrama de Pareto para molas de compressão

Pode notar-se que as duas primeiras causas de falha (codificadas como **falha 1** e **falha 2**) causam um total de **72,8%** das não-conformidades. Se as acções corretivas incidirem apenas nestas causas, é provável que o número de não conformidades diminua significativamente. A análise efectuada pode conduzir a acções corretivas que visem todas as causas que levam ao aparecimento de falhas, como se pode ver na Quadro .79

Code	Corrective action proposed
Failure1	Supplying materials that maintain their physico-mechanical properties along the entire length of the wire
	Performing initial sample reports for each spool of wire
	Observing the heat and time requirements of the heat treatment operations carried out
Failure2	Testing out a new type of coating
Failure3	The grinding discs will be adjusted according to the durability requirements stipulated by the technical documentation
	The operators will be warned about observing the time frame of the grinding discs' durability in accordance with the technical documentation
Failure4	The coiling fingers will be checked – and maybe even replaced – more frequently

Quadro .79 - Medidas corretivas tomadas para evitar não-conformidades

Uma abordagem realista e equilibrada da situação, baseada no princípio estatístico que está na base da aplicação do diagrama de Pareto, exige uma ação imediata sobre as causas das microfissuras (**falha 1**) ou sobre as causas que levam à formação de arcos eléctricos aquando da aplicação do revestimento de eletroforese (**falha 2**). Deve então ser formulado um plano de medidas para melhorar a situação, seguido da sua aplicação prática e da avaliação da sua eficácia. É então possível voltar a aplicar o diagrama de Pareto à nova situação. Outros instrumentos de análise e de melhoria podem também ser utilizados para aumentar a eficácia das acções.

7.7. A Matriz de Criticidade Qualidade - Segurança - Disponibilidade (QSA)

Um dos métodos de análise mais utilizados para identificar os "pontos sensíveis" da manutenção dos sistemas técnicos é a matriz de criticidade QSA. É designado por método QSA (quality - security - availability) pela literatura especializada inglesa ou QSD (qualité - sécurité - disponibilité) pela francesa. A matriz é considerada equivalente à matriz QFD (qualidade - frequência - gravidade) da gestão da qualidade.

a) Os objectivos do método

Como já foi referido, o objetivo geral da matriz de criticalidade é identificar os pontos críticos de um sistema técnico, que são expressos através de valores da qualidade das operações realizadas, da segurança na utilização da máquina e da sua disponibilidade. É preferível que o método seja aplicado por uma equipa interdisciplinar composta por representantes do departamento de fabrico, da garantia de qualidade e da manutenção (semelhante à equipa FMECA). Por conseguinte, no que diz respeito ao fabrico, à qualidade e à manutenção, serão tidas em conta as seguintes considerações:

- Para o critério de qualidade:

- A percentagem de perdas devidas a um funcionamento incorreto da máquina;
- O impacto do funcionamento da máquina na qualidade final dos produtos.

- Para o critério de segurança:
  - A influência das avarias no ambiente de trabalho e nas pessoas;
  - Se as normas e os regulamentos de saúde e segurança aplicados são ou não adequados;
  - Previsões de situações futuras possíveis;
  - Experiências negativas.
- Para o critério de disponibilidade:
  - A influência das paragens nos resultados da empresa;
  - A existência de equipamentos redundantes
  - A influência sobre outros equipamentos em caso de avaria;
  - Os tempos mortos devido à avaria e à reparação.

Os coeficientes serão atribuídos a cada um destes critérios de acordo com a metodologia a seguir descrita.

b) Aplicação do método. Estradas críticas QSA

Os valores de referência da matriz de criticalidade são acordados pelas equipas de análise da QSA. Os valores de C e D serão normalmente "1" (inaceitável), "0" (a monitorizar) ou "-1" (negligenciável).

A segurança gozará de um estatuto especial: todas as equipas cujas falhas representem um problema de segurança deverão ser incluídas na classe de criticidade S = 1. Nestas condições, devem ser tomadas medidas nas seguintes direcções:

- Se D e/ou C = 1, não devem ser poupados esforços para evitar a avaria deste equipamento;
- Se D e / ou C = 0, esta falha será evitada através de inspecções periódicas;
- Se D e / ou C = -1, a avaria deste equipamento tem consequências negligenciáveis e não ocorre frequentemente.

Cada equipamento é tipicamente classificado de acordo com uma noção de via funcional, que terá os seguintes aspectos de criticidade:

- Estrada de segurança crítica (CSR), se S = 1;
- Estrada crítica de fabrico (CMR), se D = 1;

- Estrada de qualidade crítica (RQC), se C = 1;
- Estrada de fabrico subcrítica (SCMR), se D = 0;
- Estrada de qualidade subcrítica (SCQR), se C = 0;
- Estrada de falha tolerável (TFR), se C e D = -1.

A colocação destes aspectos na matriz de criticidade é apresentada no Quadro .710

Availability A	Security S=1	Quality C		
		Unacceptable	To be monitored	Negligible
	Unacceptable	CMR / C	CMR	CMR
	To be monitored	CQR	SCMR / C	SCMR
	Negligible	CQR	SCQR	TFR

Quadro .710 - Matriz de criticidade QSA

Tendo resolvido todos estes aspectos, resta-nos situar o equipamento analisado numa das possíveis situações apresentadas. A ação não é simples, na medida em que o resultado terá de mediar entre as opiniões de todos os departamentos de trabalho envolvidos no desenvolvimento da matriz QSA. Para aumentar a eficiência da análise, os equipamentos encontrados em estradas inaceitavelmente críticas serão submetidos a análises FMECA.

7.8. A análise comparativa dos métodos de atividade de gestão da manutenção

Uma visão geral dos métodos anteriormente descritos conduz às seguintes observações:

- Os objectivos de todos os métodos podem ser expressos em termos de desempenho da manutenção, nomeadamente índices de qualidade, segurança ou disponibilidade;
- O objetivo principal é definir as causas que levam ao aparecimento de disfunções nos sistemas técnicos;
- A aplicação dos métodos é feita por equipas multidisciplinares que incluem - no mínimo - representantes dos serviços de manutenção, qualidade e fabrico;
- Os resultados obtidos servem para a elaboração de planos de melhoria da manutenção;
- A fim de não complicar demasiado as análises, é necessário limitar o âmbito do estudo;
- Alguns dos objectivos visados pela manutenção são comuns aos do domínio da qualidade.

No que respeita aos resultados pretendidos, note-se que:

- Os métodos de análise mais completos são os da FMECA (têm em conta: frequência, gravidade e detetabilidade) e a matriz de criticidade QSA (que trata dos índices de qualidade, segurança e disponibilidade);
- Embora o diagrama de Pareto considere apenas índices relacionados com a frequência, pode ser intercalado, limitando o estudo, na aplicação de qualquer outro método (recomenda-se mesmo que o faça);
- Contrariamente aos outros métodos, os gráficos de controlo são mais adequados para as políticas de manutenção preventiva;
- A THMN pode ser útil quando se efectua uma organização global do sistema informático de manutenção, aumentando a eficácia dos outros métodos;
- As análises de causa - efeito são principalmente efectuadas pela FMECA, pela árvore de falhas e pelos "5M".

A literatura da especialidade considera que, para ser verdadeiramente eficaz na prossecução da gestão da manutenção, é necessário otimizar a aplicação global de todos os métodos apresentados. Esta afirmação é um passo importante para um conceito relativamente novo, *a manutenção global baseada na fiabilidade*, que está a ser popularizado atualmente.

7.9. Conclusões

O domínio da gestão fornece-nos uma série de métodos que têm por objetivo melhorar continuamente a manutenção. Uma vez que a gestão é simultaneamente uma arte e uma ciência, a criatividade leva à apropriação de métodos de domínios vizinhos e à sua aplicação na manutenção e, além disso, ao alargamento da aplicabilidade de alguns deles dos domínios de alta tecnologia às PME.

A aplicação de um único método de gestão não é suficiente. Optar por um resultado pontual só pode agradar momentaneamente a um operador de manutenção ou a um chefe de departamento. A panóplia de métodos descritos serve para orientar a preferência dos gestores para uma abordagem estratégica da manutenção e para obter resultados a nível global.

Considera-se que a aplicabilidade destes métodos deve ser anexada a um processo de melhoria contínua da manutenção. Esta é também a razão pela qual os métodos apresentados foram descritos por etapas. A abordagem será sempre multidisciplinar, cimentando assim a colaboração dos vários serviços da empresa.

A aplicação prática de qualquer método que possa ser aplicado à gestão da manutenção é útil e óptima. É muito melhor do que não fazer nada!

O medo do fracasso deve ser vencido. Os erros são muito melhores "professores" do que os sucessos (que muitas vezes são enganadores), mas apenas para aqueles que são capazes de aprender com eles. É agora - mais do que nunca - o momento de agir.

8. Elementos-chave da gestão da manutenção

8.1. Generalidades

A gestão da manutenção implica o desempenho das mesmas funções que a gestão em geral. De acordo com a escola americana de gestão, estas funções são apresentadas na figura 64.

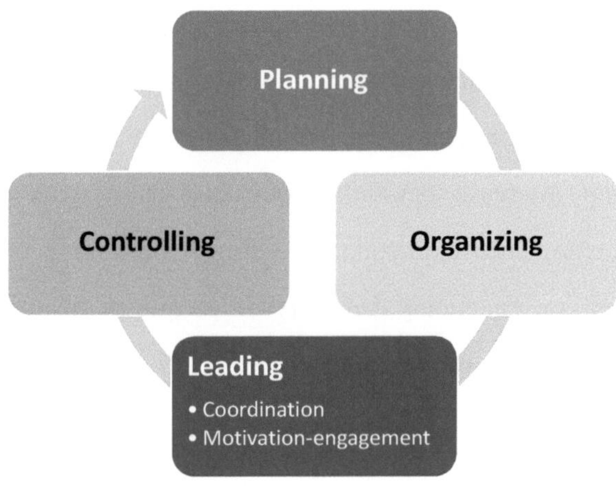

Figura 64- Funções de gestão

No caso da manutenção, **as funções de gestão** são apenas personalizadas com os elementos específicos do domínio e a gestão funciona com ferramentas e métodos específicos da manutenção.

A planificação das actividades de manutenção é o primeiro elemento das actividades de gestão. As revisões técnicas, as actividades de manutenção, as reparações médias, as reparações de capital, etc. devem ser rigorosamente planeadas, em função das especificidades de cada organização. Em seguida, **a organização** destas actividades deve ser feita corretamente. Naturalmente, **todas as actividades de manutenção devem ser bem coordenadas** e os intervenientes devem receber a melhor formação possível para a realização das actividades planeadas. Os trabalhadores **devem também ser constantemente motivados** para atuar de forma responsável. A principal fonte de motivação é o apelo ao interesse pessoal, desde que as pessoas sejam permanentemente explicadas, de forma honesta e correta, sobre as consequências das actividades que realizam (tanto para elas próprias como para a empresa).

As actividades de manutenção só podem ser realizadas de forma adequada se beneficiarem de **orçamentos corretamente elaborados** em função do contexto real em que a empresa opera. **Os custos das actividades de manutenção devem ser permanentemente monitorizados** para que a execução orçamental se processe de forma correta. Os orçamentos e custos de manutenção são um "espelho" das políticas e estratégias que as empresas adoptam e implementam no domínio da manutenção. A sua simples análise mostra, sem dúvida, se uma empresa segue as políticas ou estratégias declaradas ou se a situação real é totalmente diferente das declaradas.

Os custos reais registados no domínio da manutenção podem fornecer indicadores económicos importantes para a análise das actividades de manutenção. Estes indicadores descrevem sinteticamente a qualidade das actividades de manutenção da empresa e afectam diretamente o desempenho económico das empresas. Estes indicadores podem ser combinados com outros indicadores (chave) relevantes, de natureza técnica, que podem ser considerados para avaliar o desempenho das actividades de manutenção realizadas em qualquer empresa. Para cada nível de gestão no domínio da manutenção, pode ser criado um painel de controlo da manutenção, que fornece aos gestores uma imagem sintética da situação real, através dos indicadores-chave selecionados. A utilidade de tais ferramentas de gestão é indiscutível e plenamente demonstrada pela prática.

No contexto atual da quarta revolução industrial, a digitalização dos negócios está a produzir grandes mudanças na humanidade, a uma velocidade sem precedentes. O planeamento, a organização, a gestão e o controlo das empresas, o mercado de trabalho, o comércio, a organização da sociedade, etc. estão em permanente e dinâmica mudança. No domínio da manutenção, as coisas não são diferentes. Felizmente, neste domínio, as tendências de digitalização surgiram há meio século, quando apareceu o primeiro sistema informatizado de gestão da manutenção, respetivamente o primeiro **CMMS** (Computerized Maintenance Management Systems). Um CMMS ajuda a normalizar as operações de manutenção, oferece (principalmente) a possibilidade de os utilizadores controlarem os procedimentos e as práticas e de obterem um relatório do progresso diário no terreno.

8.2. Sistemas informatizados de gestão da manutenção (CMMS)

O CMMS é, essencialmente, um sistema de informação, ou seja, um sistema que utiliza recursos de hardware (máquinas), software (programas e procedimentos) e pessoas (especialistas e utilizadores) que realizam actividades de entrada, processamento, saída, armazenamento e controlo destinadas a converter dados em informação.

Ao longo do tempo, o CMMS desenvolveu-se para responder às necessidades das empresas (que estão em constante crescimento). O primeiro CMMS surgiu em 1965 e funcionava como um lembrete para os técnicos realizarem as actividades diárias.

Por volta de 1980, os departamentos de manutenção da produção detinham uma percentagem de 1-12% da força de trabalho da fábrica. As empresas começaram a investir em tecnologia, o que levou à maior venda de activos do mercado. A geração seguinte de CMMS surgiu a partir de 1980, quando se tornou possível miniaturizar os computadores (devido ao aparecimento de tipos de hardware acessíveis).

Nos anos 90, as empresas puderam personalizar as suas soluções dentro de um CMMS e operar através de uma rede local (LAN) e, pela primeira vez, puderam transmitir rapidamente dados entre computadores. Com esta personalização, surgiu também uma grande variedade de aplicações de software deste género.

No início dos anos 2000, os sistemas CMMS foram adaptados à Internet para que o acesso pudesse ser feito com base num browser em servidores locais. As melhorias deste sistema foram muito grandes, tendo-se tornado muito complexo, podendo moldar-se de acordo com as necessidades do cliente. Devido ao aumento da utilização da Internet, em meados dos anos 2000, os fornecedores de CMMS começaram a oferecer soluções de alojamento Web nos seus próprios servidores. Tornaram-se responsáveis por guardar os dados do sistema, assumindo as funções do departamento de TI.

A última geração de CMMS surgiu há alguns anos, quando foi introduzida a possibilidade de armazenar dados na "nuvem". Este tipo de sistema dá a todos os clientes a oportunidade de acederem à mesma aplicação. Cada utilizador inicia sessão no sistema com uma única conta, tendo acesso a segurança básica, actualizações e outras funcionalidades. Desta forma, os fornecedores podem prestar apoio sem quaisquer falhas no sistema e, por conseguinte, os clientes não necessitam de uma equipa de TI especial. A "computação em nuvem" está a crescer constantemente com a consciencialização dos benefícios que oferece.

Ao longo do tempo, os sistemas integrados de TI para monitorização da manutenção têm vindo a crescer cada vez mais, com muitas empresas a começarem a tomar consciência da sua necessidade. Com a ajuda destes sistemas, as empresas podem controlar mais facilmente os stocks de peças sobresselentes, encontrar a solução mais adequada para as reparações, mas também obter feedback sobre as mesmas, informação que pode ser utilizada para a melhoria contínua do CMMS.

Alguns dos **benefícios actuais** são:

- implantação rápida,

- acesso a partir de dispositivos móveis (telemóvel, etc.),
- relatórios preditivos.

A Figura 65 apresenta um resumo da evolução do CMMS.

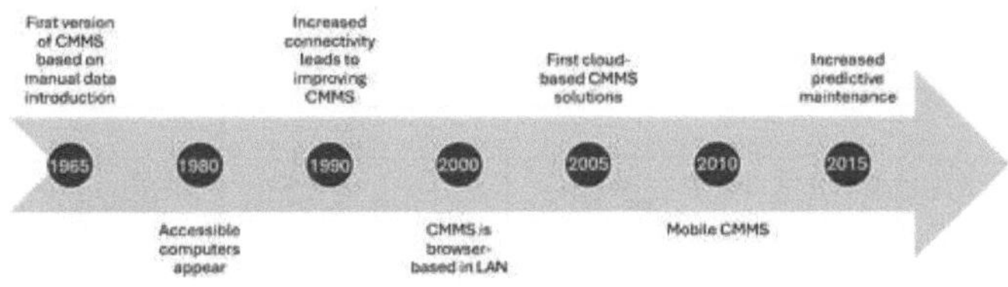

Figura 65Evolução do CMMS

O mercado dos CMMS é muito dinâmico e caracteriza-se pela existência de numerosos fabricantes que oferecem uma vasta gama de produtos, com aplicabilidade geral ou dedicada.

8.3. Exemplo

a) Análise do orçamento de uma empresa

A situação orçamental de uma empresa, para o primeiro trimestre de um ano, é a apresentada (percentagem) no **Quadro 8.1**.

Quadro 8.1 - Orçamento do serviço de manutenção, discriminado por tipos de manutenção [%]

Tipo de actividades de manutenção	Lua			Média mensal	
	janeiro	fevereiro	março	**Deitado**	Realizado
Curativo	31,1	42,4	33,7	**28,5**	35,7
Sistemático	44,4	18,1	45,9	**47,6**	36,1
Condicional	3,7	12,1	4,7	**9,5**	6,8
Subcontratação	13,3	24,2	13,5	**9,5**	17,0
Instrução	7,5	3,2	2,2	**4,9**	4,4

A partir da tabela apresentada, pode-se ver que a orçamentação das actividades de manutenção da empresa é realizada por tipos de actividades de manutenção. Esta forma de compilar o orçamento de manutenção permite uma avaliação rápida das políticas e estratégias de manutenção da empresa analisada. Pode ver-se que a empresa está a tentar mudar o foco das actividades de manutenção corretiva (curativa) para as preventivas, mas a segunda categoria carece de actividades de manutenção preditiva (que podem garantir uma melhoria significativa na manutenção).

Os tipos de actividades orçamentadas mostram que algumas das actividades de manutenção são externalizadas (subcontratadas) e que é dada alguma atenção à formação contínua das pessoas envolvidas nas actividades de manutenção. A execução do orçamento é deficiente, porque os custos das actividades de manutenção curativa realizadas excederam o orçamento atribuído, enquanto para as actividades de manutenção preventiva (sistemática e condicional) os valores previstos não foram alcançados. Além disso, no que se refere à formação do pessoal, verifica-se que o orçamento previsto não foi totalmente utilizado.

b) Apresentação de um CMMS - Maintenance Connection

O CMMS oferece uma série de benefícios, sendo os principais: redução do tempo perdido devido a quedas de máquinas (falhas) durante o funcionamento, aumento da vida útil do equipamento, melhoria do serviço, melhoria do planeamento e da produtividade das actividades de manutenção, manutenção eficiente do equipamento , estabelecimento de padrões de alto desempenho para as actividades de manutenção, otimização dos stocks e redução dos casos em que os stocks acabam em "0".

As principais caraterísticas deste produto de software são:

- Gestão de ordens de trabalho: permite ao utilizador criar e acompanhar ordens de trabalho, melhora o processo através da programação automática de tarefas de trabalho. Inclui também informações importantes, como os dados da pessoa designada, a localização do equipamento, o procedimento de manutenção e os custos.
- Gestão de activos empresariais: Armazena informações sobre os activos da sua organização num único ficheiro online para maior segurança. As opções de filtro e de pesquisa oferecem a possibilidade de aceder a dados arquivados e a futuros calendários de manutenção.
- Gestão do inventário de equipamentos: mede com exatidão as quantidades de equipamentos em funcionamento em cada local. Isto é feito através de códigos de barras, oferecendo também a possibilidade de fazer um inventário rápido dos mesmos para criar os procedimentos para os utensílios necessários à execução da tarefa.

- Manutenção preventiva: criar calendários de manutenção, acompanhar procedimentos, definir actividades de manutenção repetitivas, equilibrar o volume de trabalho (através da criação automática de calendários e do envio de notificações pessoais).

- Manutenção preditiva: identificação de problemas antes de o equipamento falhar. Isto é feito através da análise de dados sobre o equipamento para observar o seu desempenho e utiliza a monitorização com base nas condições de trabalho para acionar alertas, de modo a que o problema seja resolvido antes de ter efeito.

- Relatórios: Partilhe os seus dados com as pessoas que deles necessitam. Oferece a possibilidade de aceder a relatórios de trabalho, estabelecer pontos de referência e descobrir oportunidades para melhorar as operações de manutenção.

- Móvel: dá aos técnicos a possibilidade de criar, completar e atualizar ordens de trabalho a partir de qualquer local de trabalho.

- Segurança: Proteção de dados em todos os pontos de acesso.

A página inicial e o menu de manutenção preventiva, relativos a este CMMS, são apresentados nas Figuras 66 e 67.

Figura 66- Página inicial[1]

[1] https://www.capterra.com/p/12444/Maintenance-Connection/ acedido em 8.06.2018

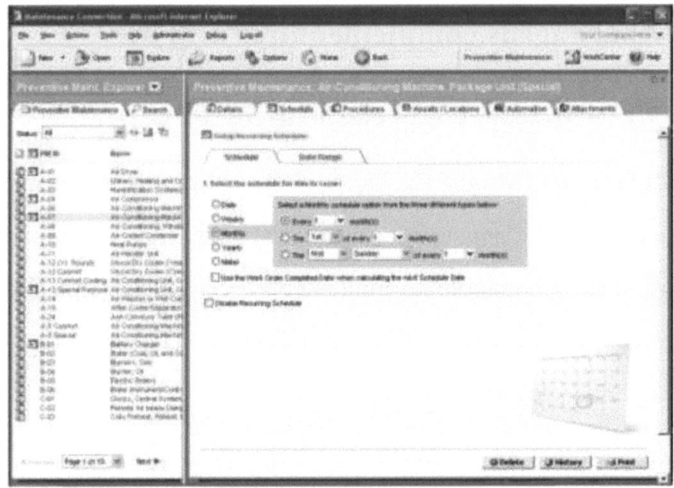

Figura 67Página de manutenção preventiva[2]

Os fornecedores do programa oferecem um teste gratuito para este produto de software por um período fixo de um mês. O preço da licença é calculado com base no número de utilizadores, a partir de $199/mês. São oferecidas licenças mensais ou anuais, consoante as necessidades do cliente. Não é oferecido um kit gratuito para actividades pedagógicas, exceto a demonstração que pode ser acedida por qualquer pessoa através do preenchimento de um formulário.

2 https://www.capterra.com/p/12444/Maintenance-Connection/ acedido em 8.06.2018

9. Abordagens complementares à TPM

9.1. Definições e aspectos teóricos

SMED (Single Minute Exchange of Die = troca de molde num único minuto) é uma técnica utilizada para reduzir o tempo de ajustamento aquando da mudança de produção (lotes de fabrico), de modo a que o aumento da capacidade de produção seja o mais elevado possível.

Single Minute Exchange of Die (SMED) - é, de facto, um método que permite mudar o equipamento de fabrico em menos de 10 minutos (geralmente). Envolve uma série de etapas de análise e métodos de melhoria que permitem reduzir o tempo de mudança de fabrico para menos de 10 minutos.

Assim, SMED refere-se às técnicas através das quais se obtém um tempo de mudança de produção inferior a 10 minutos. O SMED surgiu em 1950 na indústria automóvel, respetivamente na empresa Toyota, sob a orientação de Shigeo Shingo. A atividade económica no Japão foi severamente afetada após a Segunda Guerra Mundial. Em 1947, o Japão foi ajudado pelos americanos a reconstruir a sua indústria, pelo que a produção industrial foi rapidamente restabelecida a uma taxa de 30%. Depois de 1950, o Japão teve o maior desenvolvimento económico do mundo (crescimento entre 5-12%) e, entre 1953-1968, a produção industrial aumentou 21% e as exportações 232%. O Japão tornou-se assim o primeiro no mundo na construção de navios, equipamentos electrónicos e máquinas (automóveis), o que contribuiu para a ascensão do país ao topo das grandes potências económicas, ocupando então o terceiro lugar no mundo.

Neste contexto económico, foi igualmente desenvolvida a técnica SMED, que também desempenhou um papel importante no desenvolvimento da indústria. Esta técnica tem por objetivo fabricar uma vasta gama de produtos, produzindo tudo e a qualquer momento, de modo a que o tempo de mudança da máquina de trabalho seja o mais curto possível. O objetivo desta técnica era reduzir sistematicamente os tempos de mudança de série. Quando falamos de SMED, estamos a falar da modificação de máquinas, retirando estruturas mecânicas ou moldes e substituindo-os por outras estruturas mecânicas ou outros moldes.

Com o tempo, o método SMED passou a designar a mudança rápida de fabrico, independentemente do tipo de equipamento ou de processo em causa. O SMED assegura a mudança rápida, num determinado posto de trabalho, de um tipo de produto para outro ou de um determinado tipo de atividade para outro. O SMED é o método mais conhecido de mudança rápida de fabrico, mas não é o único. Há também uma série de variantes, todas com nomes expressos em inglês: QC/O (Quick Change Over), OTED (One Touch Exchange of Dies - mudança de fabrico com um toque - que diz que a mudança de fabrico pode e deve demorar menos de 100 segundos). Atualmente, a SMED é aplicada em diferentes domínios, não apenas na produção. O SMED permite-nos descobrir exatamente como devemos organizar o nosso trabalho, para que seja mais fácil passar do que fazemos atualmente para a tarefa de trabalho seguinte e para que a duração da transição seja mínima.

Muitas empresas reconhecem a importância de obter o mínimo de "tempo de inatividade" durante a mudança de um carro, razão pela qual criaram sistemas completos para efetuar a mudança e ajustá-los muito rapidamente. Ultimamente, cada vez mais fabricantes começaram a implementar sistemas SMED para mudar rapidamente o seu equipamento tecnológico. Este conceito é particularmente vantajoso porque permite que o sistema de fabrico se adapte rapidamente às alterações de conceção, engenharia, etc., com custos muito baixos. Além disso, o SMED permite um melhor funcionamento das máquinas, resultando numa maior produtividade. As principais actividades que realizou para implementar com sucesso o método SMED são apresentadas na Figura 68.

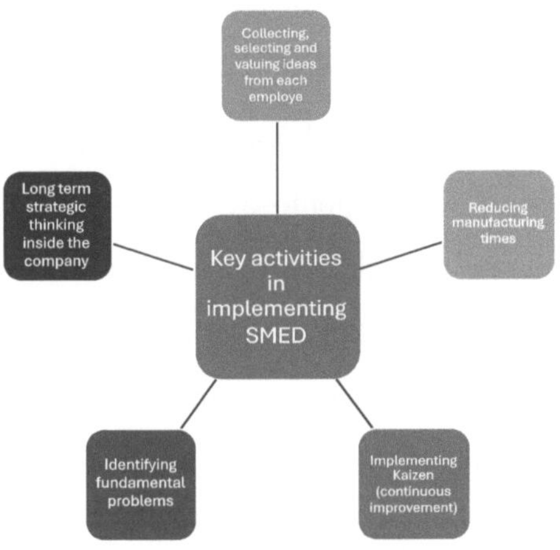

Figura 68Actividades-chave na implementação da SMED

A técnica SMED teve origem numa altura em que a economia japonesa estava a demonstrar o seu papel central nas mudanças de séries de produtos e na flexibilidade industrial global. A dinâmica SMED permite acelerar o fabrico, permitindo às empresas produzir "tudo e em qualquer altura". A implementação do SMED resulta na redução dos tempos de mudança de série de fabrico, a fim de alcançar a maior flexibilidade industrial global possível.

O tempo de mudança de fabrico é o tempo que decorre entre a última peça boa fabricada na série anterior e a primeira peça boa fabricada na série seguinte. Uma ação SMED consiste em identificar de forma ordenada as operações necessárias à mudança de série de fabrico e propor novas soluções para a sua conversão, reduzindo o seu tempo de execução ou mesmo eliminando-as. Para obter progressos significativos, uma ação SMED é realizada ao longo de vários meses, por vezes mesmo ao longo de um ano. O ponto de partida é o envolvimento estratégico dos gestores da empresa e o importante é que todos os actores relevantes estejam envolvidos no processo. Os operadores têm um conhecimento "íntimo" dos processos, das máquinas-ferramentas utilizadas e, em geral, dos locais de trabalho. Se a informação inicial for insuficiente, existe o risco de fracasso de qualquer projeto SMED. Os objectivos de um projeto SMED estão resumidos na Figura 69.

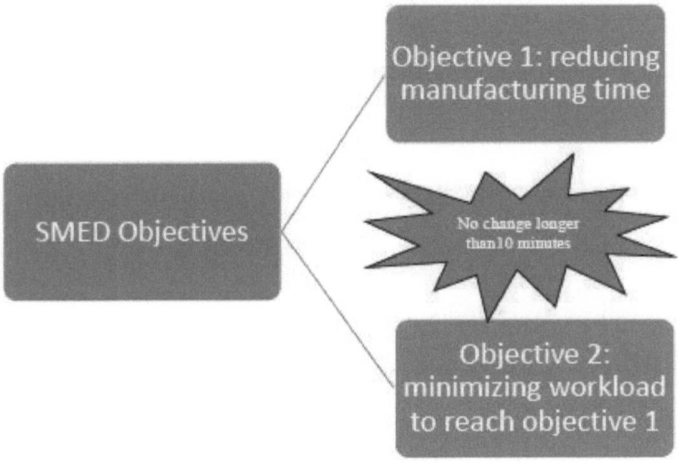

Figura 69Objectivos da SMED

Shigeo Shingo, o criador do SMED, melhorou os tempos de preparação necessários para lançar um lote de fabrico até 97% (o que é um grande feito).

A aplicação do método SMED tem como ponto de partida a análise da situação existente, com a pergunta "para quê?", com o objetivo de escolher o sector que requer a melhoria mais urgente. De seguida, aplica-se a metodologia de redução do tempo de mudança para responder à questão "como?", passando pelas seguintes etapas:

- Fase 0: Observação de cada operação separadamente, a fim de determinar com a maior exatidão possível os tempos necessários para a execução de cada operação;

- Fase I: Separação das operações internas e externas;
- Fase II: Transformação, tanto quanto possível, das operações internas em operações externas;
- Fase III: Racionalização dos ajustamentos para a transição para a nova série de produção.

Ao aplicar o método, o objetivo é reduzir as operações internas ao mínimo necessário, reduzindo ao mesmo tempo o tempo de paragem, através da mudança de operações internas para operações externas, que podem ser realizadas sem necessidade de parar o processo de produção.

Essencialmente, o objetivo é reduzir consideravelmente o tempo de mudança (fig. 70), separando as operações internas (que afectam/aumentam o tempo do processo) das externas (que podem ser executadas fora do processo e não influenciam o tempo do processo), seguindo-se a transformação das operações internas em operações externas (que são executadas enquanto a máquina está em funcionamento), a que se junta uma abordagem permanente para melhorar as acções de formação (internas e externas) e para realizar operações em paralelo (fig. 71).

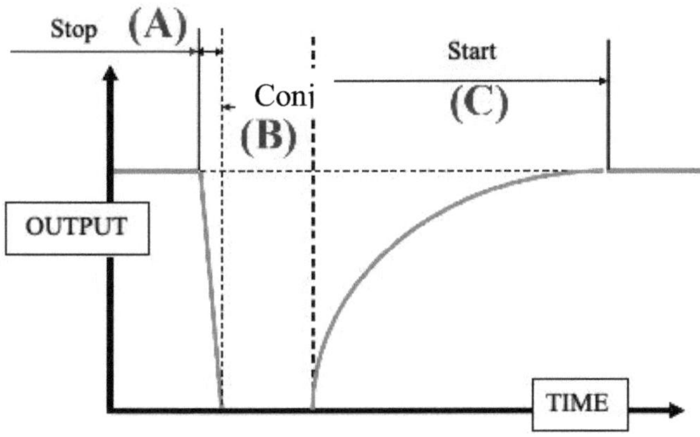

Figura 70Tempo de mudança

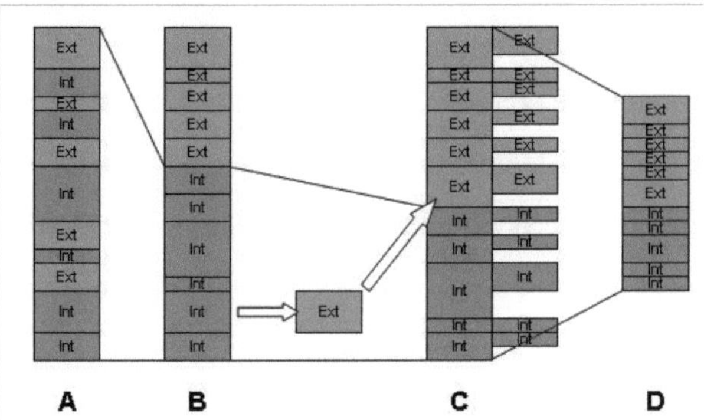

Figura 71Conversão de operações internas em operações externas

Com base nestes princípios, o tempo para alterar a produção pode ser consideravelmente reduzido (Fig. 72), reduzindo assim as perdas e aumentando o lucro.

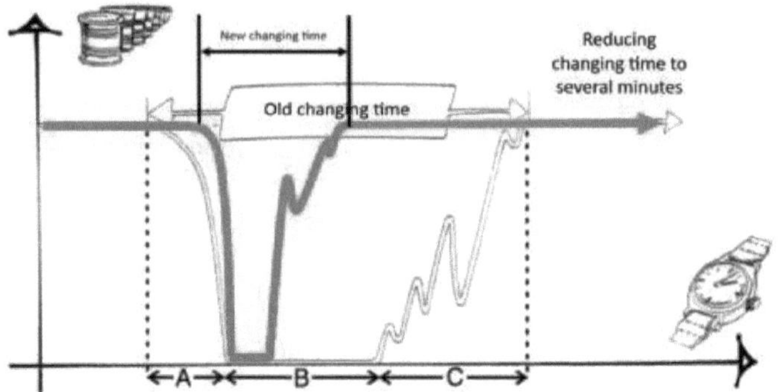

Figura 72Redução do tempo de mudança

Para o sucesso da abordagem, é necessário partir de uma análise cuidadosa das operações específicas da mudança de produção que se pretende melhorar. Todas as operações, a sua sequência e o tempo em que são efectuadas devem ser anotados. Para cada operação, a medição do tempo deve ser efectuada várias vezes, de modo a determinar objetivamente a sua duração. É também necessário comunicar eficazmente com as pessoas envolvidas e controlar permanentemente a implementação das melhorias efectuadas.

O 5S é uma técnica (metodologia) que, em muitos casos, é combinada com a metodologia SMED, para que esta seja implementada com sucesso. Em muitos casos e em muitas áreas, só com a aplicação dos 5S se obtêm melhorias espectaculares para algumas situações que causam prejuízos às empresas.

O termo 5S deriva de cinco palavras japonesas: Seiri (organização, eliminação de coisas desnecessárias), Seiton (ordem, metodologia), Seisso (inspeção, controlo), Seiketsu (limpeza), Shithsuke (disciplina, educação moral, respeito pelos outros). As traduções das cinco palavras foram adaptadas conforme necessário. Por exemplo, para a aplicação da técnica no domínio da organização do espaço de trabalho: os 5S são designados da seguinte forma:

1. Seiri - Seleção

   - separar o necessário do desnecessário;

2. Seiton - Triagem

   - ter tudo à mão;

3. Seisso - Limpeza

   - limpeza no local de trabalho e nas suas imediações;

4. Seiketsu - Normalização

   - a desarrumação e os objectos desnecessários são sistematicamente evitados;

5. Shithsuke - Melhoria contínua

   - os primeiros 4 passos são respeitados, melhorando continuamente a situação.

Os principais benefícios que a técnica dos 5S pode trazer numa empresa (mas que são aplicáveis, com as necessárias adaptações, mesmo na vida quotidiana) são os seguintes

- Reduzir o tempo de pesquisa - com todos os objectos classificados e ordenados, será mais fácil localizá-los e, quando um objeto for necessário, saber-se-á exatamente onde deve ser levado. (por exemplo: o tempo de reação a um pedido telefónico de um cliente depende do tempo necessário para encontrar a informação necessária);
- Facilita os processos de trabalho - os processos são realizados muito mais facilmente, porque o tempo de paragem e/ou preparação das máquinas é muito mais curto (por exemplo: uma máquina de trabalhar madeira requer a mudança de ferramentas de um produto para outro; isto é muito mais fácil de fazer se as ferramentas e as chaves necessárias para as mudar estiverem ao alcance do operador);
- Reduz a possibilidade de acidentes - a limpeza e a ordem do local de trabalho reduzirão o risco de tropeçar, escorregar e bater em vários objectos mal colocados ou deixados ao acaso;

- Reduz o volume de resíduos - mantendo-se a ordem, é muito mais fácil detetar os materiais que já não são utilizados, que podem ser recuperados ou deitados fora;
- Aumento da credibilidade junto do cliente - em caso de visita de um cliente, ou potencial cliente (em secretarias, salas de receção, salas de conferência, salas de produção, etc.), a ordem observada pelo cliente contribui para melhorar a imagem da empresa aos seus olhos. Este pode ser um importante fator de decisão para o cliente na escolha do fornecedor;
- Condições de trabalho muito mais agradáveis - os trabalhadores vêm trabalhar com mais vontade se tiverem todas as condições necessárias para realizar a atividade nas melhores condições;
- Identificação mais rápida de problemas - estando as máquinas limpas, uma fuga de líquido ou um sinal de desgaste podem ser detectados muito mais facilmente. Ao mesmo tempo, os processos bem definidos (e expostos à vista de todos) podem ser seguidos com mais rigor e os problemas podem ser facilmente detectados na fase inicial (ou mesmo completamente evitados).

A Figura 73 mostra imagens relevantes que evidenciam os efeitos das melhorias introduzidas pela aplicação da técnica 5S em dois exemplos de melhorias no trabalho (num armazém e num escritório).

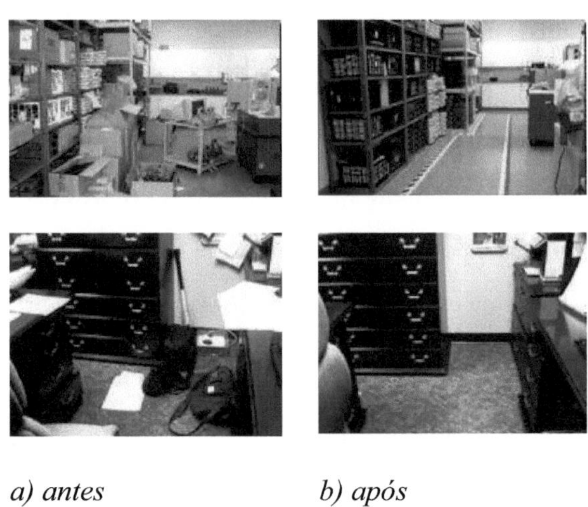

a) antes *b) após*

Figura 73- Exemplos de aplicações 5S

Ultimamente, o 5S transformou-se em 6S, introduzindo um novo termo - Safety, que se refere à segurança das pessoas no local de trabalho (utilização de equipamento adequado e devidamente sinalizado, utilização de equipamento de proteção, manutenção das vias de circulação devidamente sinalizadas e sem coisas desnecessárias, etc.).

Infelizmente, são muito poucas as empresas no nosso país que atingiram um padrão 5S completo, parando a maior parte delas algures nos 3S. No entanto, verifica-se um aumento do interesse das pessoas (especialmente dos gestores) por esta técnica (mas também por outras técnicas japonesas) e uma tendência dos empregadores para controlarem o grau de arrumação dos seus empregados. Por isso, é expetável que haja um aumento do número de empresas que implementarão integralmente os 5S. Assim, é possível que, num futuro próximo, as pessoas se tornem mais ordeiras e disciplinadas, e que vivam em apartamentos, casas e lares muito mais limpos e arrumados.

Um componente essencial de um programa de melhoria (TQM, Lean Manufacturing, TPM, etc.) é muitas vezes negligenciado, nomeadamente a manutenção adequada do equipamento de produção. Um fluxo de produção contínuo (um dos principais objectivos do Lean Manufacturing) não permitirá tempos de paragem não planeados do equipamento, o chamado "down-time" (tempo de "queda" ou falha). A TPM (Manutenção Produtiva Total), ou em romeno MPT (Manutenção Produtiva Total), é um método de melhoria benéfico a ser implementado para garantir as pré-condições para a criação de um fluxo de produção contínuo.

O TQM, o Lean Manufacturing e o TPM, embora sejam conceitos teóricos bem delineados e distintos, reivindicam e operam frequentemente com algumas ferramentas comuns, que - embora as matizem de forma diferente - utilizam sem modificar a sua essência. Estes instrumentos de ação comuns incluem também o EMS, o 5S e o OEE.

A TQM (Gestão da Qualidade Total) pode ser definida como uma estratégia de gestão que tem por objetivo integrar a qualidade em todos os processos da organização. A TQM baseia-se na participação de todos os membros da organização e tem como objetivo o sucesso a longo prazo da organização através da satisfação do cliente, bem como benefícios para todos os membros da organização e para a sociedade. Para tal, a TQM combina os princípios promovidos por William Edwards Deming e Joseph Moses Juran sobre o controlo estatístico dos processos e os processos de resolução de problemas em grupo com os valores japoneses de qualidade e melhoria contínua.

O Lean Manufacturing tem como objetivo racionalizar os processos de produção e é uma das filosofias de gestão mais influentes, sendo utilizada por organizações de todos os ramos industriais. O Lean Manufacturing (o termo foi usado pela primeira vez por John Krafcik) ou produção a custos mínimos, envolve a máxima flexibilidade e capacidade de resposta às flutuações da procura e a eliminação de desperdícios (perdas) dentro da organização. Tal como a TQM, o Lean

Manufacturing também se baseia nos valores japoneses de qualidade e melhoria contínua (Kaizen), que derivam maioritariamente do Sistema de Produção Toyota (TPS).

6σ - Seis Sigma (sigma - σ - representa o desvio padrão em estatística) é uma metodologia de gestão que tem como objetivo aumentar a qualidade dos produtos, determinando e eliminando as causas dos defeitos/raspas e a variabilidade dos processos de fabrico, de forma a garantir a satisfação dos clientes. O Six Sigma (iniciado pela empresa Motorola) utiliza uma metodologia que fornece às organizações as ferramentas necessárias (algumas específicas do TQM e/ou Lean Manufacturing, e outras novas) para melhorar a capacidade dos seus processos, aumentar o desempenho do negócio e reduzir a variação nos resultados dos processos. O resultado é uma redução considerável dos desperdícios/defeitos, um aumento dos lucros, uma melhoria da qualidade dos produtos e uma maior satisfação dos empregados.

O Lean 6σ combina harmoniosamente o Lean Manufacturing e o 6σ numa abordagem sistemática para melhorar o desempenho das empresas, reduzindo as perdas e a variabilidade dos processos. O Lean Six Sigma não só reduz os defeitos e o refugo do processo, como também fornece uma estrutura para a mudança geral da cultura organizacional.

Com a introdução do Lean Six Sigma, a mentalidade dos empregados e dos gestores muda para uma mentalidade centrada no crescimento e na melhoria contínuos, ambos alcançados através da otimização de todos os processos (não apenas os de fabrico). Esta mudança na cultura e mentalidade de uma organização maximiza a sua eficiência e aumenta consideravelmente a rentabilidade das empresas.

A TPM (Total Productive Maintenance) é um sistema de gestão da manutenção que visa eliminar e prevenir perdas operacionais. O TMP tem como objetivo explorar os activos físicos de todas as organizações com o máximo de lucro, através do envolvimento responsável e competente de todos os colaboradores na redução dos seus custos operacionais.

A TPM tem as seguintes vantagens:

- Aumentar o OEE - Overall Equipment Effectiveness, através da utilização constante de actividades de melhoria contínua;
- a criação de um programa de manutenção autónomo, realizado pelos operadores dos equipamentos;
- implementação de um sistema planeado de manutenção/manutenção do equipamento;

- operadores formados em matéria de manutenção dos equipamentos de produção (auto-manutenção);
- a criação de um sistema de prevenção de quedas que tenha em conta os conceitos de TPM desde a fase de aquisição do equipamento

Um dos principais objectivos do TPM é eliminar as 6 principais perdas definidas no Lean Manufacturing, TPM e OEE como:

- Perdas de tempo de inatividade;
- Perdas com o ajustamento e a regulação das máquinas;
- Perdas devidas a pequenas paragens;
- Perdas de velocidade (devido a abrandamentos);
- Perdas devidas à má qualidade e ao retrabalho/retrabalho;
- Perdas iniciais (de arranque), desde o tempo decorrido entre o arranque do equipamento e a produção estável, à velocidade de trabalho normal.

O OEE (Overall Equipment Effectiveness), traduzido como Eficácia Global do Equipamento, é um indicador chave na determinação do desempenho relacionado com o funcionamento dos equipamentos e máquinas industriais. O

OEE evidencia quanto se perde da capacidade total instalada do respetivo equipamento industrial, estando tudo relacionado com as 6 grandes perdas acima referidas.

De facto, o OEE mede a eficácia dos equipamentos em termos de disponibilidade (A), desempenho (P) e qualidade (Q) dos produtos. Depois de calculados os factores acima referidos para cada equipamento industrial, as equipas de melhoria determinam as perdas que têm maior impacto na eficiência do equipamento e, consequentemente, segue-se a priorização dos esforços de melhoria.

A eficiência é importante, tanto na forma como os colaboradores trabalham como no funcionamento dos equipamentos. O acompanhamento dos indicadores operacionais é uma necessidade para qualquer empresa transformadora, a fim de apoiar a competitividade no mercado. As empresas transformadoras investem enormes quantias em equipamentos de produção e operá-los em parâmetros óptimos é crucial. No entanto, a monitorização da eficiência deste equipamento não é possível sem a utilização de indicadores relevantes e mensuráveis. Um desses indicadores é o OEE (Overall Equipment Effectiveness), que permite às empresas medir a eficiência do equipamento de produção.

Um primeiro passo importante de uma análise de eficiência de equipamento é o cálculo do indicador OEE. O valor do OEE, calculado para os equipamentos em funcionamento, pode ser comparado com os seus valores óptimos de funcionamento e representa o ponto de partida para a validação dos projectos de melhoria contínua levados a cabo na empresa.

Um segundo passo importante é a recolha regular de dados sobre o funcionamento dos equipamentos industriais detidos pelas empresas. Esta atividade permite a geração de relatórios que ajudam a identificar as causas que afectam a eficiência do equipamento (a magnitude de cada causa, tanto a nível operacional como financeiro).

Um terceiro passo importante é iniciar projectos de melhoria contínua utilizando métodos como, por exemplo, Six Sigma (6σ) ou Lean Six Sigma. Utilizando os dados recolhidos, as causas que impedem a utilização do equipamento em parâmetros óptimos são analisadas em pormenor, são estabelecidas soluções de otimização e é feita a sua implementação óptima (de um ponto de vista financeiro).

Para a recolha e tratamento de dados, respetivamente para o cálculo e monitorização contínua do indicador OEE, a fim de assegurar a sua melhoria (ou manter o OEE dentro de certos limites), podem ser utilizadas aplicações de software dedicadas ou integradas em produtos de software mais complexos, como o Sistema de Gestão da Manutenção Computadorizado (CMMS) - também conhecido como Sistema de Informação de Gestão da Manutenção Computadorizado (CMMIS), Gestão de Activos Empresariais (EAM) ou Planeamento de Recursos Empresariais (ERP).

O OEE mostra, de forma tangível, os benefícios de uma manutenção produtiva e proactiva dos equipamentos de produção. Este indicador mostra tanto a eficácia do equipamento em utilização como o seu potencial de melhoria. Três categorias de perdas são tidas em conta no cálculo do OEE:

- Perda de tempo - perda de tempo;
- Perda de velocidade - perdas de velocidade;
- Perda de qualidade.

Cada um destes valores é normalmente expresso em percentagem e multiplicado para obter o valor OEE (também expresso em percentagem).

O objetivo do cálculo do OEE é fornecer um valor único (um indicador-chave único) para medir e comparar a eficiência com que um equipamento industrial é utilizado. Ao mesmo tempo, o OEE fornece informações sobre os factores que influenciam a eficácia do equipamento (desempenho, disponibilidade e qualidade).

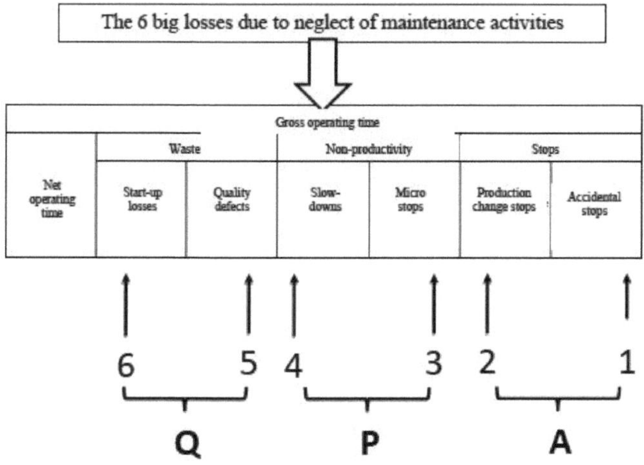

Figura 74*Correlação entre o OEE e as 6 perdas*

O OEE representa a eficiência com que o tempo, a capacidade de produção e a qualidade são utilizados nos processos de fabrico (Figura 74) e é calculado através da relação:

$$OEE = Disponibilidade\ (A) \times Desempenho\ (P) \times Qualidade\ (Q) \qquad (9.1)$$

Se tivermos em conta o fator de planeamento (Pf), definido com a relação:

Pf = (tempo planeado - paragens planeadas) / tempo planeado , (9.2)

então o OEE total pode ser definido com a relação:

OEE total = OEE x Pf . (9.3)

O coeficiente de utilização de um equipamento, designado por U, pode ser definido relacionando o tempo de produção planeado com o tempo total disponível para a produção:

U = (tempo de produção planeado) / (todo o tempo disponível) , (9.4)

em relação ao qual o desempenho efetivo total do equipamento (TEEP) pode ser determinado pela relação:

TEEP = OEE x U . (9.5)

Para qualquer empresa, o desempenho do funcionamento das máquinas é crucial em termos do desempenho económico global da empresa. Quer se trate de máquinas de maquinagem CNC ou de máquinas que automatizam o processo de trabalho (máquinas de triagem, aplicadoras de adesivos, etc.) ou que ajudam a realizar as operações que são repetitivas, é importante que estejam disponíveis e funcionais 24 horas por dia, para garantir que as actividades são realizadas sem problemas e sem atrasos. Mas estas máquinas também precisam de "cuidados" periódicos, nomeadamente de manutenção periódica planeada (preventiva e proactiva), para que possam trabalhar sem problemas. De facto, qualquer máquina "anuncia" um futuro problema, quer visualmente, quer acusticamente, quer mecanicamente (fig. 74). Por isso, as empresas só precisam de ser capazes de identificar todos os problemas a tempo, de modo a não causar estrangulamentos no processo de produção e a monitorizar o desempenho das máquinas (fig. 76).

Figura 75*Realçar o estado e o desempenho de uma máquina*

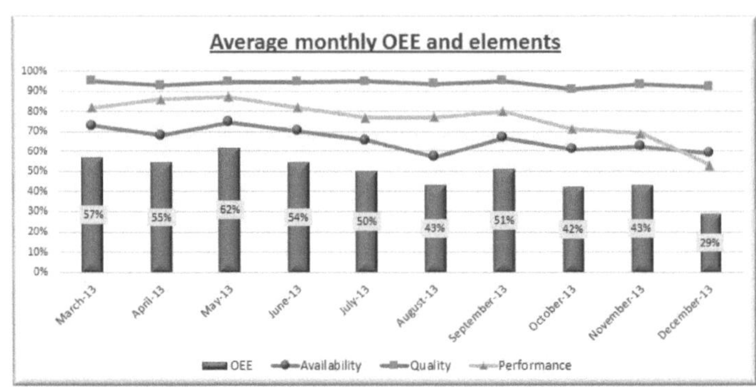

Figura 76*Monitorização OEE*

O quadro 9.1 mostra uma correlação entre as seis principais perdas de manutenção e o indicador OEE, e destaca algumas ferramentas e técnicas de manutenção que podem reduzir essas perdas.

Tabela 9.1 - Correlação entre o OEE e as 6 principais perdas. Técnicas de manutenção que reduzem as perdas

OEE	As 6 derrotas	Descrição	Técnicas de manutenção que reduzem as perdas
A=Disponibilidade	Encerramentos acidentais	avarias acidentais de máquinas que provocam paragens superiores a 10 minutos	Manutenção baseada na fiabilidade; Poka-Yoke
	Tempo de modificação	o tempo perdido na adaptação da	SMED (Single-Minute Exchange of

	da produção	linha a outro tipo de produto	Die); 5S; Formações; Bom planeamento
P=Desempenho	Micro-paragens	que não funciona no tempo de ciclo ideal devido a desgaste ou manutenção deficiente	Manutenção preventiva
	Abrandamento	Paragens inferiores a 10 minutos causadas por sensores presos ou sujos	Cursos de formação do pessoal; Treinamentos
Q=Qualidade	Defeitos de qualidade	processo rejeitado que exige retrabalho ou refugo	Poka-Yoke; 6 Sigma
	Perdas no arranque	o tempo que uma máquina demora a atingir um processo estável após uma alteração ou quando a máquina arranca	Lean 6 Sigma TPM

9.2. Exemplo

a) Implementação do 6S num laboratório didático

Num laboratório didático de sistemas de produção industrial, propriedade de uma faculdade de engenharia em Espanha, o objetivo era melhorar a atividade através da implementação do 6S (5S +1, respetivamente 5S habitual + Segurança).

A base da abordagem foi uma auditoria 6S baseada no questionário apresentado na Figura 77. Após a auditoria, verificou-se que, em termos de segurança, a situação era a melhor possível. Os maiores problemas estavam relacionados com a limpeza do laboratório (Shine), que obteve a pontuação mais baixa (75).

Outro domínio crítico é o da ordenação (Sort), para o qual foram obtidos 82 pontos. Para os outros critérios (ordenação e normalização), as pontuações foram idênticas (88) e próximas do valor mais elevado resultante da auditoria (90).

O resultado da auditoria mostrou que a situação existente no laboratório (no momento da auditoria) admite grandes melhorias. Além disso, com base nas pontuações obtidas na auditoria, foi possível estabelecer as prioridades de ação (sendo a prioridade de ação inversamente proporcional às pontuações obtidas).

O principal objetivo era aumentar o âmbito da metodologia 5S para responder às necessidades de saúde e segurança no trabalho das máquinas necessárias para otimizar os processos de produção. É importante referir que todas as empresas devem garantir que os seus colaboradores utilizam equipamentos de proteção individual nos seus postos de trabalho. É necessário que as empresas encontrem soluções de proteção adequadas, através das quais reduzam (devidamente) ou eliminem os riscos para a segurança e saúde dos trabalhadores, que não possam ser prevenidos ou suficientemente limitados pela utilização de meios de proteção colectiva ou pela adoção de medidas específicas de organização do trabalho. Devido às razões acima referidas, foi decidido aplicar o método 6S em vez do método 5S.

A implementação do 6S foi efectuada numa área piloto do laboratório (fig. 78), destinada ao estudo da deformação plástica e dos processos de corte de chapa. Até então, não havia planos de implementação de instrumentos de 5S ou 6S no laboratório. Dado que os riscos de segurança a que os operadores (alunos) estão expostos são elevados, a implementação conduziu à obtenção de resultados adequados, que demonstram o sucesso da implementação da metodologia 6S (que garante a evolução para o objetivo de zero acidentes de trabalho).

AUDIT 6S	Work area: Press Date: 23/07/2018	Team: M.A., M.J.	COMILLAS

		Compliance (Excellent, good, normal, regular, bad)				
		E(4)	G(3)	N(2)	R(1)	B(0)
Sort	Trash items are removed		X			
	There are no unnecessary items	X				
	The "red tag area" is reviewed and managed according to established periodicity	X				
	Updated documents of this phase are available			X		
	Phase score (Points X 100/16)				82 (A)	
Set in order	Materials and items have a clear location	X				
	Materials and items are in their location	X				
	Everything is located in the correct location	X				
	The materials that must be moved are on wheels		X			
	The FIFO system is applied in the pilot area	X				
	Updated documents of this phase are available			X		
	Phase score (Points X 100/24)				88 (B)	
Shine	The sources of dirt are identified and controlled	X				
	No hard to clean places				X	
	The patches are identified and under control	X				
	The defective or damaged material is identified	X				
	Updated documents of this phase are available			X		
	Phase score (Points X 100/20)				75 (C)	
Safety	Items have all the necessary protections	X				
	The protections work properly	X				
	All necessary PPE are in good condition	X				
	Operators use the PPE assigned to the work area	X				
	The non-conformities have been identified and controlled		X			
	Updated documents of this phase are available		X			
	Phase score (Points X 100/20)				90 (D)	
Standardize	Materials are in normal ranges		X			
	All signposted elements are correctly located	X				
	The maximum and minimum permitted are set	X				
	Updated documents of this phase are available		X			
	Phase score (Points X 100/16)				88 (E)	
Sustain	Audits have been planned	X				
	Audits have been conducted as planned	X				
	Corrective actions of deviations are executed		X			
	Updated documents of this phase are available		X			
	6S panel is "alive"			X		
	Phase score (Points X 100/20)				80 (F)	
	TOTAL SCORE (A+B+C+D+E+F) / 6				83	

OTHER INDICATORS OF AUDIT

Nº new items not necessary	
Nº items out of place	
Nº items without location	

Nº items without identification	
Nº new sources of dirt	
Nº new patches or damaged material	

Figura 77*Questionário para a auditoria 6S*

Figura 78- *Resultados da implementação dos 6S*

(b) Cálculo e interpretação do OEE

Para exemplificar o cálculo do OEE, considere o caso em que a eficiência e o desempenho de uma máquina de produção foram monitorizados durante um turno de oito horas. Na prática, existem várias categorias de tempos não produtivos (pausa para refeição, ajustes, trazer e verificar as ferramentas necessárias para a máquina , posicionar o material no dispositivo, carregar o programa de controlo, etc.) que podem ser consideravelmente reduzidos ou mesmo eliminados.

A máquina em questão funciona numa fábrica onde o trabalho é efectuado diariamente em três turnos de oito horas por turno. Num turno de oito horas, há três pausas de dez minutos e uma pausa de trinta minutos para almoço.

Após monitorização do equipamento por um período de 8 horas, verificou-se que o tempo necessário para a configuração era de 25 minutos, o tempo de espera era de 91 minutos e o tempo de ciclo de fabrico ideal é de uma peça por 62 segundos/peça. No turno em que foi efectuada a monitorização, foram produzidas um total de 295 peças, das quais apenas 292 peças foram boas, dado que o objetivo imposto (volume de produção previsto para a troca considerada) é de 410 peças/troca. A situação descrita anteriormente encontra-se resumida na Tabela 9.2.

Tabela 9.2 - Dados monitorizados

	Dados que descrevem a situação	Valores	Fórmula de cálculo
1	Duração do intercâmbio	480	

2	Intervalos	60	
3	Tempo de configuração (mudança de direção)	25	
4	Tempo de inatividade	91	
5	Tempo Produtivo Eficaz	304	= (1)-(2)-(3)-(4)
6	Tempo produtivo teórico	420	= (1)-(2) = (3)+(4)+(5)
7	Tempo de ciclo ideal	1 faixa por 62 segundos	
8	Total de peças produzidas	295	= (5)x60sec/(7)
9	Total de peças boas (em conformidade)	292	

10	Sucata	3	= (8)-(9)
11	Objetivo imposto	410	

Com base nos dados monitorizados, podem ser efectuados os seguintes cálculos:

A = Disponibilidade [%]= $\frac{Effective\ productive\ time}{Theoretical\ productive\ time} \cdot 100$

Availability = $\frac{480-60-25-91}{480-60} \cdot 100$ = A = 0.7238100 = 72.38%·

P = Desempenho= $\frac{Total\ parts\ produced}{Imposed\ target}$ .100 [%]

P =Performance = $\frac{295}{410} \cdot 100 = 0{,}7195 \cdot 100 = 71{,}95\%$

$Q = Quality = \frac{Total\ good\ parts}{Total\ produced\ parts} \cdot 100$ [%]

Quality = $\frac{292}{295} \cdot 100$ =Q = 0.9898· $100 = 98{,}98\%$

OEE= A x P x Q [%]

OEE = 0,7238· $0{,}7195 \cdot 0{,}9898 \cdot 100 = 51{,}54\%$

O rácio entre o tempo total de produção da máquina e o tempo total teórico de funcionamento expressa a disponibilidade da máquina - 72,38%. O objetivo imposto é de 410 peças, aproximadamente uma peça a cada 62 segundos, mas apenas 295 peças foram produzidas, sendo o desempenho de 71,95%. Do total de peças produzidas, 3 são sucatas, o que significa uma qualidade de 98,98%.

De acordo com os cálculos, o OEE é de cerca de 52%, o que revela que há margem para melhorias. Por conseguinte, numa tentativa de maximizar o tempo produtivo total e melhorar o indicador OEE, devem ser encontradas soluções para reduzir os tempos não produtivos e eliminar os desperdícios.

Considerando que o tempo de paragem não planeado é o mais longo, pode propor-se que se tente reduzir este tempo através de um planeamento mais rigoroso da manutenção preventiva. Se, por exemplo, for possível reduzir o tempo de paragem em 15 minutos e conseguir o mesmo número de sucatas por turno, é possível prever os efeitos da melhoria no tempo real de produção, aumentando assim também o número total de peças produzidas (ver Quadro 9.2).

Quadro 9.2 - Dados previsionais

	Dados que descrevem a situação	Valores	Fórmula de cálculo

1	Duração do intercâmbio	480	
2	Intervalos	60	
3	Tempo de configuração (mudança de direção)	25	
4	Tempo de inatividade	76	
5	Tempo Produtivo Eficaz	319	= (1)-(2)-(3)-(4)
6	Tempo produtivo teórico	420	= (1)-(2) =(3)+(4)+(5)
7	Tempo de ciclo ideal	1 faixa por 62 segundos	
8	Total de peças produzidas	308	= (5)x60sec/(7)

9	Total de peças boas (em conformidade)	305	
10	Sucata	3	= (8)-(9)
11	Objetivo imposto	410	

Para o exemplo proposto, os cálculos que conduzem ao novo valor OEE são os seguintes

A = Disponibilidade [%]= $\frac{Effective\ productive\ time}{Theoretic\ productive\ time} \cdot 100$

Availability = $\frac{480-60-25-76}{480-60} \cdot 100$ = 0.7595100 = 75.95%·

P = Desempenho [%]= $\frac{Total\ parts\ produced}{Imposed\ target} \cdot 100$

Performance = $\frac{308}{410} \cdot 100$ =0,7512$\cdot 100 = 75{,}12\%$

Q = Qualidade [%] = $\frac{Total\ good\ parts}{Total\ produced\ parts} \cdot 100$

Quality = $\frac{305}{308} \cdot 100$ = 0.9903$\cdot 100 = 99{,}03\%$

OEE= A x P x Q [%]

OEE = 0,7595$\cdot$ 0,7512 $\cdot$ 0,9903 $\cdot$ 100 = 56,5%

Isto resultou num aumento de quase 5% no valor do OEE (fig. 9.10), o que terá um impacto positivo no desempenho económico da empresa

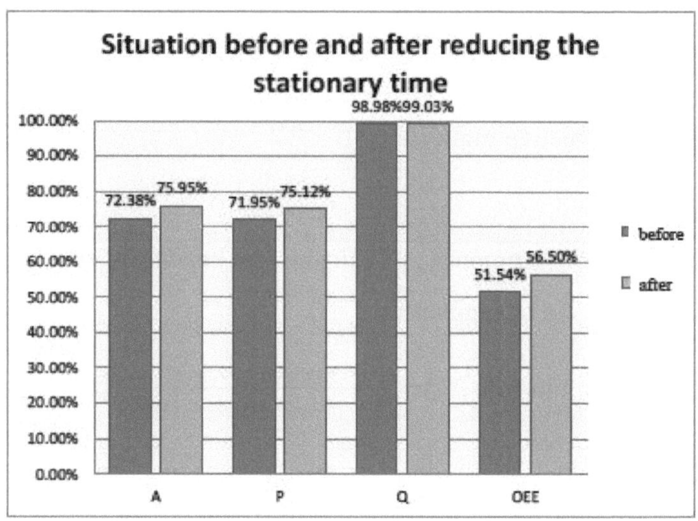

Figura 79- *Melhorar o OEE*

9.3. TPM Hoje

Atualmente, a MPT da Manutenção Produtiva Total (TPM) é definida pelos 8 pilares apresentados na figura 80.

1. Manutenção autónoma

No trabalho autónomo de manutenção, o operador executa tarefas como a limpeza, a lubrificação e a inspeção diária do equipamento para evitar avarias e desgaste.

As principais vantagens da manutenção autónoma são

- Identificação de problemas antes de se tornarem defeitos no equipamento.
- Melhorar as competências/conhecimentos dos operadores sobre o equipamento.
- Reduzir as falhas não planeadas do equipamento.
- Aumentar a vida útil e o desempenho do equipamento.

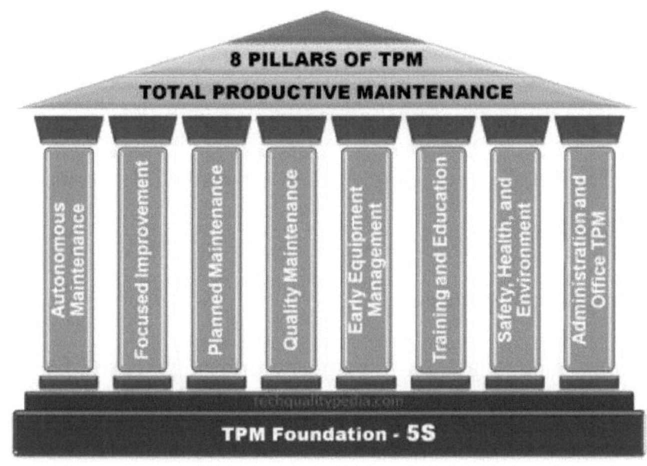

Figura 80*Os 8 pilares da TPM*

2. Melhoria focalizada

No âmbito deste pilar, pequenos grupos de operadores e pessoas do departamento técnico trabalham em conjunto de forma proactiva para se concentrarem em perdas específicas no funcionamento do equipamento e implementarem medidas corretivas para reduzir ou eliminar essas perdas.

Os principais benefícios do melhoramento concentrado:

- Fornece métodos adequados para identificar perdas e aumentar a produtividade.
- Os problemas repetidos e importantes são identificados e corrigidos.
- Melhoria contínua através do envolvimento das pessoas e da utilização dos conhecimentos de todos.
- Facilidade de deteção e correção de danos no equipamento.

3. Manutenção planeada

A manutenção planeada é representada pelas actividades de manutenção programadas e realizadas pelo pessoal de manutenção, a fim de eliminar perdas e aumentar a OEE (Overall Equipment Effectiveness). A frequência da manutenção preventiva é determinada com base nas taxas previstas ou nas taxas de falhas anteriores.

As principais vantagens da manutenção planeada:

- Reduz significativamente o tempo de inatividade não planeado e as perdas.
- Análise do porquê dos insucessos para evitar a recorrência.
- Melhora a gestão de peças propensas ao desgaste e à falha, levando a uma redução do inventário.
- Prevenção de falhas repetidas e graves.
- Substituição imediata de peças suspeitas ou desgastadas para evitar falhas não planeadas do equipamento.

4. Manutenção da qualidade

A manutenção da qualidade baseia-se na inclusão da deteção e prevenção de erros nos processos de fabrico e envolve a análise das causas profundas e medidas corretivas/preventivas para eliminar a recorrência de defeitos de qualidade.

As principais vantagens de uma manutenção de qualidade:

- Centra-se em questões de qualidade com projectos de melhoria destinados a eliminar as causas reais dos defeitos de qualidade.
- Reduz os defeitos de qualidade e os desperdícios.

- Reduz os custos através da deteção precoce de falhas, uma vez que é dispendioso reparar defeitos numa fase posterior.

5. Gestão precoce do equipamento

A gestão precoce dos equipamentos implica a utilização dos conhecimentos práticos e da experiência dos operadores de máquinas na conceção de novos equipamentos, facilitando assim a manutenção e permitindo que os níveis de desempenho previstos sejam rapidamente atingidos imediatamente após a adoção de novos equipamentos.

As principais vantagens da gestão precoce dos equipamentos:

- A manutenção é mais simples e mais robusta graças à avaliação prática e ao envolvimento dos trabalhadores antes da instalação.
- O novo equipamento atinge os níveis de desempenho pretendidos muito mais rapidamente devido a menos problemas de arranque.

6. Formação e educação

O pilar da formação e educação dá ênfase à aprendizagem e desenvolvimento contínuos para garantir a execução eficaz das tarefas de manutenção em todos os momentos, com todas as partes relevantes a receberem formação suficiente sobre os objectivos e normas da TPM.

Principais vantagens:

- Os operadores adquirem competências para manter o equipamento em boas condições e reconhecer problemas crescentes.
- Os funcionários da manutenção aprendem técnicas e procedimentos de manutenção proactiva e preventiva.
- Os gestores recebem formação em conceitos de TPM, coaching e desenvolvimento dos colaboradores.

7. Segurança, saúde e ambiente

O objetivo deste pilar é tornar o local ou ambiente de trabalho seguro e saudável para todos os trabalhadores.

Principais vantagens:

- Oferece um local de trabalho sem acidentes.
- Elimina potenciais problemas de saúde e segurança, resultando num ambiente de trabalho mais seguro.

8. Administração e gabinetes da MPT

Para além das operações de fabrico, a TPM também ajuda a melhorar as operações administrativas através do pilar Administração e Escritórios da TPM, que simplifica as compras, a programação e o processamento de encomendas para garantir que as ferramentas e os materiais estão sempre disponíveis quando necessário.

Principais vantagens:

- A TPM apoia o processo de fabrico, melhorando as funções administrativas, tais como o processamento rápido de encomendas, as compras, a programação, etc.[3]

Para obter bons resultados, é necessário seguir os principais passos para a implementação do TPM, que são apresentados a seguir.

a) Criação da equipa TPM

A criação de uma equipa de Manutenção Produtiva Total (MPT) é um processo estratégico que envolve tanto a seleção dos membros da equipa como a definição das suas funções e responsabilidades na implementação do programa MPT. É importante que esta equipa seja representativa de todos os aspectos operacionais da empresa e inclua membros de vários departamentos, tais como gestão, produção, manutenção e garantia de qualidade.

---

[3] https://techqualitypedia.com/tpm/

A equipa deve ser composta por indivíduos com conhecimentos e experiência relevantes no seu domínio de atividade, que possam trazer perspectivas variadas e contribuições valiosas para a implementação e gestão do programa TPM. Cada membro da equipa deve participar ativamente no processo de tomada de decisão e estar disposto a assumir a responsabilidade pela realização dos objectivos definidos no programa.

A equipa deve trabalhar em conjunto para identificar e dar prioridade aos problemas existentes nos processos de produção e desenvolver soluções eficazes para melhorar o desempenho do equipamento e do processo.

É igualmente importante que a equipa esteja empenhada em promover uma cultura organizacional orientada para a qualidade e a melhoria contínua, facilitando a comunicação e a colaboração abertas entre os diferentes departamentos e níveis hierárquicos da empresa.

Ao envolver ativamente todos os membros da equipa e ao manter um forte compromisso com objectivos comuns, a implementação e a gestão do programa TPM podem ser alcançadas com sucesso, trazendo benefícios significativos para a empresa em termos de eficiência operacional e qualidade do produto.

b) Efetuar uma avaliação adequada

O próximo passo para a implementação efectiva da TPM é a realização de uma avaliação das actividades de manutenção actuais na organização. Esta avaliação deve ser exaustiva e identificar claramente os pontos fracos e as oportunidades de melhoria dos processos de manutenção existentes.

Nesta avaliação, devem ser definidos objectivos claros e identificados indicadores-chave de desempenho (KPI) relevantes para medir o progresso ao longo do tempo. Estes indicadores podem incluir métricas como o tempo médio entre falhas (MTBF), o tempo médio de reparação (MTTR), os custos de manutenção e a disponibilidade do equipamento.

É importante que esta avaliação seja efectuada de forma colaborativa, envolvendo as equipas de manutenção, a direção e outros departamentos relevantes da organização. Desta forma, é possível obter uma compreensão abrangente da situação atual e identificar as prioridades de melhoria para atingir os objectivos estabelecidos.

É também importante estabelecer e implementar sistemas de recolha de dados eficazes para a monitorização contínua do desempenho e para a rápida identificação de potenciais problemas. Esta avaliação inicial é essencial para estabelecer a base necessária para a implementação bem sucedida do programa TPM e para assegurar que os objectivos de melhoria do desempenho e da eficiência operacional são atingidos em toda a organização.

c) Elaboração de um plano TPM

Este plano deve ser concebido de acordo com os resultados da avaliação e incluir as metas, os objectivos e as actividades necessárias para alcançar o sucesso do programa TPM. Neste plano, os objectivos a curto e longo prazo do programa devem ser claramente definidos, bem como os objectivos específicos a atingir para os alcançar. Estes objectivos podem incluir a redução do tempo de paragem do equipamento, a melhoria da eficiência operacional ou a redução dos custos de manutenção.

O plano também deve identificar as atividades específicas que precisam ser realizadas para atingir esses objetivos, bem como os recursos e prazos associados a cada atividade. É importante que o plano envolva todas as partes interessadas no processo de manutenção, incluindo os membros da equipa TPM, o pessoal de manutenção e a gestão da organização.

O plano deve ser flexível e adaptável de acordo com as mudanças no ambiente de negócios ou novas informações que se tornam disponíveis durante a implementação do programa TPM. É por isso que é importante que o plano seja revisto e atualizado regularmente, para garantir que continua a ser relevante e eficaz na realização dos objectivos definidos. Ao desenvolver e implementar um plano de TPM bem definido e adaptável, a organização pode maximizar a eficácia do programa e obter benefícios significativos em termos de desempenho operacional e eficiência.

d) Actividades de melhoria concentradas

Para garantir o sucesso do programa TPM, é importante levar a cabo actividades de melhoria centradas na identificação e eliminação das causas fundamentais das falhas dos equipamentos e do tempo em que estes não funcionam. Para tal, é necessário adotar estratégias que visem a prevenção dos problemas e não a sua resolução após a sua ocorrência.

Uma dessas estratégias é a implementação da manutenção autónoma, que envolve o envolvimento de operadores na execução de tarefas de manutenção de rotina no equipamento em que trabalham. Isto exige que os operadores sejam devidamente formados e equipados para poderem identificar e resolver pequenos problemas antes que estes se tornem maiores e conduzam a interrupções de produção não planeadas.

Para realizar a manutenção autónoma, os operadores necessitam de equipamentos de proteção adequados e de produtos de limpeza industrial, uma vez que esta atividade pode também envolver a limpeza e a manutenção de equipamentos e dos seus subconjuntos. Além disso, é essencial estabelecer procedimentos claros e documentados para a realização da manutenção autónoma, de modo a garantir a coerência e a normalização na abordagem destas tarefas.

Ao concentrar-se na manutenção autónoma e noutras actividades de melhoria específicas, a organização pode reduzir significativamente o tempo de inatividade do equipamento, melhorar a eficiência operacional e maximizar o desempenho e a durabilidade do equipamento. Estes esforços contribuirão para o aumento global da produtividade e da competitividade da organização no mercado.

e) Actividades de manutenção programada

As actividades de manutenção planeada são uma parte muito importante da estratégia TPM e envolvem a programação e a realização periódica de várias tarefas de manutenção de rotina. Estas tarefas incluem inspecções, lubrificação, substituição de componentes desgastados e outras actividades preventivas destinadas a evitar a ocorrência de falhas e a otimizar o funcionamento do equipamento.

A programação destas actividades de manutenção é efectuada de acordo com um plano bem estabelecido, que pode ser baseado no historial de manutenção do equipamento, nas especificações do fabricante ou nas recomendações de especialistas na matéria. É importante que estas actividades sejam realizadas regularmente e antes que o equipamento comece a mostrar sinais de danos ou que ocorram falhas graves.

Ao implementar actividades de manutenção planeada, o objetivo é prolongar a vida útil do equipamento, reduzir os custos de manutenção e melhorar a sua fiabilidade e disponibilidade. Estas actividades podem também ajudar a aumentar a eficiência operacional e reduzir o tempo perdido devido a paragens de produção não planeadas.

f) Educação e formação

A educação e a formação são elementos básicos para o sucesso da implementação da TPM, uma vez que asseguram que todos os membros da organização compreendem a importância da manutenção e possuem os conhecimentos e competências necessários para desempenharem as suas responsabilidades de forma eficaz.

Através de programas educativos e sessões de formação, os colaboradores são familiarizados com os princípios e práticas de TPM, bem como com os benefícios que estes trazem para a eficiência e desempenho da organização. Estes programas abrangem vários aspectos, como técnicas de manutenção preventiva, procedimentos de trabalho seguro, utilização de equipamentos e tecnologias específicas, e são adaptados às necessidades e exigências de cada departamento ou nível hierárquico.

Além disso, a educação e a formação contínua são essenciais para manter os funcionários actualizados com as mais recentes práticas e tecnologias no domínio da manutenção e para promover uma cultura organizacional orientada para a excelência e a melhoria contínua.

g) Avaliação do desempenho

A medição do desempenho é a última etapa do processo de implementação do TPM e envolve o estabelecimento de indicadores de desempenho relevantes, que permitem a avaliação da eficácia do programa ao longo do tempo.

Esses KPIs podem incluir o seguinte:

- *Tempo de atividade do equipamento*: Esta é uma medida do tempo durante o qual o equipamento está disponível para produção e a funcionar na sua capacidade máxima.

- *Tempo de inatividade*: Indicam os períodos em que o equipamento está inativo ou parado devido a avarias ou outros problemas.
- *Custos de manutenção*: Este indicador reflecte os custos associados à manutenção do equipamento, incluindo os custos das peças sobressalentes, da mão de obra e de outros recursos necessários para levar a cabo as actividades de manutenção.
- *Envolvimento dos colaboradores*: Este indicador mede o grau de envolvimento e participação dos colaboradores na implementação e gestão do programa TPM, bem como as suas contribuições para a melhoria do desempenho do equipamento e do processo.

A medição e o acompanhamento regular destes indicadores de desempenho permitem a rápida identificação de problemas e de potenciais oportunidades de melhoria e o ajustamento das estratégias e actividades em conformidade.

Através da utilização adequada destes indicadores, a organização pode identificar e implementar medidas corretivas e preventivas em tempo útil, contribuindo para a melhoria contínua do seu desempenho e competitividade no mercado.[4]

9.4. O futuro da TPM

No contexto da atual dinâmica socioeconómica e da digitalização das empresas, as actividades de manutenção mudarão em conformidade. Big Data, Computação em Nuvem, Aprendizagem Automática, Internet das Coisas, Computadores Quânticos e Inteligência Artificial farão com que a transição da Manutenção Produtiva Total (TPM) para a Manutenção Preditiva ocorra rapidamente (ver Figura 81).

Os sistemas CMMS, a manutenção centrada na fiabilidade (RCM) ou a manutenção produtiva total (TPM) continuarão a ser abordagens úteis para as empresas e serão capitalizadas nos futuros desenvolvimentos do conceito de manutenção.

Não devemos esperar que nem a gestão da manutenção nem o seu ambiente sejam estacionários. As mudanças constantes na manutenção são reconhecidas como tendo permitido novos e inovadores desenvolvimentos na ciência da manutenção.

---

[4] Manutenção Produtiva Total (TPM) (sterge.ro)

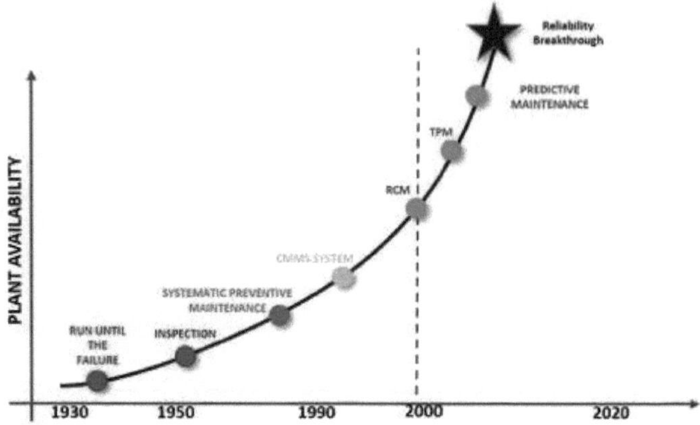

Figura 81*A evolução da manutenção*

A evolução tecnológica dos equipamentos de produção, uma evolução contínua que começou no século XX, foi extraordinária. No início do século XX, as instalações eram pouco ou nada mecanizadas, tinham uma conceção simples, depois adquiriram configurações autónomas.

Não é de surpreender que as instalações actuais sejam altamente automatizadas, tecnologicamente avançadas e muito complexas. Muitas vezes, estas instalações estão integradas em linhas de produção automatizadas controladas por computadores de processamento de alto desempenho.

10: Manutenção Preditiva

10.1. Introdução à manutenção preditiva - Compreender a abordagem preditiva

A manutenção preditiva (PdM) representa uma abordagem proactiva no panorama da gestão da manutenção, destinada a prever potenciais falhas do equipamento antes de estas ocorrerem. Ao contrário da manutenção preventiva tradicional, que se baseia em inspecções programadas e substituições de rotina, a manutenção preditiva utiliza dados em tempo real e análises avançadas para monitorizar o estado do equipamento, prever problemas e otimizar as acções de manutenção. Ao utilizar várias tecnologias, como sensores, análise de dados e aprendizagem automática, a PdM ajuda as organizações a identificar com precisão quando são necessárias acções de manutenção, reduzindo o tempo de inatividade, minimizando os custos de manutenção e prolongando a vida útil dos activos.

A abordagem preditiva centra-se na monitorização baseada no estado, em que indicadores-chave como a temperatura, a vibração e a pressão são continuamente monitorizados. Estes dados fornecem informações sobre o "estado" da maquinaria, permitindo que as equipas de manutenção tomem decisões informadas com base nas condições reais do equipamento e não em programas pré-definidos. Esta mudança para manutenção baseada na condição transformou as indústrias que dependem de activos de elevado valor, como a indústria transformadora, a energia, os transportes e os cuidados de saúde, onde a falha do equipamento pode levar a perdas operacionais e financeiras significativas.

A implementação da PdM envolve um ciclo de recolha de dados, análise e ação. Os sensores e os sistemas de aquisição de dados monitorizam continuamente os parâmetros críticos e os dados recolhidos são processados através de software especializado para detetar sinais precoces de deterioração ou anomalias. Os algoritmos preditivos prevêem, então, potenciais pontos de falha, permitindo que as acções de manutenção sejam programadas para períodos de funcionamento fora do pico, minimizando assim o impacto na produtividade.

Benefícios da abordagem preditiva

A manutenção preditiva oferece numerosas vantagens em relação às estratégias de manutenção reactiva e preventiva. Em primeiro lugar, melhora a fiabilidade do equipamento, resolvendo os problemas antes que estes se agravem. Em segundo lugar, reduz o tempo de inatividade não planeado, uma vez que o equipamento é assistido apenas quando necessário, o que optimiza a atribuição de recursos e reduz os custos globais de manutenção. A PdM também prolonga a vida útil dos activos, uma vez que as intervenções atempadas evitam o desgaste excessivo e reduzem a frequência das avarias.

Desafios da implementação da manutenção preditiva

Apesar dos seus benefícios, a implementação da PdM pode ser um desafio devido aos custos iniciais associados aos sensores, software e conhecimentos técnicos. Além disso, a manutenção preditiva requer uma infraestrutura de dados robusta e pessoal qualificado capaz de interpretar e atuar com base em dados complexos. No entanto, à medida que a tecnologia avança, a acessibilidade e o preço das soluções de manutenção preditiva estão a melhorar constantemente, tornando-a uma opção viável para uma gama mais vasta de indústrias.

A manutenção preditiva representa uma mudança de paradigma na gestão da manutenção, permitindo uma abordagem orientada por dados à fiabilidade dos activos e à otimização do desempenho. Requer uma combinação de infra-estruturas tecnológicas, ciência de dados e conhecimentos de manutenção e, quando implementada eficazmente, pode melhorar significativamente a eficiência operacional e a longevidade dos activos em todas as indústrias.

10.2 Tecnologias-chave na manutenção preditiva - sensores, IA e IoT

Na era moderna da manutenção industrial, a manutenção preditiva (PdM) surgiu como uma prática crítica que aproveita a tecnologia avançada para antecipar falhas de equipamentos e programar actividades de manutenção em conformidade. As principais tecnologias que permitem a manutenção preditiva são os sensores, a inteligência artificial (IA) e a Internet das Coisas (IoT). Em conjunto, estas tecnologias facilitam a monitorização em tempo real, a obtenção de dados e processos de tomada de decisão inteligentes, que acabam por aumentar a fiabilidade e o desempenho dos activos industriais. Este capítulo explora cada uma destas tecnologias em profundidade, examinando as suas funções, capacidades e contributos para as práticas de manutenção preditiva.

1. Sensores: A base da manutenção preditiva

Os sensores são os elementos fundamentais da manutenção preditiva. Recolhem dados vitais de equipamentos e máquinas, monitorizando condições como a temperatura, pressão, vibração e humidade. Ao registar continuamente estes parâmetros, os sensores fornecem os dados em tempo real necessários para detetar sinais precoces de desgaste ou potenciais falhas. Os dados são depois utilizados para análise preditiva, permitindo às equipas de manutenção antecipar problemas e resolvê-los antes que causem tempo de inatividade ou danos significativos.

Tipos de sensores na manutenção preditiva

Existem vários tipos de sensores normalmente utilizados na manutenção preditiva, cada um com um objetivo específico:

- **Sensores de vibração**: A análise de vibrações é crucial para máquinas rotativas, tais como motores, bombas e turbinas. Os sensores de vibração detectam alterações nos padrões de vibração, que frequentemente indicam desequilíbrio, desalinhamento ou desgaste nos componentes da máquina. Ao monitorizar estes padrões, as equipas de manutenção podem identificar potenciais problemas antes que estes conduzam a falhas.
- **Sensores de temperatura**: Os sensores de temperatura monitorizam o calor gerado pela maquinaria. O calor excessivo indica frequentemente problemas como fricção, falha de lubrificação ou problemas eléctricos. A monitorização das flutuações de temperatura ajuda a

evitar o sobreaquecimento, que de outra forma poderia levar à avaria do equipamento.

- **Sensores de pressão**: Os sensores de pressão são essenciais em sistemas onde a manutenção de níveis de pressão específicos é crítica, tais como sistemas hidráulicos e pneumáticos. Níveis de pressão anormais podem indicar bloqueios, fugas ou mau funcionamento de componentes.

- **Sensores acústicos e ultra-sónicos**: Os sensores acústicos detectam os sons gerados pelas máquinas. Estes sensores são particularmente úteis para identificar problemas em fases iniciais, tais como fugas de gás, fugas de vapor ou cavitação em bombas. Os sensores ultra-sónicos captam sons de alta frequência não audíveis ao ouvido humano, oferecendo um método sensível de deteção de fugas e falhas.

- **Sensores de humidade e humidade**: Os sensores de humidade monitorizam as condições ambientais que podem levar à ferrugem, corrosão ou degradação do equipamento. Os sensores de humidade, por outro lado, detectam fugas ou condensação, particularmente em áreas onde os danos causados pela água podem ser prejudiciais para o equipamento.

- **Sensores de corrente e de tensão**: Estes sensores monitorizam as caraterísticas eléctricas do equipamento, fornecendo informações sobre o consumo de energia e detectando problemas como falhas eléctricas ou sobrecarga. São amplamente utilizados em sistemas eléctricos para garantir que a corrente e a tensão se mantêm dentro de intervalos de funcionamento seguros.
- **Sensores de caudal**: Em sistemas onde o fluxo de fluido ou gás é crítico, os sensores de fluxo medem a taxa de movimento. As variações no caudal podem assinalar bloqueios, fugas ou desgaste em condutas ou bombas.

Vantagens e limitações dos sensores na manutenção preditiva

Os sensores oferecem várias vantagens à manutenção preditiva. Permitem uma monitorização não intrusiva, o que significa que o equipamento pode ser monitorizado sem interromper as operações. Os sensores também fornecem dados precisos e em tempo real, o que melhora a precisão dos modelos preditivos. No entanto, os sensores têm algumas limitações. Podem exigir calibração e manutenção regulares para garantir a exatidão, e a implementação de uma rede de sensores pode envolver custos iniciais substanciais. Além disso, a grande quantidade de dados gerados pelos sensores necessita de soluções de gestão de dados robustas para os tornar significativos para a tomada de decisões.

2. O papel da Inteligência Artificial na Manutenção Preditiva

A inteligência artificial (IA) é o motor analítico que processa os dados recolhidos pelos sensores e os transforma em informações acionáveis. Através da utilização de algoritmos de aprendizagem automática, os sistemas de IA podem identificar padrões, tendências e anomalias nos dados que podem ser indicativos de falhas no equipamento. As capacidades avançadas de processamento de dados da IA aumentam a precisão preditiva dos sistemas de manutenção, permitindo às empresas evitar avarias de forma mais eficaz.

Aprendizagem automática e análise preditiva

A aprendizagem automática (ML) é um subconjunto da IA que utiliza algoritmos para analisar dados e aprender com eles sem programação explícita. Na manutenção preditiva, os algoritmos de aprendizagem automática analisam dados históricos e em tempo real para prever o comportamento do equipamento. As técnicas de aprendizagem automática mais utilizadas na manutenção preditiva incluem:

- **Aprendizagem supervisionada**: Na aprendizagem supervisionada, os algoritmos são treinados em dados rotulados, o que lhes permite reconhecer padrões e correlações que indicam falhas específicas. Este método é útil quando existe uma relação bem definida entre as entradas de dados e as falhas do equipamento.
- **Aprendizagem não supervisionada**: Os algoritmos de aprendizagem não supervisionada analisam dados sem rótulos predefinidos. São utilizados para detetar anomalias, identificando padrões invulgares que não estão em conformidade com o comportamento típico do equipamento. Esta abordagem é eficaz em sistemas complexos onde os modos de falha podem não estar claramente definidos.
- **Aprendizagem por reforço**: Os algoritmos de aprendizagem por reforço aprendem através da interação com o ambiente e recebem feedback com base nas suas acções. Embora menos comum na manutenção preditiva, a aprendizagem por reforço pode ser aplicada em sistemas complexos e adaptativos em que as decisões de manutenção têm de ser continuamente optimizadas.

Processamento de dados e extração de caraterísticas

A manutenção preditiva alimentada por IA baseia-se fortemente na extração de caraterísticas, que envolve a identificação dos aspectos mais relevantes dos dados do sensor para análise preditiva. Por exemplo, os dados de vibração podem ter centenas de caraterísticas, mas apenas alguns aspectos, como picos de frequência ou variações de amplitude, são significativos para prever o estado da máquina. Os modelos de IA podem extrair e dar prioridade a estas caraterísticas, tornando os modelos de previsão mais eficientes e precisos.

Aprendizagem profunda na manutenção preditiva

A aprendizagem profunda, um subconjunto da aprendizagem automática, utiliza redes neuronais com várias camadas para modelar relações complexas nos dados. Os modelos de aprendizagem profunda, como as redes neuronais convolucionais (CNN) e as redes neuronais recorrentes (RNN), encontraram aplicações na manutenção preditiva, especialmente para a análise de imagens e dados de séries temporais. Por exemplo, as CNNs podem analisar imagens térmicas de equipamentos para detetar sobreaquecimento, enquanto as RNNs são adequadas para analisar dados de séries temporais de sensores para prever condições futuras.

Vantagens e desafios da IA na manutenção preditiva

A IA melhora a manutenção preditiva ao dar sentido a grandes quantidades de dados, identificando padrões que podem ser demasiado subtis para a interpretação humana e gerando previsões com elevada precisão. No entanto, existem desafios. Os modelos de IA requerem grandes volumes de dados para treino e garantir a qualidade dos dados é essencial para previsões exactas. Além disso, a implementação da IA requer conhecimentos técnicos, o que pode exigir a formação da força de trabalho ou a contratação de especialistas. Os modelos de IA também necessitam de monitorização e afinação contínuas para manter a sua precisão à medida que as condições de funcionamento mudam.

3. Internet das coisas (IoT): Ligação de activos e dados

A Internet das Coisas (IoT) desempenha um papel fundamental na manutenção preditiva, ligando equipamentos e permitindo o fluxo de dados de sensores para sistemas centralizados. As redes IoT integram hardware, software e sistemas de processamento de dados para criar um ecossistema ligado, que permite a aquisição de dados em tempo real, a monitorização remota e a transmissão de dados para plataformas de análise.

Arquitetura IoT na manutenção preditiva

Uma arquitetura típica da IoT na manutenção preditiva inclui vários componentes-chave:

- **Dispositivos de extremidade**: Os dispositivos periféricos, tais como sensores e controladores, recolhem dados do equipamento e efectuam o processamento preliminar no local. A computação periférica reduz as cargas de transferência de dados através do processamento de dados perto da fonte, enviando apenas as informações relevantes para o servidor central.

- **Dispositivos de gateway**: Os gateways ligam os dispositivos de ponta à nuvem, actuando como intermediários que gerem o fluxo de dados. Agregam dados de vários sensores, normalizam-nos e transmitem-nos para a nuvem para análise posterior.

- **Plataformas de nuvem**: As plataformas de nuvem armazenam grandes volumes de dados e fornecem potência computacional para análises avançadas. A nuvem permite capacidades de armazenamento e processamento escaláveis, permitindo a integração de modelos de IA e de aprendizagem automática.

- **Redes de comunicação**: As redes IoT utilizam vários protocolos de comunicação, incluindo Wi-Fi,

Bluetooth, Zigbee e LPWAN (Low-Power Wide-Area Network), para garantir o fluxo contínuo de dados entre dispositivos. A escolha do protocolo depende de factores como o volume de dados, o alcance da transmissão e a eficiência energética.

Gestão e integração de dados IoT

A IoT gera grandes quantidades de dados, que devem ser armazenados, organizados e analisados de forma eficaz. As soluções de integração de dados agregam dados de várias fontes, padronizando-os para análise. Além disso, as plataformas IoT incluem frequentemente ferramentas de visualização de dados que permitem às equipas de manutenção monitorizar as condições do equipamento em tempo real.

Segurança na manutenção preditiva com base na IoT

Com o aumento da IoT, a segurança dos dados tornou-se uma preocupação significativa. Os dispositivos IoT são susceptíveis a ameaças cibernéticas, que podem comprometer dados sensíveis e perturbar as operações. As organizações que implementam a manutenção preditiva baseada na IoT devem dar prioridade a medidas de segurança como a encriptação de dados, a autenticação de dispositivos e os protocolos de segurança de rede para se protegerem contra potenciais ameaças.

Integração de sensores, IA e IoT na manutenção preditiva

A integração de sensores, IA e IoT cria uma poderosa estrutura de manutenção preditiva. Os sensores fornecem os dados em bruto, a IoT permite uma transferência de dados sem descontinuidades e a IA analisa os dados para prever o estado do equipamento. Este sistema interligado oferece várias vantagens:

- **Monitorização em tempo real e informações preditivas**: Com a IoT, os dados dos sensores são transmitidos em tempo real para os algoritmos de IA, permitindo uma monitorização contínua e uma análise imediata. As equipas de manutenção podem receber alertas instantâneos sobre o estado do equipamento, permitindo respostas rápidas.

- **Tomada de decisões automatizada**: Os algoritmos de IA podem ser programados para desencadear automaticamente actividades de manutenção ou alertas com base em limites de dados. Por exemplo, se os dados de vibração indicarem uma potencial falha do rolamento, o sistema pode programar a manutenção e encomendar peças de substituição automaticamente.

- **Escalabilidade e flexibilidade**: Os sistemas de manutenção preditiva baseados na IoT são escaláveis, permitindo às empresas expandir as capacidades de monitorização à medida que as operações crescem. Além disso, os algoritmos de IA podem ser adaptados e refinados à medida que mais dados ficam disponíveis, melhorando a precisão da previsão.

- **Visualização de dados melhorada**: Ao combinar dados de sensores com IoT e IA, os sistemas de manutenção preditiva podem gerar visualizações detalhadas, como painéis de controlo e mapas de calor, que facilitam a interpretação dos dados e a tomada de medidas por parte do pessoal de manutenção.

- **Gestão de activos melhorada**: A manutenção preditiva com IoT e IA contribui para uma gestão de activos mais eficiente, fornecendo uma visão abrangente do estado do equipamento, do histórico de manutenção e do desempenho operacional. Estes dados ajudam a otimizar o ciclo de vida dos activos e a maximizar o retorno do investimento.

Os sensores, a IA e a IoT constituem a base tecnológica da manutenção preditiva, permitindo uma gestão proactiva dos activos e melhorando a eficiência operacional global. Os sensores fornecem dados críticos sobre as condições do equipamento, a IoT facilita a conetividade em tempo real e a IA analisa os dados para identificar potenciais falhas. A integração destas tecnologias permite às organizações antecipar problemas, programar actividades de manutenção de forma mais eficaz e reduzir os custos operacionais. Embora a implementação destas tecnologias envolva alguns desafios, como a gestão de dados e a segurança, os benefícios da manutenção preditiva superam largamente os inconvenientes. À medida que a tecnologia continua a avançar, a manutenção preditiva tornar-se-á ainda mais acessível, eficiente e integrante do panorama industrial.

10.3 O papel dos dados na manutenção preditiva - recolha e análise

Os dados são a força vital da manutenção preditiva (PdM). Sem dados precisos, relevantes e bem estruturados, a capacidade de antecipar falhas nos equipamentos e otimizar os esforços de manutenção é limitada. Na manutenção preditiva, a recolha e análise de dados constituem a base dos conhecimentos que permitem às organizações monitorizar o estado dos activos, detetar anomalias e programar acções de manutenção nos momentos mais oportunos. Este capítulo explora os principais aspectos dos dados na manutenção preditiva, incluindo os tipos de dados recolhidos, os métodos de recolha e as técnicas de análise utilizadas para transformar os dados brutos em informações acionáveis.

1. Tipos de dados na manutenção preditiva

Uma manutenção preditiva eficaz baseia-se num conjunto diversificado de dados, cada um deles fornecendo informações únicas sobre as condições e o desempenho do equipamento. Os principais tipos de dados recolhidos para a manutenção preditiva incluem:

- **Dados de condição:** Os dados de estado são informações diretas sobre o estado físico do equipamento, como a temperatura, a vibração, a pressão ou a humidade. Recolhidos através de sensores, estes dados fornecem informações em tempo real sobre o "estado" das máquinas e ajudam a detetar sinais precoces de desgaste ou avaria. Os dados de estado constituem a base da manutenção preditiva, permitindo a monitorização dos activos com base no estado.
- **Dados operacionais**: Os dados operacionais referem-se a informações sobre a forma como o equipamento é utilizado, incluindo níveis de carga, velocidades de funcionamento, ciclos de produção e taxas de utilização do . Estes dados ajudam a avaliar a tensão exercida

sobre as máquinas, o que pode ser um indicador de potenciais falhas. Por exemplo, as máquinas que funcionam constantemente com cargas elevadas podem sofrer um desgaste acelerado e exigir uma manutenção mais frequente.

- **Dados históricos de manutenção:** Os dados de manutenção incluem registos de reparações, substituições e actividades de manutenção anteriores. Estes dados fornecem informações sobre os padrões e a frequência das falhas do equipamento, ajudando a prever quando poderão surgir problemas semelhantes no futuro. Os dados históricos de manutenção são particularmente úteis na criação de modelos preditivos que podem informar o ciclo de vida esperado de componentes específicos.

- **Dados ambientais:** Os dados ambientais incluem informações sobre as condições externas, tais como temperatura, humidade, poeiras e exposição a produtos químicos. Estes factores têm frequentemente impacto no desempenho e fiabilidade do equipamento, especialmente em indústrias com ambientes de funcionamento difíceis. A monitorização dos dados ambientais permite uma compreensão mais abrangente da forma como as condições externas afectam a longevidade dos activos.

- **Dados de avarias:** Os dados de falhas são informações registadas sobre avarias e anomalias anteriores. Incluem pormenores como os modos de falha, as causas principais e os dados relativos ao tempo até à falha. Os dados de avarias são essenciais para identificar padrões de degradação do equipamento e para desenvolver modelos de previsão de avarias que ajudem a evitar avarias semelhantes no futuro.

2. Métodos de recolha de dados na manutenção preditiva

A eficácia da manutenção preditiva depende de métodos precisos de recolha de dados que garantam a qualidade e a consistência dos dados recebidos. Os métodos comuns de recolha de dados incluem:

- **Monitorização baseada em sensores**: Os sensores são a principal fonte de recolha de dados em tempo real. Instalados no equipamento, registam continuamente dados de condições como a temperatura, a pressão e a vibração. A monitorização baseada em sensores é não-intrusiva, permitindo um acompanhamento contínuo sem perturbar as operações. A colocação e a calibração dos sensores são fundamentais para garantir que os dados recolhidos reflectem as condições reais do equipamento.

- **Recolha manual de dados:** Em alguns casos, a recolha de dados requer uma introdução manual, especialmente quando a monitorização automatizada não é viável ou rentável. Os técnicos podem utilizar dispositivos portáteis para captar leituras ou realizar inspecções a intervalos regulares. Embora a recolha manual de dados seja menos eficiente e precisa do que a monitorização baseada em sensores, pode ser útil em instalações com infra-estruturas digitais limitadas ou para equipamentos que não exijam um acompanhamento contínuo.

- **Sistemas de registo de dados:** Os sistemas de registo de dados registam automaticamente os dados de desempenho do equipamento ao longo do tempo, armazenando-os normalmente numa base de dados centralizada para análise posterior. Os registadores de dados são especialmente úteis para o acompanhamento de dados operacionais, como o tempo de funcionamento e os níveis de utilização, e podem também captar as condições ambientais quando ligados a sensores externos.

- **Sistemas ERP (Enterprise Resource Planning) e CMMS (Computerized Maintenance Management Systems):** Muitas organizações utilizam software ERP e CMMS para centralizar e gerir os dados de manutenção. Estes sistemas armazenam informações sobre ordens de trabalho, calendários de manutenção, históricos de reparações e outros registos operacionais . Ao integrar dados em tempo real de sensores com registos históricos no CMMS, as empresas obtêm uma visão abrangente da saúde dos activos e das necessidades de manutenção.

- **Plataformas de Internet das Coisas (IoT):** As plataformas IoT ligam dados de várias fontes, incluindo sensores e outros dispositivos inteligentes, proporcionando uma visão unificada do desempenho dos activos em toda a organização. As plataformas IoT facilitam a transferência contínua de dados para sistemas baseados na nuvem, onde podem ser processados e analisados. Esta conetividade é essencial para aplicações de manutenção preditiva em grande escala, em que milhares de activos têm de ser monitorizados simultaneamente.

3. Processamento e armazenamento de dados

Uma vez recolhidos os dados, estes devem ser processados e armazenados de forma a facilitar uma análise eficaz. O processamento de dados na manutenção preditiva envolve várias etapas, incluindo:

- **Limpeza de dados:** Os dados em bruto contêm frequentemente ruído, imprecisões e valores em falta. A limpeza dos dados garante que o conjunto de dados é consistente, fiável e adequado para análise. Por exemplo, os valores anómalos causados por avarias no sensor ou valores em falta devido a transmissões interrompidas têm de ser tratados para evitar resultados distorcidos.

- **Transformação de dados:** Os dados de diferentes fontes ou sensores podem ser registados em formatos diferentes. A transformação de dados normaliza os dados, convertendo-os num formato ou estrutura uniforme, o que é crucial para uma análise precisa e para a construção de modelos.

- **Armazenamento e gestão de dados:** A manutenção preditiva gera grandes volumes de dados, necessitando de soluções de armazenamento eficientes. O armazenamento na nuvem é normalmente utilizado para armazenar e gerir dados de manutenção preditiva, proporcionando escalabilidade e acessibilidade. Com a nuvem, as empresas podem armazenar dados durante períodos prolongados, permitindo-lhes analisar tendências a longo prazo e efetuar análises retrospectivas quando necessário.

4. Técnicas de análise de dados na manutenção preditiva

A análise de dados transforma dados brutos em informações acionáveis. A manutenção preditiva baseia-se em várias técnicas de análise para extrair informações significativas e apoiar a tomada de decisões de manutenção:

- **Análise descritiva**: A análise descritiva resume os dados históricos, fornecendo uma visão geral do desempenho do equipamento e das falhas passadas. As estatísticas descritivas, como a média, a mediana e a variância, ajudam as equipas de manutenção a compreender o comportamento geral do equipamento e a identificar problemas recorrentes.
- **Deteção de anomalias:** As técnicas de deteção de anomalias identificam desvios dos padrões normais de funcionamento, que podem indicar potenciais problemas. A deteção de anomalias pode ser baseada em regras, em que os limites são definidos para parâmetros específicos, ou em modelos, em que os

modelos de aprendizagem automática detectam anomalias através da aprendizagem do comportamento normal dos activos.

- **Análise de tendências:** A análise de tendências envolve o exame de dados históricos para identificar padrões ou tendências que possam indicar problemas futuros. Por exemplo, um aumento gradual da temperatura ao longo do tempo pode indicar desgaste num rolamento. A análise de tendências fornece sinais de alerta precoce, permitindo acções de manutenção proactivas.
- **Modelação Preditiva:** A modelação preditiva é a pedra angular da manutenção preditiva. Os modelos de aprendizagem automática, como os modelos de regressão, as árvores de decisão e as redes neuronais, utilizam dados históricos e em tempo real para prever falhas no equipamento. Ao treinar estes modelos em dados de avarias, as empresas podem desenvolver previsões altamente precisas que informam a programação da manutenção.
- **Análise da Causa Raiz (RCA):** As técnicas de RCA, como a análise de modos e efeitos de falha (FMEA), são utilizadas para identificar as causas subjacentes das falhas. Embora a RCA seja tradicionalmente reactiva,

os conhecimentos que fornece podem ser incorporados em modelos preditivos, melhorando a sua precisão ao concentrar-se em modos de falha específicos.

- **Estimativa da vida útil restante (RUL):** A estimativa RUL prevê o tempo de vida operacional restante do equipamento antes da ocorrência provável de uma falha. Os modelos RUL utilizam dados de degradação para estimar quando um ativo necessitará de manutenção, permitindo intervenções just-in-time que reduzem o tempo de inatividade e prolongam a vida útil do ativo.

5. Desafios na recolha e análise de dados para a manutenção preditiva

Embora os dados sejam inestimáveis para a manutenção preditiva, a gestão e análise de grandes conjuntos de dados apresenta vários desafios:

- **Qualidade dos dados:** Dados inconsistentes ou incorrectos prejudicam a precisão do modelo de previsão. Garantir a qualidade dos dados implica a calibração regular dos sensores, a correção dos valores em falta e a filtragem do ruído, o que requer recursos e conhecimentos especializados.

- **Sobrecarga de dados:** O grande volume de dados gerados por sensores e dispositivos IoT pode sobrecarregar os sistemas tradicionais de armazenamento e processamento. A sobrecarga de dados pode abrandar a análise, atrasando as acções de manutenção. As estratégias de gestão de dados, como a computação periférica e o armazenamento na nuvem, ajudam a mitigar estes problemas.

- **Interpretação de dados complexos**: Os modelos de manutenção preditiva requerem muitas vezes competências analíticas avançadas para interpretar dados complexos, especialmente para previsões baseadas na aprendizagem automática. Pode ser necessário formar pessoal ou contratar cientistas de dados para maximizar o valor dos dados de manutenção preditiva.

- **Integração com sistemas existentes**: A integração de dados de manutenção preditiva com plataformas ERP, CMMS e IoT pode ser complexa, especialmente em organizações com sistemas legados. Garantir a compatibilidade e o fluxo de dados entre sistemas é essencial para uma manutenção preditiva eficaz.

A recolha e análise de dados são fundamentais para a manutenção preditiva, permitindo que as organizações antecipem os problemas do equipamento antes que estes se tornem perturbadores. Ao recolher dados de diversas fontes - sensores, registos operacionais, falhas históricas e factores ambientais - as empresas criam uma visão abrangente do estado dos activos. Técnicas eficazes de análise de dados, incluindo deteção de anomalias, modelação preditiva e estimativa de RUL, transformam estes dados em informações que orientam as acções de manutenção, reduzem o tempo de inatividade e optimizam a atribuição de recursos.

Embora persistam desafios como a qualidade dos dados, a sobrecarga de dados e a integração, os avanços na gestão e análise de dados estão a tornar a manutenção preditiva cada vez mais viável e valiosa. Ao aproveitar os dados de forma eficaz, as organizações podem passar de estratégias de manutenção reactivas para proactivas, melhorando a fiabilidade operacional e prolongando o ciclo de vida dos seus activos.

10.4 Técnicas de monitorização da condição - Vibração, imagem térmica e análise acústica

A monitorização da condição é um componente vital da manutenção preditiva, permitindo que as organizações avaliem o estado do seu equipamento em tempo real e respondam aos sinais de alerta precoce de desgaste ou avaria. Entre as várias técnicas de monitorização do estado, a análise de vibrações, a imagem térmica e a análise acústica são três dos métodos mais utilizados, cada um oferecendo uma visão única do desempenho do equipamento e de potenciais problemas. Este capítulo fornece uma exploração detalhada destas técnicas, descrevendo o seu objetivo, metodologia e os benefícios que trazem à manutenção preditiva.

1. Análise de vibrações

A análise de vibrações é um dos métodos mais eficazes e mais frequentemente utilizados para monitorizar equipamentos mecânicos. As máquinas com peças rotativas ou móveis, tais como motores, bombas e compressores, geram vibrações caraterísticas durante o funcionamento normal. Qualquer desvio dos padrões de vibração típicos pode indicar problemas como desequilíbrio, desalinhamento, falhas nos rolamentos ou desgaste das engrenagens. Ao analisar os dados de vibração, as equipas de manutenção podem detetar estes problemas atempadamente, evitando tempos de inatividade não planeados e reparações dispendiosas.

A análise de vibrações envolve a utilização de acelerómetros ou sensores de vibrações, que são colocados em locais estratégicos do equipamento. Estes sensores medem a frequência, a amplitude e a fase das vibrações. Os dados recolhidos são depois comparados com valores de referência ou limiares para identificar quaisquer anomalias. Os sinais de vibração são analisados em termos de:

- Amplitude: Indica a gravidade da vibração. Uma amplitude mais elevada significa frequentemente um problema mais grave, como um desalinhamento significativo ou um componente solto.
- Frequência: Ajuda a identificar o tipo específico de falha com base nos padrões de frequência únicos associados a diferentes problemas, como desequilíbrios ou defeitos nos rolamentos.
- Forma de onda e espetro: A forma de onda representa o sinal de vibração em bruto ao longo do tempo, enquanto o espetro (obtido através da Transformada de Fourier) o decompõe em frequências componentes, permitindo aos técnicos identificar a causa principal da vibração anómala.

Na análise de vibrações, ferramentas específicas como os analisadores de Transformada Rápida de Fourier (FFT) convertem os sinais de vibração em dados no domínio da frequência, facilitando a identificação de frequências de falha caraterísticas. A análise avançada de vibrações pode também envolver tendências, que analisam os níveis de vibração ao longo do tempo para identificar problemas de desenvolvimento lento.

A análise de vibrações é especialmente benéfica para a deteção precoce de problemas mecânicos comuns:

- Desequilíbrio: Ocorre quando uma peça rotativa tem uma distribuição de massa desigual, criando uma força centrífuga excessiva. O desequilíbrio pode ser detectado por picos de frequência específicos no espetro de vibração.

- Desalinhamento: Quando os componentes não estão corretamente alinhados, isso leva a tensões e desgaste adicionais, resultando frequentemente em vibrações elevadas em frequências específicas.

- Desgaste dos rolamentos: Os rolamentos geram tipicamente frequências caraterísticas à medida que se deterioram. A análise de vibrações pode detetá-las precocemente, permitindo a substituição antes da falha.

- Avarias nas engrenagens: Os danos nas engrenagens produzem frequências de vibração únicas. Ao analisá-las, as equipas de manutenção podem identificar desgaste ou danos no trem de engrenagens.

As vantagens da análise de vibrações incluem o aumento da vida útil do equipamento, a minimização do tempo de inatividade e a melhoria da segurança. Permite uma manutenção orientada, reduzindo as inspecções desnecessárias e a utilização de recursos.

2. Imagem térmica

A imagem térmica, ou termografia de infravermelhos, é uma técnica de monitorização de condições sem contacto que detecta variações de temperatura na superfície do equipamento. Muitos problemas mecânicos e eléctricos causam aquecimento localizado, tornando a termografia uma ferramenta eficaz para identificar falhas numa série de sistemas. Temperaturas elevadas podem indicar fricção devido a desgaste, resistência eléctrica ou bloqueios de fluxo de fluido. A imagem térmica é particularmente útil para monitorizar sistemas eléctricos, motores e rolamentos, onde o excesso de calor pode indicar potenciais problemas.

A imagem térmica utiliza câmaras de infravermelhos para captar dados de temperatura sob a forma de uma imagem visual. Cada pixel na imagem térmica corresponde a uma medição de temperatura, criando um mapa de calor que destaca os pontos quentes. Estas câmaras detectam a radiação infravermelha emitida pelas superfícies do equipamento e convertem-na em dados de temperatura, que podem depois ser analisados para detetar padrões anormais. Os principais aspectos da imagem térmica incluem:

- Medição da temperatura: A câmara de infravermelhos regista as temperaturas da superfície, revelando áreas onde as temperaturas excedem os níveis normais de funcionamento.
- Análise de imagens: As imagens térmicas são analisadas para detetar "pontos quentes", que podem indicar problemas como fricção, resistência ou falhas no isolamento.
- Monitorização de tendências: Ao captar regularmente imagens térmicas do equipamento, as equipas de manutenção podem observar as tendências de temperatura ao longo do tempo, ajudando a detetar a deterioração gradual.

A imagem térmica é particularmente útil para monitorizar equipamento elétrico e mecânico, uma vez que ajuda a identificar problemas como:

- Avarias eléctricas: O excesso de calor nos componentes eléctricos indica frequentemente resistência devido a ligações soltas, corrosão ou falha no isolamento. Estes problemas são facilmente identificados em imagens térmicas como áreas com aumentos de temperatura invulgares.
- Desgaste dos rolamentos: Os rolamentos desgastados geram fricção adicional, que aparece como aquecimento localizado em imagens térmicas. A identificação precoce deste fenómeno pode prevenir a falha dos rolamentos e evitar paragens dispendiosas.
- Fluxo de fluidos e bloqueios: Nos sistemas em que o fluxo de fluidos é essencial (por exemplo, sistemas de arrefecimento), os bloqueios ou fugas causam anomalias de temperatura, assinalando potenciais problemas.
- Atrito mecânico: Componentes desalinhados ou mal lubrificados geram excesso de calor devido ao atrito, que é detetável através de imagens térmicas.

A imagem térmica oferece vários benefícios, tais como permitir inspecções não intrusivas, identificação rápida de problemas ocultos e a capacidade de monitorizar equipamentos em áreas de difícil acesso. Ao detetar anomalias térmicas precocemente, as equipas de manutenção podem resolver os problemas antes que estes causem danos significativos.

3. Análise acústica

A análise acústica é uma técnica valiosa para detetar sinais precoces de mau funcionamento do equipamento através do som. O equipamento emite sinais acústicos caraterísticos durante o funcionamento normal, e os desvios destes sons podem indicar problemas. A análise acústica, frequentemente combinada com a inspeção por ultra-sons, ajuda a detetar fugas, descargas eléctricas e desgaste em componentes como válvulas, rolamentos e caixas de velocidades.

A análise acústica pode ser realizada utilizando duas abordagens principais: monitorização de som audível e deteção ultra-sónica. Cada uma delas tem aplicações e vantagens únicas:

- Monitorização de sons audíveis: Em muitas máquinas, certas avarias produzem sons audíveis, como chocalhar, moer ou guinchar, que diferem do funcionamento normal. As equipas de manutenção podem utilizar microfones para captar e analisar estes sons.

- Inspeção por ultra-sons: Os detectores ultra-sónicos captam sons de alta frequência que são inaudíveis ao ouvido humano. Os sinais ultra-sónicos são particularmente úteis para detetar fugas, arcos eléctricos e falhas nos rolamentos. Os instrumentos de ultra-sons traduzem estes sinais de alta frequência em sinais áudio, permitindo aos técnicos identificar anomalias através da audição ou da análise de frequências.

Os aspectos específicos da análise acústica incluem:

- Análise de padrões de som: Os sons operacionais normais são frequentemente previsíveis, e os desvios destes padrões podem indicar falhas emergentes. Os espectrogramas de som podem visualizar padrões de som ao longo do tempo, permitindo uma análise detalhada.

- Análise de frequência: A análise de frequência ajuda a identificar o tipo de problema com base nas caraterísticas do som, como o tom, a intensidade e o conteúdo harmónico. As frequências mais altas indicam frequentemente problemas como o desgaste dos rolamentos, enquanto os sons de baixa frequência podem indicar folga ou desalinhamento.

A análise acústica é amplamente aplicada na deteção de problemas em vários equipamentos industriais:

- Deteção de fugas: As fugas de ar, gás ou fluido produzem sinais ultra-sónicos caraterísticos. A identificação precoce de fugas pode evitar o desperdício de recursos e manter a eficiência do sistema.

- Descargas eléctricas: A formação de arcos voltaicos ou faíscas produz sinais ultra-sónicos que indicam quebra de isolamento ou más ligações em sistemas eléctricos. A deteção destes sinais pode evitar danos no equipamento e garantir a segurança.

- Defeitos nos rolamentos: À medida que os rolamentos se deterioram, produzem frequências ultra-sónicas únicas. Ao monitorizar estas frequências, os técnicos podem substituir os rolamentos antes da falha.

- Operação de Válvula e Cavitação: As válvulas e bombas sofrem frequentemente cavitação ou funcionamento incorreto, produzindo assinaturas acústicas únicas que revelam problemas como bloqueio parcial ou desgaste excessivo.

As principais vantagens da análise acústica incluem a sua natureza não invasiva, a capacidade de detetar problemas ocultos e a capacidade de monitorizar o equipamento em tempo real. Esta técnica permite que as equipas de manutenção detectem as falhas antes que estas se agravem, reduzindo o tempo de inatividade e os custos de manutenção.

As técnicas de monitorização do estado do equipamento, como a análise de vibrações, a imagem térmica e a análise acústica, desempenham um papel crucial nas estratégias de manutenção preditiva. Cada técnica fornece informações únicas sobre o estado do equipamento, permitindo a deteção precoce de problemas que podem levar a falhas se não forem resolvidos. A análise de vibração é excelente na identificação de problemas mecânicos, a imagem térmica é eficaz na deteção de falhas relacionadas com a temperatura e a análise acústica é inestimável na identificação de fugas, descargas eléctricas e desgaste de componentes.

Ao implementar estas técnicas de monitorização do estado, as organizações podem abordar proactivamente as necessidades de manutenção, melhorar a fiabilidade do equipamento e prolongar a vida útil dos activos. A integração destas técnicas num programa de manutenção preditiva abrangente não só reduz os custos operacionais, como também aumenta a segurança e a eficiência globais. Com o avanço da tecnologia, estes métodos tornar-se-ão ainda mais precisos e acessíveis, reforçando ainda mais o panorama da manutenção preditiva.

10.5 Algoritmos de manutenção preditiva - Modelos de aprendizagem automática para previsão

A manutenção preditiva baseia-se na análise de dados para prever falhas nos equipamentos, garantindo acções de manutenção proactivas antes de surgirem problemas. Os modelos de aprendizagem automática (ML) desempenham um papel central nesta abordagem, oferecendo ferramentas sofisticadas para identificar padrões, reconhecer anomalias e prever falhas com base em dados históricos e em tempo real. Este capítulo explora os principais modelos e algoritmos de aprendizagem automática utilizados na manutenção preditiva, as suas aplicações e a forma como estes modelos melhoram as estratégias de manutenção, permitindo previsões mais precisas e atempadas.

1. Visão geral da aprendizagem automática na manutenção preditiva

Objetivo e importância

Os algoritmos de aprendizagem automática são capazes de processar grandes quantidades de dados gerados por sensores, registos históricos de manutenção e registos de dados operacionais. Ao analisar estes dados, os modelos de aprendizagem automática podem "aprender" padrões associados tanto ao funcionamento normal como ao desenvolvimento de falhas. Com o tempo, estes modelos tornam-se competentes na identificação de sinais subtis de desgaste ou degradação que seriam difíceis de detetar por humanos. Esta capacidade permite que os sistemas de manutenção preditiva forneçam previsões altamente precisas, reduzindo o tempo de inatividade e os custos de reparação, ao mesmo tempo que optimizam os planos de manutenção.

Tipos de modelos de aprendizagem automática

Na manutenção preditiva, os modelos de aprendizagem automática podem ser divididos em três tipos principais com base na forma como aprendem com os dados:

1. **Aprendizagem supervisionada**: Estes modelos aprendem com dados históricos rotulados, em que os eventos de falha e o funcionamento normal estão claramente assinalados. A aprendizagem supervisionada é particularmente eficaz para tarefas de classificação, como determinar se é provável que uma máquina falhe num determinado período.

2. **Aprendizagem não supervisionada**: Os modelos não supervisionados funcionam com dados não rotulados, identificando padrões ou anomalias sem conhecimento prévio dos eventos de falha. Estes modelos são úteis para a deteção de anomalias, em que padrões invulgares nos dados podem sinalizar falhas emergentes.

3. **Aprendizagem por reforço**: Embora menos frequentemente aplicados na manutenção preditiva, os modelos de aprendizagem por reforço podem otimizar os programas de manutenção, aprendendo continuamente com as acções tomadas e os resultados observados.

Cada uma destas abordagens de aprendizagem oferece vantagens únicas, e os algoritmos específicos destas categorias são frequentemente escolhidos com base nas caraterísticas dos dados e nos requisitos de previsão do equipamento que está a ser monitorizado.

2. Principais modelos de aprendizagem automática para a manutenção preditiva

a) Modelos de Regressão

Os modelos de regressão são alguns dos modelos mais simples e mais amplamente utilizados na manutenção preditiva. Estimam a probabilidade de falha com base em dados contínuos, tais como temperatura, pressão ou níveis de vibração. Os algoritmos de regressão comuns incluem:

- **Regressão Linear**: Estima uma relação direta entre variáveis independentes (como parâmetros operacionais) e uma variável dependente (como o tempo até à falha). Embora simples, a regressão linear pode fornecer informações básicas sobre a degradação do equipamento ao longo do tempo.
- **Regressão polinomial**: Uma extensão da regressão linear que ajusta uma curva polinomial aos dados. Esta abordagem é útil para prever falhas em sistemas onde a deterioração não segue um padrão linear simples.

Aplicações e benefícios

Os modelos de regressão são úteis para prever o tempo até à falha, ou Vida Útil Restante (RUL). São particularmente valiosos para equipamentos com padrões de degradação claros e lineares, como o desgaste mecânico ao longo do tempo. Estes modelos fornecem uma base para compreender quando é provável que sejam necessárias acções de manutenção.

b) Árvores de decisão e florestas aleatórias

As árvores de decisão são modelos que classificam os dados dividindo-os em ramos com base nos valores das caraterísticas. Cada ramo representa uma regra de decisão e as folhas finais indicam um resultado específico, como uma falha ou um funcionamento normal. As florestas aleatórias são um conjunto de várias árvores de decisão que melhoram a precisão da previsão combinando os resultados de muitas árvores.

- **Árvores de decisão**: Simples de interpretar, as árvores de decisão permitem às equipas de manutenção compreender os factores mais associados à falha, examinando os caminhos na árvore.
- **Florestas aleatórias**: Ao calcular a média das previsões de várias árvores, as florestas aleatórias são menos propensas a sobreajustes e oferecem um desempenho robusto numa vasta gama de cenários de manutenção preditiva.

Aplicações e benefícios

As árvores de decisão e as florestas aleatórias são adequadas para tarefas de classificação binária, como a distinção entre estados saudáveis e defeituosos. Têm um bom desempenho na identificação de modos de falha críticos e oferecem transparência, permitindo que as equipas de manutenção vejam quais as condições que mais contribuem para os riscos de falha.

c) Máquinas de vectores de suporte (SVM)

As máquinas de vectores de suporte são modelos de aprendizagem supervisionada que classificam os dados encontrando um limite ótimo, ou "hiperplano", que separa diferentes classes. Na manutenção preditiva, as SVMs podem ser utilizadas para diferenciar entre estados operacionais ou modos de falha com base em padrões de dados de sensores.

- **SVM linear**: Melhor para dados que são linearmente separáveis.
- **SVM não linear (com kernels)**: Ideal para conjuntos de dados complexos com padrões não lineares, tais como dados de sensores de elevada dimensão em que os padrões de falha não são diretos.

Aplicações e benefícios

As SVM são particularmente eficazes em espaços de elevada dimensão, o que as torna adequadas para conjuntos de dados com um grande número de caraterísticas. Têm um bom desempenho com dados de séries temporais e podem captar relações subtis e complexas nos dados, proporcionando uma elevada precisão na deteção de falhas iminentes.

d) Redes Neuronais

As redes neuronais são modelos altamente flexíveis que podem captar padrões e relações complexas em grandes conjuntos de dados. São constituídas por camadas interligadas de nós, ou neurónios, que processam dados e "aprendem" a reconhecer padrões ao longo do tempo. Na manutenção preditiva, as redes neuronais são frequentemente utilizadas para analisar dados de séries temporais de sensores.

- **Redes neurais feedforward**: Estas redes neurais simples são eficazes para tarefas de classificação básicas, mas podem ter dificuldades com dados sequenciais.
- **Redes Neuronais Recorrentes (RNN) e Memória de Longo Prazo (LSTM)**: As RNNs são projetadas para processar dados seqüenciais, o que as torna ideais para analisar dados de sensores ao longo do tempo. As redes LSTM, um tipo de RNN, são especialmente úteis para dados dependentes do tempo, uma vez que podem "recordar" informações passadas em longas sequências.

Aplicações e benefícios

As redes neuronais, em particular as LSTM, são valiosas para a análise de séries temporais e para a previsão de RUL em equipamentos. São excelentes na captação de relações complexas e não lineares e são altamente eficazes em aplicações em que estão disponíveis grandes quantidades de dados históricos e em tempo real. No entanto, as redes neuronais requerem normalmente mais recursos computacionais e um conjunto de dados maior para serem treinadas eficazmente.

3. Criação e treino de modelos de manutenção preditiva

Preparação de dados

A preparação dos dados é essencial para uma formação de modelos bem sucedida. A qualidade das previsões depende muito de dados bem preparados, o que inclui:

- **Limpeza de dados**: A remoção de erros, valores anómalos e valores em falta garante que o conjunto de dados reflecte condições de funcionamento exactas.
- **Engenharia de caraterísticas**: A seleção das caraterísticas certas, como a frequência de vibração, a temperatura ou a carga, ajuda os modelos a concentrarem-se nos aspectos mais relevantes do desempenho do equipamento.
- **Normalização e dimensionamento de dados**: Garantir que os recursos tenham intervalos consistentes melhora

a estabilidade e a convergência do modelo , especialmente para modelos como redes neurais.

Formação e testes

Uma vez preparados os dados, estes são normalmente divididos em conjuntos de treino e de teste. Durante o treino, o modelo aprende padrões nos dados de treino, enquanto o conjunto de teste avalia a sua precisão de previsão. Para otimizar o desempenho do modelo, são utilizadas técnicas como a validação cruzada e a afinação de hiperparâmetros.

Métricas de avaliação de modelos

O desempenho do modelo é avaliado utilizando métricas como:

- **Exatidão**: A percentagem de previsões corretas.
- **Precisão e Recuperação**: A precisão indica a proporção de previsões positivas verdadeiras entre todas as previsões positivas, enquanto a recuperação mede a proporção de positivos verdadeiros detectados entre todos os positivos reais.
- **Erro médio absoluto (MAE) e raiz do erro quadrático médio (RMSE)**: Úteis para modelos de regressão, estas métricas avaliam a proximidade entre os valores previstos e os valores reais.

4. Vantagens e limitações da aprendizagem automática na manutenção preditiva

Vantagens

Os modelos de aprendizagem automática na manutenção preditiva oferecem inúmeras vantagens, incluindo

- **Maior precisão de previsão**: Ao analisar grandes conjuntos de dados, os modelos de ML fornecem previsões precisas, melhorando o planeamento da manutenção e reduzindo as avarias inesperadas.
- **Adaptabilidade**: À medida que as condições do equipamento mudam, os modelos de aprendizagem automática podem ser treinados novamente com novos dados, tornando-os adaptáveis a ambientes operacionais em evolução.
- **Poupança de custos**: Ao permitir a manutenção just-in-time, os modelos ML ajudam a reduzir as reparações desnecessárias e a prolongar a vida útil dos activos.

Desafios e limitações

Apesar das suas vantagens, os modelos ML enfrentam algumas limitações:

- **Requisitos de dados**: Os modelos de aprendizagem automática requerem quantidades substanciais de dados de alta qualidade. A insuficiência de dados pode levar a previsões incorrectas ou a um sobreajuste.
- **Complexidade e interpretabilidade**: Embora os modelos como as redes neuronais sejam poderosos, são muitas vezes complexos e carecem de interpretabilidade, o que pode dificultar às equipas de manutenção a compreensão da base das previsões.
- **Recursos computacionais**: O treino de modelos sofisticados, especialmente de algoritmos de aprendizagem profunda, requer um poder computacional significativo, que pode ser dispendioso.

Conclusão

Os modelos de aprendizagem automática estão a transformar a manutenção preditiva, permitindo que as organizações aproveitem o poder dos dados para um planeamento de manutenção mais preciso e proactivo. Desde modelos de regressão simples a redes neurais complexas, estes algoritmos fornecem uma gama diversificada de ferramentas para prever o estado do equipamento e programar tarefas de manutenção de forma eficaz. Embora cada modelo tenha os seus pontos fortes e limitações, representam coletivamente um avanço significativo na manutenção preditiva, oferecendo às organizações o potencial para reduzir custos, prolongar a vida útil dos activos e melhorar a eficiência operacional global. Com os avanços contínuos na aprendizagem automática e na ciência dos dados, é provável que os modelos de manutenção preditiva se tornem ainda mais precisos, escaláveis e acessíveis no futuro, conduzindo a uma adoção generalizada e a melhores resultados de manutenção.

10.6 Integrar a manutenção preditiva com o CMMS - Simplificar o fluxo de dados

A integração da manutenção preditiva com um Sistema de Gestão de Manutenção Computadorizado (CMMS) permite às organizações gerir sem problemas o fluxo de dados, otimizar as actividades de manutenção e melhorar a tomada de decisões. As plataformas CMMS tratam tradicionalmente do planeamento da manutenção, da gestão de activos e da manutenção de registos históricos, enquanto a manutenção preditiva se centra na deteção preventiva de falhas através da análise de dados em tempo real. Ao unificar estes dois sistemas, as organizações podem criar uma estrutura centralizada que aumenta a precisão da previsão, apoia a programação proactiva da manutenção e optimiza as operações globais de manutenção.

1. Compreender o papel do CMMS nas operações de manutenção

O que é um CMMS?

Um CMMS é uma plataforma digital concebida para centralizar e gerir as operações de manutenção, incluindo o acompanhamento de activos, a gestão de ordens de trabalho, o controlo de inventário e a programação da manutenção. Tradicionalmente, os sistemas CMMS são utilizados para armazenar e organizar o historial de manutenção, programar tarefas de rotina e controlar a disponibilidade de peças sobresselentes e recursos. Enquanto repositório de dados de manutenção, o CMMS fornece informações valiosas sobre o desempenho dos activos ao longo do tempo, ajudando as equipas a definir prioridades e a planear actividades de manutenção com base em registos históricos.

Limitações do CMMS tradicional

Embora o CMMS seja valioso para a gestão de dados históricos e o planeamento de tarefas, normalmente não possui capacidades de previsão. Os sistemas CMMS tradicionais baseiam-se em calendários fixos ou em acções corretivas desencadeadas por falhas nos activos. Esta abordagem é inerentemente reactiva, com actividades de manutenção programadas de acordo com intervalos de tempo ou eventos de falha passados, em vez das condições reais dos activos. A integração do CMMS com tecnologias de manutenção preditiva altera este paradigma, aproveitando os dados em tempo real e a análise avançada para antecipar falhas, alinhando as acções de manutenção mais estreitamente com o estado dos activos.

2. A importância da integração da manutenção preditiva com o CMMS

A integração da manutenção preditiva com o CMMS permite uma estratégia de manutenção mais ágil, actualizando continuamente os planos de manutenção com base em dados de activos em tempo real. Esta integração permite às organizações

- **Melhorar o planeamento da manutenção**: Com os dados preditivos a serem introduzidos diretamente no CMMS, as equipas de manutenção podem tomar decisões informadas com base no estado real dos activos, em vez de se basearem apenas em tendências históricas ou calendários fixos.
- **Automatizar a geração de ordens de trabalho**: Os algoritmos de manutenção preditiva podem acionar automaticamente ordens de trabalho no CMMS quando são detectadas potenciais falhas, reduzindo o tempo

entre a identificação de um problema e a tomada de medidas corretivas.

- **Melhorar a afetação de recursos**: As informações em tempo real permitem um melhor planeamento e atribuição de recursos, assegurando que as ferramentas, peças e pessoal estão disponíveis quando e onde são necessários.
- **Prolongar a vida útil dos activos**: Ao reduzir o tempo de inatividade não planeado e ao detetar problemas atempadamente, a manutenção preditiva integrada e o CMMS prolongam a vida útil do equipamento, ajudando as empresas a tirar o máximo partido dos seus investimentos de capital.

Esta abordagem proactiva à manutenção permite que as organizações transitem da manutenção reactiva para um modelo que minimiza as interrupções, optimiza os custos e assegura um maior tempo de funcionamento.

3. Componentes-chave da integração - fluxo de dados e comunicação do sistema

Requisitos do fluxo de dados

Para conseguir uma integração perfeita, os sistemas de manutenção preditiva e o CMMS devem comunicar eficazmente, trocando dados em tempo real. Isto requer uma arquitetura de fluxo de dados robusta, em que os dados dos sensores e os resultados da análise preditiva são continuamente partilhados com o CMMS, actualizando-o com informações sobre o estado dos activos, tendências de desempenho e problemas iminentes.

Os principais componentes de uma estrutura de fluxo de dados bem sucedida incluem:

1. **Recolha e armazenamento de dados**: Os dados recolhidos em tempo real pelos sensores devem ser processados e armazenados de forma a serem acessíveis tanto ao sistema de manutenção preditiva como ao CMMS.

2. **Camada de integração de dados**: Esta camada actua como uma ponte entre o CMMS e o sistema de manutenção preditiva, traduzindo os dados brutos dos sensores em informações acionáveis. A integração de dados envolve frequentemente protocolos como APIs, que permitem a comunicação direta entre aplicações de software.

3. **Alertas e notificações em tempo real**: Os modelos preditivos podem acionar alertas quando são detectados limiares específicos ou padrões indicativos de falhas.

Estes alertas são então transmitidos para o CMMS, gerando automaticamente ordens de trabalho e notificando as equipas relevantes.

Comunicação e interoperabilidade do sistema

A interoperabilidade é essencial para uma integração bem sucedida entre os sistemas de manutenção preditiva e os CMMS. As normas e protocolos de dados abertos, como o OPC UA (Open Platform Communications Unified Architecture), permitem a troca de dados sem problemas entre diversos softwares e plataformas de hardware . Os sistemas CMMS que suportam integrações com software de terceiros, especialmente através de APIs, simplificam o processo de integração e asseguram que os dados preditivos fluem diretamente para os fluxos de trabalho de manutenção sem introdução manual.

Para além das APIs, as plataformas IoT e as soluções de middleware podem facilitar a comunicação, servindo como hubs centralizados onde os dados de vários sensores, dispositivos e sistemas são agregados antes de fluírem para o CMMS.

4. Vantagens práticas da integração entre o CMMS e a manutenção preventiva

Programação automatizada da manutenção

Os algoritmos de manutenção preditiva são capazes de prever o estado dos activos e o tempo até à falha com elevada precisão. Quando estas previsões são integradas no CMMS, o sistema pode ajustar automaticamente os planos de manutenção em resposta a dados em tempo real. Por exemplo, se um modelo preditivo detetar uma potencial falha num equipamento nos próximos 30 dias, pode gerar uma ordem de trabalho no CMMS, assegurando que o ativo é reparado antes que o problema se agrave.

Gestão optimizada do inventário

A integração do CMMS com a manutenção preditiva também melhora a gestão do inventário. Saber antecipadamente quando determinadas peças podem falhar ou necessitar de manutenção permite que o CMMS notifique a equipa da cadeia de fornecimento, garantindo que as peças necessárias estão disponíveis e reduzindo o risco de rupturas de stock ou atrasos. Esta previsão conduz a um controlo de inventário mais eficiente, com um excesso de stock mínimo e custos de transporte reduzidos.

Relatórios e análises melhorados

Os dados combinados da manutenção preditiva e do CMMS oferecem uma visão abrangente do estado dos activos e da eficiência da manutenção. Esta integração permite às organizações gerar relatórios detalhados sobre factores como padrões de falhas, tempos de resposta da manutenção e poupanças de custos resultantes de intervenções preditivas. A análise avançada também apoia a melhoria contínua, identificando áreas em que as práticas de manutenção podem ser ainda mais optimizadas.

Utilização de recursos e eficiência da força de trabalho

Com alertas e ordens de trabalho automatizados, as equipas de manutenção gastam menos tempo com a programação manual e mais tempo com as actividades de manutenção reais. A integração também reduz a necessidade de reparações de emergência, permitindo que o pessoal de manutenção planeie o seu trabalho de forma mais eficiente e minimizando a necessidade de horas extraordinárias dispendiosas ou de trabalhos urgentes.

5. Implementar a manutenção preditiva e a integração do CMMS - Desafios e boas práticas

Desafios da integração

A integração da manutenção preditiva com o CMMS apresenta alguns desafios técnicos e operacionais, nomeadamente:

- **Compatibilidade de dados**: Garantir que os dados de manutenção preditiva podem ser interpretados e utilizados com exatidão pelo CMMS pode exigir configurações de software personalizadas ou soluções de middleware.
- **Escalabilidade**: À medida que mais activos são monitorizados, o volume de dados aumenta, podendo sobrecarregar os sistemas CMMS existentes se estes não forem concebidos para lidar com dados em tempo real provenientes de análises preditivas.
- **Gestão da mudança**: A passagem de uma manutenção reactiva ou preventiva para uma abordagem preditiva exige ajustamentos aos fluxos de trabalho estabelecidos. As equipas de manutenção podem necessitar de formação para compreender e confiar nos alertas de manutenção preditiva gerados pelo sistema.

Melhores práticas para uma integração bem-sucedida

1. **Definir objectivos claros**: Antes da integração, estabeleça objectivos claros. Identifique os tipos de

dados que devem ser partilhados, os objectivos específicos da manutenção (por exemplo, reduzir o tempo de inatividade ou prolongar a vida útil dos activos) e a forma como o sucesso será medido.

2. **Garantir a compatibilidade e a flexibilidade**: Escolha soluções de manutenção preditiva e CMMS que sejam compatíveis ou que possam ser integradas através de APIs ou middleware padrão. A flexibilidade é fundamental, uma vez que os requisitos podem evoluir à medida que são adicionados mais activos e pontos de dados.
3. **Investir na formação do pessoal**: Formar as equipas de manutenção para compreenderem e interpretarem os conhecimentos de manutenção preditiva, garantindo que a organização beneficia plenamente da integração.
4. **Comece com um programa piloto**: Testar a integração em pequena escala ajuda a identificar quaisquer problemas de compatibilidade, permitindo às equipas aperfeiçoar o processo de integração antes de uma implementação mais ampla.
5. **Monitorizar e aperfeiçoar**: Avaliar regularmente o desempenho do sistema integrado. Isto implica verificar a exatidão das previsões, acompanhar os resultados da

manutenção e ajustar os algoritmos ou fluxos de trabalho conforme necessário para maximizar a eficiência.

6. Direcções futuras para a manutenção preditiva e a integração do CMMS

À medida que as tecnologias avançam, é provável que a integração da manutenção preditiva com o CMMS se torne mais sofisticada, com maior automatização e tomada de decisões baseadas em IA. Algumas tendências emergentes incluem:

- **Aumento da utilização da IA para a priorização das ordens de trabalho**: Os algoritmos de IA automatizarão ainda mais a priorização das ordens de trabalho, identificando e sinalizando as tarefas de manutenção mais críticas com base em insights preditivos e dados históricos de impacto.
- **Integração com gémeos digitais**: Os gémeos digitais, ou réplicas virtuais de activos físicos, podem melhorar a integração do CMMS através da simulação das condições dos activos em tempo real. Estas simulações fornecem dados mais ricos para os modelos preditivos do e para o CMMS, melhorando a precisão das previsões e o planeamento.

- **Ferramentas avançadas de relatório e visualização**: A visualização de dados e os painéis de controlo melhorados melhorarão a usabilidade dos sistemas integrados, permitindo que os gestores de manutenção vejam as tendências e tomem decisões baseadas em dados de forma mais eficaz.

Conclusão

A integração da manutenção preditiva com o CMMS representa um avanço significativo na gestão da manutenção, combinando os pontos fortes das percepções preditivas em tempo real com o planeamento organizado da manutenção e o acompanhamento dos activos. Ao unificar estes sistemas, as organizações podem passar de uma abordagem reactiva para um modelo de manutenção proactivo, reduzindo custos, melhorando o tempo de funcionamento e prolongando a vida útil dos activos. Através de um fluxo de dados eficaz, de ordens de trabalho automatizadas e de uma melhor atribuição de recursos, esta integração permite às equipas de manutenção maximizar a eficiência operacional e obter um maior valor a longo prazo dos seus activos.

10.7 As vantagens e os desafios da manutenção preditiva - ROI, afetação de recursos e precisão

A manutenção preditiva transformou as abordagens tradicionais de manutenção, oferecendo benefícios substanciais como a redução de custos, a otimização da atribuição de recursos e o aumento da fiabilidade operacional. No entanto, a adoção da manutenção preditiva também apresenta desafios, incluindo a necessidade de investimentos iniciais substanciais, requisitos de precisão de dados e alterações nas estratégias de atribuição de recursos. Compreender o equilíbrio entre benefícios e desafios é fundamental para as organizações que procuram implementar a manutenção preditiva de uma forma que maximize o retorno do investimento (ROI) e a eficiência operacional.

1. As vantagens da manutenção preditiva

Poupança de custos e ROI

Uma das principais vantagens da manutenção preditiva é o seu potencial para reduzir os custos globais de manutenção. A manutenção preditiva pode reduzir as despesas relacionadas com reparações de emergência, mão de obra e peças de substituição. Ao antecipar as falhas antes de estas ocorrerem, as organizações podem evitar avarias dispendiosas e tempos de inatividade não planeados, que são frequentemente muito mais dispendiosos do que as tarefas de manutenção programadas.

ROI da manutenção preditiva

O cálculo do ROI da manutenção preditiva pode demonstrar a sua viabilidade financeira. Por exemplo, as organizações normalmente vêem o ROI através de:

- **Redução do tempo de inatividade**: A manutenção preditiva minimiza o tempo de inatividade não planeado, permitindo operações ininterruptas e maior produtividade. Em indústrias onde o tempo de inatividade pode custar milhares por hora, estas poupanças acumulam-se rapidamente.
- **Custos de reparação mais baixos**: Resolver as necessidades de manutenção antes de o equipamento falhar resulta frequentemente em pequenas reparações em vez de substituições completas, que são mais dispendiosas.
- **Aumento da vida útil dos activos**: Ao monitorizar e gerir as condições dos activos, as organizações podem prolongar a vida útil dos seus equipamentos, maximizando o valor dos investimentos de capital.

O ROI da manutenção preditiva pode variar consoante a indústria, o tipo de equipamento e a qualidade da implementação. As empresas com activos complexos e de elevado valor podem ter um ROI mais rápido do que as organizações com activos mais simples ou de baixo custo.

Atribuição optimizada de recursos

A manutenção preditiva permite uma utilização mais eficiente dos recursos, optimizando os horários de manutenção e garantindo que o pessoal e as peças estão disponíveis quando necessário. Com as informações preditivas, as equipas de manutenção podem concentrar-se nos activos que requerem atenção imediata, em vez de efectuarem verificações de rotina desnecessárias. Isto conduz a:

- **Melhor utilização da força de trabalho**: O pessoal de manutenção pode concentrar-se em tarefas de alta prioridade e evitar gastar tempo em inspecções desnecessárias, melhorando a produtividade e a moral da força de trabalho.
- **Gestão eficiente de peças sobressalentes**: Saber antecipadamente quais as peças que serão necessárias permite uma gestão simplificada do inventário. Isto reduz os custos associados ao transporte de inventário em excesso e evita atrasos devido a rupturas de stock.

- **Redução dos custos de horas extraordinárias**: A manutenção preditiva ajuda a minimizar a ocorrência de reparações de última hora ou de emergência, que muitas vezes exigem o pagamento de horas extraordinárias. A manutenção programada e preventiva permite que as equipas de manutenção trabalhem dentro do horário normal.

Maior precisão e fiabilidade

A manutenção preditiva baseia-se em dados em tempo real, permitindo uma avaliação precisa das condições do equipamento. Com modelos analíticos avançados e de aprendizagem automática, as equipas de manutenção podem alcançar um elevado grau de precisão na previsão de potenciais falhas, conduzindo a uma tomada de decisões mais fiável. Esta precisão resulta em:

- **Maior fiabilidade do equipamento**: A manutenção preditiva permite a deteção precoce do desgaste, aumentando a fiabilidade global dos activos. Isto leva a menos avarias inesperadas e contribui para uma produção operacional consistente.
- **Normas de segurança mais elevadas**: Um equipamento fiável é inerentemente mais seguro. Ao abordar proactivamente potenciais pontos de falha, a

manutenção preditiva minimiza a probabilidade de acidentes e condições perigosas, especialmente em indústrias que envolvem maquinaria pesada ou sistemas críticos.

- **Tomada de decisões melhorada**: As informações baseadas em dados permitem que os gestores de manutenção tomem decisões informadas, desde a atribuição de recursos até à priorização das actividades de manutenção. Ao reduzir a incerteza, a manutenção preditiva permite que as organizações alinhem estrategicamente os esforços de manutenção com os objectivos comerciais.

2. Desafios na implementação da manutenção preditiva

Investimento inicial elevado

A criação de um sistema de manutenção preditiva requer frequentemente um investimento financeiro substancial em hardware, software e formação dos trabalhadores. As principais despesas incluem:

- **Tecnologia de sensores e dispositivos IoT**: A instalação de sensores em activos críticos é essencial para a recolha de dados, mas pode ser dispendiosa, especialmente para activos grandes ou distribuídos.

- **Armazenamento e processamento de dados**: A manutenção preditiva gera um grande volume de dados que devem ser armazenados e processados. Os serviços em nuvem e a infraestrutura de dados, embora flexíveis, têm custos recorrentes.
- **Software especializado**: A manutenção preditiva requer software avançado para análise de dados, aprendizagem automática e visualização. Muitas organizações optam por software de manutenção preditiva especializado, que muitas vezes requer personalização para se alinhar com activos e processos de manutenção específicos.

Apesar destes custos iniciais, as poupanças a longo prazo e o aumento do ROI resultante de menos avarias, menores custos de reparação e maior produtividade justificam frequentemente o investimento. Muitas organizações abordam a implementação gradualmente, testando a manutenção preditiva em activos críticos antes de a expandirem para todas as operações.

Preocupações com a exatidão e a qualidade dos dados

Para que os modelos de manutenção preditiva sejam eficazes, os dados que os alimentam devem ser exactos, relevantes e de elevada qualidade. Os desafios comuns relacionados com os dados incluem:

- **Inconsistências de dados**: Os dados inconsistentes ou imprecisos dos sensores podem levar a previsões incorrectas, comprometendo a fiabilidade do sistema.
- **Integração de dados**: Os sistemas de manutenção preditiva requerem dados de várias fontes, incluindo CMMS, sistemas ERP e dispositivos IoT. Garantir uma integração e compatibilidade perfeitas entre estes sistemas pode ser complexo e exigir soluções personalizadas.
- **Tratamento de grandes volumes de dados**: A manutenção preditiva gera uma quantidade significativa de dados. As organizações têm de ter capacidades de processamento de dados robustas para analisar estes dados de forma eficaz, o que pode sobrecarregar a infraestrutura de TI existente.

Ultrapassar estes desafios implica normalmente estabelecer protocolos de validação de dados, garantir que os sensores estão calibrados e a funcionar corretamente e utilizar modelos de aprendizagem automática que possam lidar com dados ruidosos ou incompletos.

Requisitos de formação e desenvolvimento de competências

A adoção da manutenção preditiva exige a formação do pessoal sobre as novas tecnologias, a interpretação dos dados e as alterações dos processos. Os desafios neste domínio incluem:

- **Lacuna de competências técnicas**: As equipas de manutenção podem não ter experiência com o software, modelos de aprendizagem automática ou ferramentas de análise de dados utilizados na manutenção preditiva. Colmatar esta lacuna requer frequentemente formação especializada e a contratação de profissionais com conhecimentos de dados.
- **Gestão da mudança**: A passagem das práticas de manutenção tradicionais para as práticas de manutenção preditiva exige uma gestão da mudança organizacional. Os funcionários habituados à manutenção preventiva ou reactiva podem precisar de tempo para se adaptarem aos processos baseados em dados, e alguns podem ser resistentes a estas mudanças.
- **Aprendizagem e adaptação contínuas**: As tecnologias e metodologias de manutenção preditiva estão em constante evolução. As equipas de manutenção

necessitam de formação contínua para se manterem actualizadas em relação às melhores práticas e aos avanços tecnológicos.

A resposta aos desafios da formação e do desenvolvimento de competências exige um compromisso com o desenvolvimento da força de trabalho. Muitas organizações introduzem a manutenção preditiva por fases, dando tempo para uma adaptação gradual e para o desenvolvimento de competências.

Escalabilidade da manutenção preditiva

O escalonamento da manutenção preditiva de um programa-piloto para uma implementação em grande escala pode colocar dificuldades, especialmente para organizações com um grande número de activos ou diversos tipos de equipamento. Os desafios específicos de escalonamento incluem:

- **Tipos de activos inconsistentes**: Diferentes activos têm diferentes necessidades de manutenção preditiva. Por exemplo, o equipamento crítico com custos de avaria elevados pode exigir uma monitorização mais intensiva do que os activos não críticos.
- **Gerir o aumento do volume de dados**: À medida que a manutenção preditiva se expande pelas operações, o

volume de dados cresce exponencialmente. As organizações devem planear recursos adicionais de armazenamento, processamento e análise de dados para acomodar o aumento do fluxo de dados.

- **Controlo de custos**: A expansão da manutenção preditiva requer um planeamento cuidadoso para controlar os custos e, ao mesmo tempo, garantir que o programa expandido continua a proporcionar ROI. Uma abordagem faseada, começando com os activos mais críticos, pode ajudar as organizações a gerir os custos enquanto se baseiam em implementações bem sucedidas.

3. Estratégias para equilibrar os benefícios e os desafios

Implementação faseada e programas-piloto

Para lidar com o custo e a complexidade da manutenção preditiva, muitas organizações começam com programas-piloto que se concentram em activos críticos. Os programas-piloto permitem que as organizações avaliem o ROI, refinem os processos de dados e ajustem as práticas de manutenção sem se comprometerem com uma implementação em grande escala. Uma abordagem faseada também ajuda as equipas de manutenção a adaptarem-se gradualmente a novas ferramentas e técnicas, promovendo uma adoção mais suave.

Tirar partido de ferramentas avançadas de gestão de dados

A qualidade dos dados é fundamental para o sucesso da manutenção preditiva. As organizações podem melhorar a exatidão e a integração dos dados investindo em ferramentas avançadas de gestão de dados, tais como:

- **Limpeza de dados automatizada**: As ferramentas que limpam e validam automaticamente os dados ajudam a garantir que apenas os dados de alta qualidade entram nos modelos preditivos.
- **Soluções baseadas na nuvem**: Muitas organizações escolhem plataformas de manutenção preditiva baseadas na nuvem para escalabilidade e flexibilidade, permitindo-lhes expandir sem investimentos substanciais em infra-estruturas.
- **Software de integração de dados**: APIs, middleware e plataformas de integração facilitam o fluxo de dados entre os sistemas de manutenção preditiva e outro software empresarial, reduzindo os silos de dados e melhorando a acessibilidade.

Desenvolvimento da força de trabalho e colaboração interfuncional

A criação de uma força de trabalho qualificada é fundamental para o sucesso da manutenção preditiva. As organizações podem desenvolver programas de formação adaptados ao pessoal de manutenção, engenheiros e analistas de dados, assegurando que cada membro da equipa compreende o seu papel no processo de manutenção preditiva. A colaboração multifuncional entre as equipas de manutenção, TI e dados também reforça a integração e incentiva uma abordagem unificada à gestão da manutenção.

Controlo e melhoria contínuos

A manutenção preditiva não é um projeto único; requer uma monitorização e melhoria contínuas. As avaliações regulares ajudam as organizações a identificar áreas de otimização, quer seja através da afinação de modelos preditivos, da adição de novos sensores ou do ajuste dos planos de manutenção com base nas informações obtidas.

Conclusão

A manutenção preditiva oferece benefícios substanciais, desde a poupança de custos e a otimização da atribuição de recursos até ao aumento da fiabilidade do equipamento e da precisão na tomada de decisões. No entanto, as organizações também têm de enfrentar desafios, incluindo investimentos iniciais elevados, requisitos de qualidade dos dados e a necessidade de formação da força de trabalho. Ao adotar uma abordagem estratégica que inclua a implementação faseada, a gestão avançada de dados e a melhoria contínua, as organizações podem maximizar o ROI da manutenção preditiva, minimizando os potenciais obstáculos. Equilibrar estes benefícios e desafios permite que as organizações construam uma estratégia de manutenção que conduza ao sucesso operacional e à resiliência a longo prazo.

10.8 Manutenção Preditiva vs. Manutenção Preventiva - Uma Análise Comparativa

Compreender as diferenças entre manutenção preditiva e preventiva é crucial para as organizações que procuram a abordagem mais eficiente à gestão de activos. Embora ambas as estratégias de manutenção tenham como objetivo reduzir as falhas de equipamento e aumentar o tempo de funcionamento, diferem significativamente na metodologia, implementação e resultados. Este capítulo fornece uma análise comparativa da manutenção preditiva e preventiva, examinando os respectivos benefícios, limitações e aplicações ideais para ajudar as organizações a tomar decisões informadas.

1. Visão geral da manutenção preventiva e preditiva

Manutenção Preditiva

A manutenção preditiva é uma abordagem baseada em dados que envolve a monitorização do estado do equipamento em tempo real para prever quando é necessária a manutenção. Ao utilizar sensores, análises e algoritmos de aprendizagem automática, a manutenção preditiva avalia o estado real do equipamento para antecipar falhas e otimizar os calendários de reparação. A manutenção preditiva permite intervenções apenas quando há uma indicação clara de uma falha futura, evitando assim a manutenção desnecessária e minimizando o tempo de inatividade.

Manutenção preventiva

A manutenção preventiva é uma abordagem baseada no tempo que programa actividades de manutenção regulares em intervalos pré-determinados, independentemente do estado atual do equipamento. Seguindo os calendários recomendados pelo fabricante ou os padrões históricos de avarias, a manutenção preventiva visa evitar avarias através de uma manutenção proactiva do equipamento. A manutenção preventiva é normalmente aplicada em cenários em que é viável assumir que o desgaste ocorre em ciclos previsíveis, tais como inspecções de rotina, limpeza ou substituição de peças.

2. Principais diferenças entre manutenção preventiva e preditiva

Metodologia

- **A manutenção preditiva** baseia-se em dados recolhidos a partir de sensores de equipamento, monitorização em tempo real e análises avançadas. Os algoritmos de aprendizagem automática analisam estes dados para prever pontos de falha, fornecendo avisos precoces e permitindo uma abordagem de manutenção mais direcionada.
- **A Manutenção Preventiva** baseia-se em intervalos de tempo ou de utilização. As tarefas de manutenção são programadas com base em dados históricos, recomendações ou suposições sobre quando é provável que o equipamento necessite de assistência.

Implicações em termos de custos

- **Investimento inicial**: A manutenção preditiva requer um investimento inicial elevado em sensores, infra-estruturas de dados e ferramentas analíticas. Em contrapartida, a manutenção preventiva tem geralmente custos de arranque mais baixos, uma vez que não requer sistemas avançados de monitorização ou de processamento de dados.

- **Custos operacionais**: A manutenção preditiva pode reduzir os custos operacionais a longo prazo, minimizando as falhas inesperadas e prolongando a vida útil dos activos. A manutenção preventiva incorre em custos operacionais regulares, uma vez que obriga a intervenções programadas, algumas das quais podem não ser necessárias.
- **Poupanças a longo prazo**: Embora a manutenção preventiva evite falhas catastróficas através de revisões periódicas, pode não evitar problemas de desgaste que ocorram fora dos intervalos programados. A manutenção preditiva, por outro lado, pode gerar maiores poupanças a longo prazo, uma vez que só responde às necessidades em tempo real, reduzindo assim o tempo de inatividade e maximizando a vida útil dos activos.

Frequência de manutenção

- **Manutenção Preditiva**: A frequência das intervenções varia e baseia-se diretamente no estado do equipamento. As actividades de manutenção são desencadeadas apenas quando os dados indicam potenciais problemas, resultando em menos reparações desnecessárias.

- **Manutenção preventiva**: A frequência da manutenção é fixa, o que pode levar a uma manutenção excessiva (manutenção do equipamento antes de ser necessário) ou a uma manutenção insuficiente (não se consegue detetar os problemas que surgem entre as intervenções programadas).

Tempo de inatividade

- **A manutenção preditiva** tem como objetivo minimizar o tempo de inatividade, permitindo intervenções just-in-time, o que significa que o equipamento é assistido apenas quando necessário. Esta abordagem reduz as paragens não planeadas e garante que as actividades de manutenção são oportunas.
- **A manutenção preventiva** pode reduzir o risco de avarias, mas pode causar mais tempo de inatividade programado, uma vez que o equipamento é regularmente desligado para inspecções ou manutenção, independentemente do seu estado real.

Utilização de recursos

- **A Manutenção Preditiva** utiliza os recursos de forma mais eficiente, direcionando-os para activos específicos que necessitam de atenção imediata. As equipas de manutenção podem concentrar os seus esforços em questões de elevada prioridade, optimizando a mão de obra e reduzindo o inventário de peças sobresselentes.
- **A manutenção preventiva** implica normalmente uma afetação mais rígida dos recursos. Como todas as tarefas programadas são executadas independentemente da necessidade, pode levar a uma utilização ineficiente de mão de obra e materiais.

3. Vantagens e limitações da manutenção preventiva e preditiva

Vantagens da manutenção preditiva

- **Eficiência na programação da manutenção**: A manutenção preditiva permite às organizações programar as reparações exatamente quando são necessárias, evitando a manutenção excessiva e o tempo de inatividade desnecessário.
- **Melhoria da saúde dos activos**: Ao detetar problemas atempadamente, a manutenção preditiva pode prolongar

a vida útil do equipamento e reduzir a necessidade de grandes revisões.

- **Poupança de custos**: Embora a manutenção preditiva exija um investimento inicial, as poupanças a longo prazo resultantes da redução de avarias e do aumento do tempo de atividade podem compensar esses custos.
- **Fiabilidade melhorada**: A manutenção preditiva fornece uma visão contínua do estado dos activos, resultando em menos avarias inesperadas e maior fiabilidade.

Limitações da manutenção preditiva

- **Custos iniciais elevados**: A implementação da manutenção preditiva requer investimento em tecnologia de sensores, plataformas de análise de dados e pessoal qualificado, o que pode ser um obstáculo para as organizações mais pequenas.
- **Implementação complexa**: Uma manutenção preditiva bem sucedida requer um elevado nível de integração de dados e uma mão de obra qualificada para gerir e interpretar os dados com precisão.
- **Dependência baseada em dados**: A manutenção preditiva depende de dados consistentes e de alta

qualidade. A má qualidade dos dados pode levar a previsões imprecisas, afectando a tomada de decisões e levando potencialmente a interrupções não planeadas.

Vantagens da manutenção preventiva

- **Simplicidade na execução**: A manutenção preventiva é simples e pode ser implementada com ferramentas básicas de programação e afetação de recursos.
- **Custos e calendarização previsíveis**: Como a manutenção preventiva é programada, as organizações podem planear antecipadamente a mão de obra, as peças e os recursos, tornando previsível a atribuição de custos.
- **Redução de falhas catastróficas**: Ao efetuar a manutenção de rotina do equipamento, a manutenção preventiva reduz o risco de falhas graves, embora possa não as eliminar totalmente.

Limitações da manutenção preventiva

- **Manutenção excessiva**: Com a manutenção preventiva, corre-se o risco de efetuar tarefas desnecessárias, o que conduz a custos operacionais mais elevados e a um possível desgaste devido a um manuseamento excessivo.

- **Intervenções falhadas**: O equipamento pode falhar fora dos intervalos programados, uma vez que a manutenção preventiva não tem em conta as mudanças súbitas de estado.
- **Inflexibilidade**: A natureza fixa da manutenção preventiva não se adapta ao desempenho do equipamento em tempo real, o que pode ser limitativo em ambientes dinâmicos.

4. Melhores aplicações para a manutenção preventiva e preditiva

Melhores aplicações de manutenção preditiva

A manutenção preditiva é ideal para activos críticos de elevado valor, em que as falhas conduzem a tempos de inatividade significativos ou a riscos de segurança. Os sectores em que a manutenção preditiva pode ser altamente benéfica incluem:

- **Fabrico**: Equipamento e maquinaria complexos com ciclos de utilização variados.
- **Energia e serviços públicos**: Centrais eléctricas, turbinas e sistemas de rede de energia que têm de funcionar continuamente.

- **Transportes**: Aeronaves, caminhos-de-ferro e outros veículos em que a avaria representa elevados riscos de segurança e custos de inatividade.

A manutenção preditiva também é adequada para activos em que a recolha de dados em tempo real é viável e a organização dispõe da infraestrutura necessária para analisar e agir com base nesses dados de forma eficaz.

Manutenção preventiva Melhores aplicações

A manutenção preventiva é adequada para activos com padrões de desgaste previsíveis e menor variabilidade operacional. Os exemplos incluem:

- **Gestão de instalações**: Sistemas AVAC, iluminação e outros equipamentos de edifícios com utilização regular e degradação previsível.
- **Maquinaria menos complexa**: Equipamento que é menos propenso a falhas inesperadas e que pode ser mantido eficazmente através de controlos de rotina.
- **Indústrias com baixos custos de inatividade**: Em ambientes onde os custos de inatividade são relativamente baixos, a manutenção preventiva pode oferecer uma solução mais simples e económica.

A manutenção preventiva é frequentemente a melhor escolha quando as organizações não dispõem dos recursos necessários para investir em tecnologias de manutenção preditiva ou quando a complexidade acrescida da manutenção preditiva não proporciona um retorno do investimento suficiente.

5. Considerações estratégicas na escolha de abordagens de manutenção

Para muitas organizações, a escolha entre manutenção preditiva e preventiva não é binária. Em vez disso, podem optar por misturar as duas abordagens numa estratégia de manutenção híbrida que equilibre os pontos fortes de cada uma.

Estratégias de manutenção híbridas

Uma abordagem híbrida pode envolver a utilização da manutenção preventiva em activos não críticos e a aplicação da manutenção preditiva a equipamento de elevada prioridade e elevado custo. Esta estratégia permite que as organizações maximizem os benefícios da manutenção preditiva onde são mais importantes, mantendo os custos globais controláveis.

Factores que influenciam a estratégia de manutenção

- **Restrições orçamentais e de custos**: As organizações devem ponderar os custos da implementação da manutenção preditiva em relação ao ROI previsto. A manutenção preditiva é mais justificável quando as poupanças potenciais e a redução do risco ultrapassam os investimentos iniciais.

- **Criticidade dos activos**: Os activos críticos e de elevado valor justificam frequentemente a utilização da manutenção preditiva devido aos elevados custos associados ao tempo de inatividade.
- **Complexidade operacional**: Em indústrias com equipamento complexo e padrões de utilização variáveis, a manutenção preditiva pode proporcionar a flexibilidade necessária para adaptar os programas de manutenção de forma dinâmica.
- **Infraestrutura de dados e conhecimentos especializados**: As organizações com infra-estruturas de dados e capacidades analíticas existentes estão mais bem posicionadas para implementar a manutenção preditiva.

Conclusão

A manutenção preditiva e a manutenção preventiva oferecem benefícios únicos e enfrentam desafios específicos. A manutenção preditiva fornece informações dinâmicas e em tempo real sobre o estado do equipamento, permitindo intervenções atempadas e a redução do tempo de inatividade, mas requer um investimento significativo e conhecimentos técnicos especializados. A manutenção preventiva, embora mais simples e mais previsível, pode levar a um excesso de manutenção e pode não evitar todos os tipos de avarias.

Em última análise, a decisão entre manutenção preditiva e preventiva deve ser orientada pelas necessidades operacionais da organização, pela criticidade dos activos, pelas restrições orçamentais e pelas capacidades técnicas. Em muitos casos, uma abordagem híbrida pode oferecer uma solução equilibrada que optimiza a eficiência da manutenção e apoia a saúde dos activos a longo prazo. Ao avaliar cuidadosamente os seus requisitos específicos, as organizações podem conceber uma estratégia de manutenção que maximize a fiabilidade, minimize os custos e se alinhe com os seus objectivos operacionais globais.

10.9 Casos práticos de manutenção preditiva - exemplos da indústria

A aplicação da manutenção preditiva transformou a gestão de activos em várias indústrias, proporcionando melhorias substanciais na fiabilidade dos equipamentos, eficiência operacional e redução de custos. Este capítulo analisa exemplos reais de implementações de manutenção preditiva em vários sectores, destacando os métodos utilizados, os resultados alcançados e as lições aprendidas. Estes estudos de caso ilustram a forma como a manutenção preditiva pode ser adaptada para satisfazer requisitos industriais específicos, desde a indústria transformadora aos transportes e à produção de energia.

1. Manutenção Preditiva na Indústria Transformadora: Um caso de máquinas CNC

Antecedentes

Numa fábrica de alta precisão especializada em peças para automóveis, as máquinas de Controlo Numérico Computadorizado (CNC) são activos críticos. As avarias frequentes destas máquinas causavam atrasos substanciais na produção e aumentavam os custos operacionais. A instalação decidiu implementar a manutenção preditiva em para minimizar o tempo de inatividade e aumentar a vida útil das máquinas, especialmente devido ao elevado custo das avarias inesperadas e à consequente perturbação das cadeias de abastecimento.

Implementação da manutenção preditiva

A instalação instalou sensores nas suas máquinas CNC para monitorizar dados em tempo real relacionados com a temperatura, vibração e velocidade do fuso. Ao introduzir estes dados num sistema de análise preditiva, as equipas de manutenção puderam prever falhas no equipamento com base em desvios das condições normais de funcionamento. Os modelos de aprendizagem automática foram treinados com base em dados históricos de manutenção e operacionais, permitindo que o sistema refinasse as suas previsões de avarias ao longo do tempo.

Resultados e benefícios

- **Redução do tempo de paragem**: A implementação levou a uma redução de 30% do tempo de inatividade não planeado no primeiro ano, melhorando significativamente a eficiência da produção.
- **Poupança de custos**: Ao identificar as necessidades de manutenção com antecedência, a instalação reduziu os custos de manutenção em 25%, uma vez que as peças eram substituídas apenas quando necessário.
- **Aumento da vida útil da máquina**: A monitorização contínua evitou danos graves nos componentes CNC, aumentando o seu tempo de vida útil e reduzindo a frequência de substituições completas da máquina.

Este caso sublinha a forma como a manutenção preditiva pode melhorar a fiabilidade do equipamento, otimizar a atribuição de recursos e, em última análise, apoiar uma maior produtividade na indústria transformadora.

2. Setor dos transportes: Manutenção Preditiva em Sistemas Ferroviários

Antecedentes

Uma empresa ferroviária nacional enfrentava interrupções frequentes devido a falhas inesperadas nas suas locomotivas e sistemas ferroviários. Com a segurança e o cumprimento dos horários como principais prioridades, a empresa precisava de uma abordagem de manutenção que pudesse prever potenciais falhas e reduzir as reparações não planeadas. A manutenção preditiva foi adoptada para enfrentar estes desafios e garantir operações mais suaves em toda a rede ferroviária.

Implementação da manutenção preditiva

Os sensores foram instalados em componentes críticos, incluindo motores de locomotivas, conjuntos de rodas e travões. Os dados destes sensores foram enviados para uma plataforma de análise centralizada onde foram processados utilizando modelos de aprendizagem automática. Os algoritmos preditivos analisavam os dados para detetar sinais de desgaste anormal, como o aumento da vibração nos conjuntos de rodas ou aumentos de temperatura invulgares nos sistemas de travagem.

Resultados e benefícios

- **Segurança reforçada**: A manutenção preditiva permitiu a deteção precoce de problemas mecânicos, reduzindo o risco de falhas em trânsito que poderiam comprometer a segurança dos passageiros.
- **Melhoria do cumprimento do calendário**: Ao responder proactivamente às necessidades de manutenção, o caminho de ferro reduziu os atrasos causados por reparações não programadas, conseguindo uma melhoria de 20% no desempenho pontual.
- **Custos de manutenção mais baixos**: A capacidade do sistema de prever com exatidão as falhas das peças permitiu uma substituição orientada das mesmas, o que levou a uma redução de 15% nas despesas de manutenção.

Este caso realça o papel da manutenção preditiva não só no reforço da segurança, mas também na melhoria da fiabilidade do serviço, que é fundamental nos transportes públicos.

3. Indústria do petróleo e do gás: Manutenção Preditiva para Equipamento de Perfuração Offshore

Antecedentes

Na indústria do petróleo e do gás, as operações de perfuração offshore enfrentam condições ambientais adversas, tornando a fiabilidade do equipamento essencial. Uma grande empresa petrolífera sofreu perdas substanciais devido a falhas de equipamento nas suas plataformas offshore, com o tempo de inatividade não planeado a custar milhões por incidente. Para reduzir estes riscos, a empresa introduziu a manutenção preditiva para monitorizar e prever falhas em equipamentos críticos, como compressores e bombas.

Implementação da manutenção preditiva

A empresa instalou uma série de sensores em activos críticos, recolhendo dados sobre pressão, vibração e caudais. Esta informação foi processada através de uma plataforma de manutenção preditiva que utilizou a aprendizagem automática para analisar e prever potenciais avarias. Tendo em conta os elevados riscos, a plataforma foi integrada com capacidades de monitorização remota, permitindo que os engenheiros em terra recebessem alertas e fornecessem orientações às equipas no local.

Resultados e benefícios

- **Redução do tempo de inatividade não planeado**: O sistema preditivo reduziu o tempo de inatividade em 40%, permitindo operações contínuas e maximizando as receitas das actividades de perfuração.
- **Aumento da segurança dos trabalhadores**: A manutenção preditiva ajudou a detetar precocemente falhas críticas, reduzindo a probabilidade de incidentes perigosos que poderiam colocar o pessoal em perigo.
- **Poupança de custos**: Ao evitar falhas catastróficas, a empresa poupou cerca de 10 milhões de dólares por ano em despesas relacionadas com a manutenção e custos de inatividade.

O sucesso da manutenção preditiva neste contexto demonstra a sua eficácia nos sectores em que a falha de equipamento tem graves implicações financeiras e de segurança.

4. Setor da energia: Manutenção Preditiva para Turbinas Eólicas

Antecedentes

Uma empresa de energias renováveis que opera uma frota de turbinas eólicas procurou melhorar a eficiência e a fiabilidade dos seus activos. As turbinas eólicas estão sujeitas a condições ambientais variáveis e ao stress dos componentes, o que leva a avarias frequentes . A empresa implementou a manutenção preditiva para reduzir os custos de manutenção e melhorar a consistência da produção de energia.

Implementação da manutenção preditiva

Foram instalados sensores em componentes-chave de cada turbina, incluindo a caixa de velocidades, o gerador e as pás. Os dados destes sensores foram analisados utilizando algoritmos de aprendizagem automática capazes de detetar anomalias nos padrões de vibração, alterações de temperatura e velocidade de rotação. Os alertas preditivos permitiram às equipas de manutenção resolver os problemas antes que estes resultassem em avarias.

Resultados e benefícios

- **Aumento da produção de energia**: A manutenção preditiva levou a um aumento de 15% na produção de energia, reduzindo o tempo de inatividade e assegurando um funcionamento consistente da turbina.
- **Aumento da vida útil dos activos**: A monitorização contínua e as intervenções atempadas prolongaram a vida útil dos componentes da turbina, atrasando a necessidade de substituições dispendiosas.

- **Impacto ambiental**: Com as turbinas a funcionar de forma mais fiável, a empresa produziu energia renovável de forma mais consistente, contribuindo para um fornecimento de energia mais estável e sustentável.

Este caso mostra como a manutenção preditiva não só apoia os objectivos operacionais, mas também contribui para a sustentabilidade ambiental nas energias renováveis.

5. Manutenção preditiva nos cuidados de saúde: Fiabilidade dos equipamentos médicos

Antecedentes

Uma grande rede hospitalar com um extenso inventário de equipamento médico enfrentou desafios para garantir que os dispositivos críticos, como máquinas de ressonância magnética e ventiladores, permanecessem operacionais. O tempo de inatividade dos equipamentos perturbava os cuidados aos doentes e aumentava os custos, tornando a manutenção preditiva uma solução apelativa para aumentar a fiabilidade e reduzir os custos de reparação.

Implementação da manutenção preditiva

Foram instalados sensores e software de diagnóstico em dispositivos médicos de elevado valor. Os dados, incluindo padrões de utilização, diagnósticos internos e flutuações de temperatura, foram recolhidos e analisados para identificar o desgaste e potenciais pontos de falha. Os alertas preditivos permitiram que os técnicos do hospital resolvessem os problemas antes que estes afectassem os cuidados dos doentes.

Resultados e benefícios

- **Melhoria dos cuidados aos doentes**: Ao minimizar o tempo de inatividade do equipamento, a rede hospitalar assegurou uma maior disponibilidade de dispositivos essenciais, o que levou a menos atrasos nos tratamentos.
- **Redução dos custos de manutenção**: Com as informações preditivas, os técnicos efectuaram a manutenção apenas quando necessário, reduzindo os custos associados a reparações desnecessárias.
- **Eficiência operacional**: A manutenção preditiva permitiu uma melhor atribuição de recursos, com as equipas de manutenção a poderem dar prioridade aos activos críticos.

Este caso ilustra a forma como a manutenção preditiva nos cuidados de saúde pode melhorar os resultados dos doentes, assegurando a disponibilidade de equipamento que salva vidas.

6. Lições aprendidas em todos os sectores

Cada estudo de caso demonstra os benefícios e desafios únicos na adoção da manutenção preditiva, oferecendo informações importantes para as organizações que estão a considerar implementações semelhantes.

Factores comuns de sucesso

1. **Qualidade e integração de dados**: Em todos os sectores, o sucesso da manutenção preditiva depende de dados de alta qualidade e de uma integração perfeita dos dados dos sensores com plataformas analíticas.

2. **Algoritmos personalizados**: Os algoritmos de previsão precisam de ser personalizados para ter em conta tipos de equipamento específicos, condições ambientais e exigências operacionais.

3. **Colaboração interfuncional**: Uma manutenção preditiva eficaz requer a colaboração entre as equipas de manutenção, TI e operações para garantir uma interpretação precisa dos dados e intervenções atempadas.

4. **Justificação do investimento**: A manutenção preditiva tem maior impacto em ambientes onde os custos de avaria do equipamento são elevados e onde os

investimentos iniciais são justificados por poupanças a longo prazo.

Desafios e estratégias de atenuação

- **Custos iniciais**: Embora a manutenção preditiva exija um investimento substancial em sensores, infra-estruturas de dados e análises, as organizações podem atenuar estes custos direcionando os activos de elevada prioridade e implementando a manutenção preditiva de forma incremental.
- **Conhecimentos técnicos especializados**: Uma força de trabalho qualificada é essencial para implementar e gerir sistemas de manutenção preditiva. Investir na formação e no desenvolvimento garante que as equipas possam tirar o máximo partido das informações preditivas.
- **Gestão da mudança**: Passar da manutenção tradicional para abordagens preditivas exige frequentemente uma mudança cultural. Uma comunicação clara dos benefícios e uma implementação gradual podem facilitar esta transição.

Conclusão

Estes estudos de caso sublinham o potencial transformador da manutenção preditiva em diversos sectores. Desde a indústria transformadora e transportes até aos cuidados de saúde e energia, a manutenção preditiva provou reduzir o tempo de inatividade, melhorar a segurança e gerar poupanças de custos substanciais. Embora a implementação da manutenção preditiva varie de acordo com o sector, os princípios subjacentes à monitorização em tempo real, às informações baseadas em dados e às intervenções proactivas permanecem consistentes. As organizações que adoptam a manutenção preditiva não só aumentam a fiabilidade dos activos, como também se posicionam para uma maior eficiência operacional e competitividade.

10.10 Tendências futuras na manutenção preditiva - IA, monitorização autónoma e gémeos digitais

À medida que a manutenção preditiva continua a evoluir, as tecnologias emergentes estão a remodelar a forma como as indústrias gerem e mantêm os activos. A integração da inteligência artificial (IA), dos sistemas de monitorização autónomos e dos gémeos digitais promete levar a manutenção preditiva para além das suas capacidades actuais, oferecendo soluções de gestão de activos ainda mais precisas e proactivas.

Este capítulo explora estas tendências futuras, examinando a forma como cada uma delas está preparada para transformar as práticas de manutenção preditiva, aumentar a precisão e simplificar as operações em vários sectores.

1. O papel da Inteligência Artificial na Manutenção Preditiva

Análise avançada de dados e percepções preditivas

A IA já é fundamental para a manutenção preditiva, mas o seu papel irá expandir-se à medida que as técnicas de aprendizagem automática (ML) e aprendizagem profunda (DL) se tornam mais sofisticadas. Os sistemas tradicionais de manutenção preditiva baseiam-se em algoritmos pré-definidos para identificar padrões de falha, mas os modelos alimentados por IA podem aprender de forma independente a partir de conjuntos de dados vastos e diversificados, identificando padrões matizados que indicam desgaste, falhas iminentes e potenciais pontos de falha.

Os futuros algoritmos de IA serão capazes de analisar fluxos de dados em tempo real com maior precisão, detectando correlações complexas que podem escapar aos engenheiros humanos ou a algoritmos mais simples. À medida que os modelos de IA se tornam melhores na previsão do tempo de vida útil do equipamento e das necessidades de manutenção, as organizações beneficiarão de:

- **Precisão melhorada**: Os modelos de IA adaptar-se-ão a condições operacionais específicas e ao comportamento do equipamento, reduzindo os falsos positivos e permitindo intervenções mais direcionadas.
- **Planos de manutenção personalizados**: A IA permitirá que os planos de manutenção sejam personalizados para cada máquina ou peça, em vez de utilizar uma abordagem única para todos.
- **Intervenções preditivas**: À medida que os modelos de IA antecipam as falhas com maior antecedência, as organizações podem planear intervenções durante os períodos ideais, equilibrando a fiabilidade dos activos com os requisitos de produção.

Modelos de IA adaptativos e sistemas de auto-aprendizagem

Com os avanços nas capacidades de auto-aprendizagem, os futuros sistemas de IA aperfeiçoar-se-ão continuamente com base em dados do mundo real, melhorando a precisão e a adaptabilidade. Isto permite-lhes continuar a ser eficazes à medida que o equipamento envelhece ou as condições ambientais se alteram. Além disso, os modelos adaptativos de IA integrar-se-ão com outros sistemas operacionais, como o planeamento de recursos empresariais (ERP) ou os sistemas de gestão de manutenção informatizados (CMMS), melhorando a tomada de decisões de manutenção preditiva em toda a organização.

2. Sistemas de monitorização autónomos - Rumo a uma manutenção totalmente automatizada

Recolha de dados em tempo real com um mínimo de intervenção humana

A monitorização autónoma representa o próximo nível de automatização da manutenção, permitindo que os sistemas de manutenção preditiva funcionem de forma independente. Os sistemas de monitorização autónomos são alimentados por redes de sensores inteligentes capazes de recolher dados sobre várias métricas operacionais, desde temperatura e vibração até à humidade e velocidade, sem envolvimento humano direto. Esta automatização oferece várias vantagens:

- **Fluxo de dados contínuo**: Os fluxos de dados em tempo real fornecem monitorização ininterrupta, capturando anomalias imediatamente e enviando alertas.

- **Intervenção Humana Reduzida**: Os sistemas autónomos permitem que as equipas de manutenção se concentrem em tarefas estratégicas em vez da monitorização de rotina, melhorando a produtividade geral.
- **Escalabilidade**: Estes sistemas podem ser dimensionados para operações grandes e complexas, fornecendo supervisão em várias máquinas ou mesmo em instalações remotas.

Drones e robótica na manutenção

Em ambientes difíceis, como plataformas petrolíferas offshore ou minas subterrâneas, estão a ser utilizados drones e robôs autónomos para recolher dados e realizar inspecções de manutenção. Equipados com IA e sensores avançados, os drones e os robôs podem monitorizar as condições dos activos em áreas perigosas ou de difícil acesso, reduzindo os riscos para os trabalhadores humanos. Esta capacidade é especialmente valiosa para a inspeção de infra-estruturas, onde as grandes distâncias e o terreno difícil impedem frequentemente uma monitorização eficaz.

No futuro, estas tecnologias desempenharão um papel mais importante na manutenção preditiva, oferecendo um acesso sem precedentes aos dados dos activos e permitindo acções proactivas em tempo real. Por exemplo, um drone autónomo poderá detetar pequenas fugas nas condutas ou problemas estruturais numa turbina eólica e transmitir esses dados para análise e intervenção antes que o problema se agrave.

3. Gémeos digitais - Representações virtuais para precisão de previsão

O que são gémeos digitais?

Um gémeo digital é uma réplica virtual de um ativo físico, como uma máquina, um processo ou uma instalação completa, que reflecte dados em tempo real do mundo físico. Através de uma simulação avançada, os gémeos digitais proporcionam um ambiente dinâmico para analisar, monitorizar e prever o comportamento dos activos. Esta tecnologia representa a convergência da IoT, IA e análise em tempo real, criando uma ferramenta inestimável para a manutenção preditiva.

Os gémeos digitais permitem aos engenheiros e técnicos ver como um ativo está a funcionar em tempo real, experimentando diferentes cenários para prever como condições específicas podem afetar o desempenho . Este "campo de ensaio virtual" reduz o risco de tentativa e erro em activos físicos, conduzindo a intervenções de manutenção mais eficientes.

Melhorar a manutenção preditiva com gémeos digitais

Os gémeos digitais permitem que os sistemas de manutenção preditiva forneçam informações mais específicas e facilitem a tomada de decisões proactivas através da oferta:

- **Integração de dados melhorada**: Os gémeos digitais recolhem dados de vários sensores e integram-nos num modelo coeso, fornecendo uma visão completa do estado dos activos.
- **Cenários simulados**: Ao executar simulações, os gémeos digitais permitem às equipas de manutenção antecipar potenciais problemas e avaliar os resultados de diferentes acções de manutenção antes de serem aplicadas.
- **Análise da causa principal**: Os gémeos digitais podem ajudar a identificar a origem exacta de falhas recorrentes através da replicação das condições de funcionamento, conduzindo a soluções de manutenção a longo prazo mais eficazes.

No futuro, os gémeos digitais podem evoluir de forma a abranger sistemas ou instalações inteiras, oferecendo informações preditivas a uma escala maior. Por exemplo, um gémeo digital de uma fábrica poderia simular a forma como as falhas de equipamento numa área teriam impacto na produção global, permitindo aos gestores atenuar as perturbações de forma proactiva.

4. A Convergência da Manutenção Preditiva e da Realidade Aumentada (RA)

Visualização de informações sobre manutenção preditiva

À medida que os gémeos digitais e os dados preditivos se tornam mais avançados, a realidade aumentada (RA) desempenhará um papel importante para tornar estas informações acessíveis e acionáveis. As equipas de manutenção podem utilizar óculos ou dispositivos de realidade aumentada para ver informações preditivas sobrepostas diretamente no equipamento, o que lhes permite ver dados de desempenho em tempo real, alertas preditivos e instruções de manutenção sem recorrer a um dispositivo separado. Esta abordagem "mãos-livres" pode simplificar tarefas de manutenção complexas, reduzindo o tempo de inatividade e o erro humano.

Melhorar a formação e a manutenção

A manutenção assistida por RA também melhorará a formação, fornecendo aos técnicos orientações imersivas e em tempo real para tarefas desconhecidas. Por exemplo, um sistema de AR pode guiar um novo técnico passo a passo através de uma reparação complexa, utilizando dados preditivos para destacar as peças que necessitam de atenção. Esta sobreposição em tempo real reduz o tempo de formação e garante que a manutenção é efectuada com precisão, aumentando o tempo de funcionamento do equipamento.

5. Manutenção preditiva como um serviço (PMaaS)

À medida que os sistemas de manutenção preditiva se tornam mais avançados, prevê-se uma mudança para a Manutenção Preditiva como Serviço (PMaaS). O PMaaS permite que as organizações subcontratem as suas necessidades de manutenção preditiva a fornecedores de serviços especializados que gerem os sensores, a análise de dados e os algoritmos preditivos.

O PMaaS fornece:

- **Conhecimentos especializados e recursos**: A subcontratação da manutenção preditiva permite que as empresas beneficiem de conhecimentos avançados sem necessidade de criar capacidades internas.
- **Eficiência de custos**: O PMaaS oferece modelos de preços escaláveis, permitindo que as empresas paguem

apenas pelas informações de manutenção de que necessitam.

- **Acessibilidade**: As pequenas e médias empresas, que podem não ter os recursos necessários para implementar a manutenção preditiva de forma independente, podem aceder a estas informações através do PMaaS.

Espera-se que este modelo ganhe popularidade, especialmente entre as organizações que pretendem tirar partido da manutenção preditiva sem a complexidade de gerir o sistema elas próprias.

6. Considerações éticas e segurança dos dados

Privacidade e propriedade dos dados

À medida que mais sensores são utilizados para monitorizar activos e sistemas, a privacidade e a propriedade dos dados tornar-se-ão uma consideração fundamental. As organizações terão de garantir que os dados recolhidos nas plataformas de manutenção preditiva são armazenados de forma segura e acessíveis apenas a pessoal autorizado. As empresas que adoptam a manutenção preditiva devem implementar políticas robustas de privacidade de dados e métodos de encriptação para evitar o acesso não autorizado.

Utilização ética da IA e da automatização

O papel crescente da IA e dos sistemas autónomos na manutenção preditiva levanta questões éticas em torno da responsabilidade e da substituição de funções humanas. As organizações terão de equilibrar a automatização com a segurança do emprego, assegurando que a manutenção preditiva melhora em vez de substituir os conhecimentos humanos. Devem ser estabelecidas diretrizes claras para situações em que a IA faz recomendações de manutenção, garantindo que a supervisão humana continua a fazer parte do processo de tomada de decisões.

Conclusão

O futuro da manutenção preditiva caracteriza-se pela sua crescente sofisticação e integração de tecnologias de ponta. A IA, a monitorização autónoma, os gémeos digitais e a realidade aumentada estão preparados para remodelar a forma como as indústrias gerem a saúde dos activos, tornando a manutenção mais eficiente, precisa e proactiva. Ao antecipar as falhas com maior precisão e ao permitir a tomada de decisões em tempo real, estes avanços conduzirão a uma maior fiabilidade e eficiência operacional em todos os sectores.

Embora os potenciais benefícios sejam enormes, estas tecnologias também implicam novas responsabilidades, incluindo a garantia da segurança dos dados, a implementação ética e o equilíbrio entre a automatização e os conhecimentos humanos. Para as organizações prontas a adotar as tendências futuras da manutenção preditiva, as oportunidades são transformadoras: redução de custos, melhoria do desempenho operacional e criação de ambientes industriais mais seguros e sustentáveis.

11: Manutenção 4.0 - O futuro da gestão de activos

11.1 A evolução da manutenção para a manutenção 4.0

A jornada para a Manutenção 4.0 reflecte uma mudança dramática na forma como as estratégias de manutenção evoluíram a par dos avanços tecnológicos, moldando a fiabilidade e a eficiência das operações industriais. As práticas de manutenção evoluíram de correcções reactivas para abordagens orientadas para os dados e preditivas que não só previnem problemas como optimizam o desempenho dos activos. Este capítulo traça esta evolução desde a Manutenção 1.0 até à Manutenção 4.0, salientando a forma como cada fase reflecte as mudanças industriais mais amplas do seu tempo. À medida que entramos na era da Manutenção 4.0, assistimos a uma fusão de tecnologias avançadas como a IoT, IA, big data e gémeos digitais que levam as práticas de manutenção a níveis de precisão e fiabilidade sem precedentes (ver figura 82).

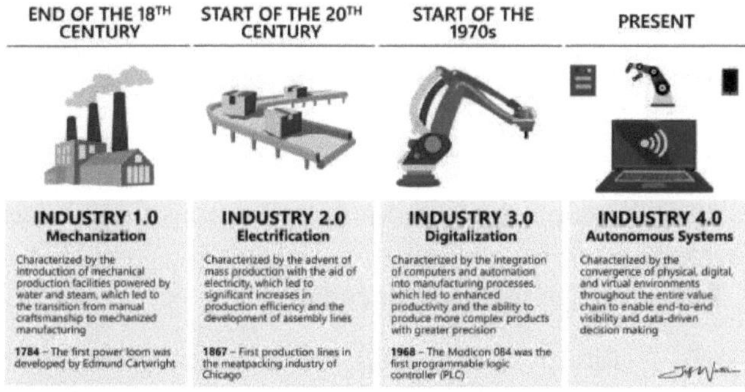

Figura 82Revoluções industriais

Manutenção 1.0: Manutenção reactiva

A manutenção reactiva, ou "manutenção de avarias", foi a forma mais antiga de manutenção industrial, normalmente designada por Manutenção 1.0. Esta estratégia funcionava com base numa mentalidade de "reparar quando avaria", centrando-se apenas na reparação do equipamento após a ocorrência de uma avaria. A manutenção 1.0 foi uma abordagem necessária nas fases iniciais da industrialização, quando o equipamento era relativamente simples, as exigências de produção eram menores e a manutenção era maioritariamente efectuada por operadores ou técnicos de uso geral sem ferramentas ou conhecimentos especializados.

Caraterísticas da manutenção reactiva

- **Intervenções não planeadas**: As reparações de equipamento eram realizadas apenas quando um ativo falhava. Esta situação conduzia frequentemente a períodos de inatividade imprevisíveis, que podiam perturbar a produção e conduzir a perdas financeiras.
- **Elevados custos de reparação**: Uma vez que as falhas não foram evitadas, as reparações foram frequentemente extensas e dispendiosas, exigindo mais mão de obra e recursos materiais do que as abordagens proactivas.
- **Conhecimentos limitados de manutenção**: As tarefas de manutenção eram normalmente efectuadas por operadores com especialização limitada na máquina específica, resultando frequentemente em soluções temporárias em vez de soluções a longo prazo.

Embora a Manutenção 1.0 esteja largamente desactualizada nas indústrias modernas, continua a ser utilizada em aplicações de baixo custo e não críticas, em que o custo das medidas preventivas supera o risco e a despesa da falha do equipamento. No entanto, em ambientes de alto risco, a abordagem reactiva é considerada ineficiente, dispendiosa e arriscada, levando ao desenvolvimento de estratégias mais proactivas.

Manutenção 2.0: Manutenção preventiva

As limitações da manutenção reactiva levaram ao advento da manutenção preventiva no início do século XX, inaugurando aquilo a que hoje chamamos Manutenção 2.0. Esta abordagem é proactiva, programando a manutenção regular em intervalos fixos com base em dados históricos, recomendações do fabricante ou estatísticas de utilização para evitar falhas. A manutenção preventiva tornou-se especialmente importante à medida que as indústrias cresceram em complexidade e escala, aumentando o custo do tempo de inatividade não planeado e sublinhando a importância da fiabilidade do equipamento.

Caraterísticas da manutenção preventiva

- **Manutenção programada**: As acções de manutenção são realizadas em intervalos pré-determinados, independentemente do estado real do equipamento. Por exemplo, os componentes podem ser lubrificados todos os meses ou substituídos a cada poucos milhares de horas de funcionamento.

- **Redução do tempo de inatividade**: A manutenção regular reduz a probabilidade de falhas inesperadas, conduzindo a um ambiente de produção mais estável.
- **Melhoria da vida útil dos activos**: A manutenção preventiva ajuda a prolongar o tempo de vida útil do equipamento, ao tratar do desgaste antes que este cause danos significativos.

Apesar das suas vantagens, a manutenção preventiva pode ser ineficaz. Ao programar a manutenção com base no tempo ou em intervalos de utilização, a manutenção preventiva conduz, por vezes, a reparações desnecessárias (manutenção excessiva) ou, pelo contrário, pode não detetar falhas que ocorram fora das inspecções programadas. Esta limitação abriu caminho a abordagens baseadas no estado e preditivas que alinham melhor as actividades de manutenção com o estado real do equipamento.

Manutenção 3.0: Manutenção baseada na condição e manutenção preditiva

Com os avanços da eletrónica, da computação e dos sensores na segunda metade do século XX, as indústrias ganharam a capacidade de monitorizar as condições do equipamento em tempo real, marcando a transição para a Manutenção 3.0. Esta fase introduziu **a Manutenção Baseada na Condição (CBM)** e **a Manutenção Preditiva (PdM)**, ambas as quais utilizam dados de sensores para avaliar o estado do equipamento.

Manutenção baseada na condição (CBM)

A manutenção baseada na condição baseia-se no princípio de efetuar a manutenção apenas quando condições específicas indicam a sua necessidade. Por exemplo, a vibração do equipamento, a temperatura ou a qualidade do óleo podem ser monitorizadas para avaliar o estado atual de um ativo. As equipas de manutenção intervêm apenas quando os parâmetros monitorizados excedem limiares pré-definidos.

Caraterísticas da manutenção baseada em condições

- **Decisões baseadas em dados**: O CBM utiliza dados de sensores para monitorizar o estado do equipamento, permitindo que as equipas substituam os componentes quando estes começam a mostrar sinais de desgaste, em vez de o fazerem de acordo com um calendário fixo.
- **Redução da manutenção desnecessária**: O CBM reduz o excesso de manutenção ao concentrar os recursos nos activos que mostram sinais de desgaste, optimizando os custos e o esforço de manutenção.

- **Monitorização em tempo real**: Com o CBM, a recolha de dados em tempo real permite respostas mais atempadas, reduzindo o risco de avarias inesperadas.

Manutenção Preditiva (PdM)

Enquanto a CBM assenta em accionadores baseados em limites, a Manutenção Preditiva vai mais longe, utilizando análises avançadas, IA e algoritmos de aprendizagem automática para prever falhas antes de estas ocorrerem. Os sistemas de PdM analisam os dados para identificar padrões que indicam potenciais problemas, permitindo às equipas de manutenção programar intervenções com elevada exatidão e precisão.

Caraterísticas da manutenção preditiva

- **Previsão proactiva de falhas**: O PdM prevê quando é provável que o equipamento falhe com base em padrões de dados, permitindo que as intervenções sejam planeadas durante as horas de menos movimento.
- **Eficiência de custos**: Ao evitar reparações desnecessárias e ao reduzir a frequência das avarias, a PdM optimiza os custos de manutenção e prolonga a vida útil do equipamento.

- **Maior precisão com aprendizagem automática**: Os algoritmos PdM melhoram com o tempo, adaptando-se às mudanças de comportamento dos activos e às condições ambientais, tornando as previsões mais fiáveis.

A transição para a Manutenção 3.0 marcou uma mudança significativa na gestão da manutenção. Ao alavancar dados e análises, o CBM e o PdM forneceram informações mais precisas sobre a saúde do equipamento, reduzindo o tempo de inatividade e os custos de manutenção. No entanto, com o surgimento da Indústria 4.0, a necessidade de uma abordagem mais integrada, inteligente e conectada levou à Manutenção 4.0.

Manutenção 4.0: A ascensão da manutenção preditiva e autónoma

A Manutenção 4.0 está estreitamente alinhada com a Indústria 4.0, que enfatiza os sistemas interligados, a tecnologia inteligente e a tomada de decisões baseada em dados. A Manutenção 4.0 incorpora a Internet das Coisas (IoT), big data, inteligência artificial e gémeos digitais para transformar a manutenção num processo proactivo, integrado e altamente automatizado. Ao contrário das estratégias de manutenção anteriores, a Manutenção 4.0 utiliza fluxos de dados contínuos e IA para não só prever falhas, mas também otimizar o desempenho dos activos em tempo real.

Caraterísticas da manutenção 4.0

- **Integração da IoT e da conetividade**: A IoT permite a recolha de dados em tempo real a partir de sensores incorporados em todo o equipamento, permitindo um fluxo contínuo de informações sobre o estado dos activos, as condições ambientais e o desempenho operacional.
- **Inteligência Artificial e Aprendizagem Automática**: Os modelos de IA analisam os dados para detetar tendências, prever potenciais falhas e fazer recomendações, minimizando a intervenção humana.
- **Gémeos digitais**: Os gémeos digitais criam réplicas virtuais de activos físicos, permitindo às equipas de manutenção simular condições diferentes e prever o comportamento do equipamento ao longo do tempo.
- **Capacidades de manutenção autónoma**: A robótica e a automação avançadas permitem que o equipamento efectue auto-diagnóstico e, em alguns casos, tarefas de auto-manutenção, reduzindo significativamente o trabalho humano e o risco de erro.

Através destas capacidades avançadas, a Manutenção 4.0 transforma a manutenção de um centro de custos num ativo estratégico, melhorando não só a fiabilidade do equipamento, mas também a eficiência operacional global. Na Manutenção 4.0, o objetivo não é apenas evitar falhas, mas otimizar todo o ciclo de vida dos activos através da melhoria contínua e do feedback.

Comparação das fases de evolução: Principais benefícios da manutenção 4.0

Capacidades preditivas melhoradas O poder preditivo da Manutenção 4.0 ultrapassa o da Manutenção 3.0, combinando dados em tempo real com análises orientadas por IA. Enquanto o Maintenance 3.0 permitia a monitorização de condições e a previsão de falhas, o Maintenance 4.0 aperfeiçoa estas capacidades através de algoritmos de auto-aprendizagem e gémeos digitais. Esta melhoria permite que as equipas de manutenção prevejam os problemas com maior precisão e tomem medidas corretivas muito antes de terem impacto na produção.

Melhor utilização dos recursos A Manutenção 4.0 promove a alocação eficiente de recursos, direcionando com precisão as áreas que necessitam de manutenção. A integração de IoT e big data permite às empresas antecipar os recursos necessários para cada atividade de manutenção, tais como peças sobresselentes, pessoal e ferramentas, optimizando assim o inventário e reduzindo o desperdício.

Tomada de decisões com base em dados Ao agregar dados de vários sistemas, o Maintenance 4.0 proporciona uma visão abrangente do estado dos activos. Esta integração de dados apoia a tomada de decisões a todos os níveis, desde os técnicos da linha da frente até aos executivos, permitindo um planeamento mais estratégico e operações mais eficientes. Além disso, as informações baseadas em dados contribuem para os objectivos empresariais a longo prazo, tais como a sustentabilidade, optimizando a utilização de energia e minimizando o desperdício.

O futuro da manutenção 4.0

À medida que a indústria continua a explorar a Manutenção 4.0, os desenvolvimentos futuros incluirão provavelmente soluções de manutenção mais autónomas, protocolos de cibersegurança melhorados e uma maior integração com plataformas digitais, como a Gestão de Activos Empresariais (EAM) e a Gestão do Desempenho dos Activos (APM). Como mostra a **Figura 11.1**, a Manutenção 4.0 representa uma mudança transformadora na estratégia de manutenção, combinando tecnologia com dados para apoiar a melhoria contínua, a eficiência operacional e a sustentabilidade de formas que as abordagens anteriores não conseguiam alcançar.

Em resumo, a Manutenção 4.0 marca a última etapa na evolução da gestão da manutenção, alinhando-se totalmente com os princípios da Indústria 4.0. Ao alavancar a tecnologia de ponta e os dados em tempo real, a Manutenção 4.0 garante uma abordagem preditiva, proactiva e eficiente à gestão de activos, posicionando a manutenção como um contribuinte fundamental para o sucesso organizacional na era digital.

11.2 Tecnologias-chave na manutenção 4.0

A Manutenção 4.0 representa um avanço significativo na forma como as indústrias gerem e mantêm os seus activos, combinando estratégias de manutenção tradicionais com tecnologias avançadas da Indústria 4.0. As principais tecnologias que permitem a Manutenção 4.0 incluem a Internet das Coisas (IoT), big data analytics, inteligência artificial (IA), aprendizagem automática, automação e tecnologia de gémeos digitais. Cada uma destas tecnologias desempenha um papel crucial na transformação da manutenção de uma prática reactiva e baseada no tempo numa abordagem proactiva e orientada para os dados que optimiza a saúde dos activos, reduz os custos e aumenta a eficiência operacional. Este capítulo explora estas tecnologias em pormenor, examinando a forma como contribuem para o panorama da Manutenção 4.0 e trabalham em conjunto para criar um ecossistema de manutenção conectado, inteligente e eficiente.

A Internet das Coisas (IoT): Conectividade para monitorização em tempo real

A Internet das Coisas (IoT) é uma tecnologia fundamental na Manutenção 4.0, permitindo a recolha e transmissão contínua de dados de equipamentos e máquinas. Através de redes de sensores inteligentes incorporados nos activos, a IoT facilita a monitorização em tempo real de vários parâmetros, como a temperatura, a pressão, a vibração, a humidade e muito mais. Estes dados fornecem informações sobre o estado do equipamento, permitindo às equipas de manutenção identificar potenciais problemas antes que estes se transformem em falhas críticas.

Principais caraterísticas da IoT na manutenção 4.0

- **Recolha contínua de dados**: Os sensores IoT monitorizam os activos em tempo real, capturando dados continuamente. Isto permite que as equipas de manutenção observem as tendências de desempenho do equipamento, detectem desvios das condições normais de funcionamento e respondam rapidamente a sinais de alerta precoce.

- **Monitorização e acessibilidade remotas**: Os dispositivos IoT ligam-se a plataformas centralizadas através da Internet ou de redes locais, permitindo que o pessoal de manutenção monitorize o estado do equipamento a partir de qualquer local. Esta acessibilidade é particularmente valiosa em indústrias com activos dispersos, como a energia ou os transportes, onde o equipamento pode estar localizado em áreas remotas ou perigosas.
- **Padronização de dados**: A IoT facilita a recolha de dados normalizados em diversos tipos de activos, facilitando a análise e interpretação de informações de várias fontes.

Ao permitir uma perceção em tempo real e baseada em dados do desempenho dos activos, a IoT desempenha um papel central na Manutenção 4.0. Permite que as organizações passem das inspecções periódicas para a monitorização contínua, apoiando estratégias de manutenção preditiva e baseada nas condições.

Grandes volumes de dados e análise avançada: Transformar dados em informações acionáveis

A IoT gera grandes quantidades de dados, mas estes, por si só, têm um valor limitado sem uma análise eficaz. A análise de Big Data fornece as ferramentas e técnicas computacionais para gerir, processar e analisar grandes conjuntos de dados, descobrindo padrões e correlações que revelam informações valiosas sobre o desempenho do equipamento e as necessidades de manutenção. Na Manutenção 4.0, a análise de grandes volumes de dados permite às organizações obter uma compreensão mais profunda do estado dos activos e tomar decisões de manutenção mais informadas.

Aplicações de Big Data na Manutenção 4.0

- **Análise descritiva**: A análise descritiva resume os dados históricos, fornecendo uma imagem clara do desempenho passado e ajudando as equipas de manutenção a identificar problemas recorrentes. Por exemplo, ao analisar os padrões de falhas ao longo do tempo, as equipas podem identificar as causas mais comuns das avarias e resolvê-las de forma proactiva.
- **Análise preditiva**: A análise preditiva utiliza dados históricos e algoritmos de aprendizagem automática para prever as condições futuras do equipamento. Ao identificar padrões associados a falhas em fase inicial, os modelos preditivos podem estimar quando é provável

que um componente ou sistema falhe, permitindo que as equipas de manutenção planeiem intervenções em conformidade.

- **Análise prescritiva**: A análise prescritiva leva os conhecimentos preditivos um passo mais além, recomendando acções de manutenção específicas com base nos dados. Por exemplo, se um modelo preditivo indicar uma falha iminente, a análise prescritiva pode sugerir os melhores métodos de reparação, as peças necessárias e a melhor altura para a intervenção, de modo a minimizar o impacto na produção.

A análise de grandes volumes de dados permite a Manutenção 4.0, transformando dados brutos em informações acionáveis que orientam o planeamento da manutenção, a atribuição de recursos e a tomada de decisões. Com a capacidade de analisar grandes quantidades de informação de várias fontes, a análise de grandes volumes de dados suporta previsões de falhas mais precisas e programas de manutenção optimizados.

Inteligência Artificial (IA) e Aprendizagem Automática: Previsão inteligente de falhas

A inteligência artificial (IA) e a aprendizagem automática (ML) estão no centro da Manutenção 4.0, melhorando a capacidade de prever falhas nos equipamentos e automatizar as tarefas de manutenção. Os algoritmos de IA analisam dados de sensores, dispositivos IoT e registos históricos de manutenção, identificando padrões e tendências subtis que indicam potenciais problemas. À medida que estes algoritmos aprendem com os dados ao longo do tempo, melhoram a sua precisão de previsão, permitindo uma manutenção mais precisa e proactiva.

Modelos de aprendizagem automática na manutenção preditiva

- **Aprendizagem supervisionada**: Na aprendizagem supervisionada, os algoritmos são treinados em dados rotulados, permitindo-lhes reconhecer padrões associados a tipos específicos de falhas. Por exemplo, se os padrões de vibração precedem frequentemente as falhas de rolamentos num motor, um modelo de aprendizagem supervisionada pode utilizar estes dados para prever falhas semelhantes noutros motores.
- **Aprendizagem não supervisionada**: Os algoritmos de aprendizagem não supervisionada analisam dados sem rótulos predefinidos, identificando anomalias e clusters. Na manutenção preditiva, a aprendizagem não supervisionada é valiosa para detetar comportamentos

invulgares do equipamento que possam indicar problemas emergentes.

- **Aprendizagem profunda**: A aprendizagem profunda, um subconjunto da aprendizagem automática, utiliza redes neurais para modelar relações complexas nos dados. Os modelos de aprendizagem profunda, como as redes neurais convolucionais (CNNs) e as redes neurais recorrentes (RNNs), são particularmente úteis para analisar dados de séries temporais de sensores, permitindo-lhes detetar padrões intrincados em dados de vibração, temperatura ou pressão.

Benefícios da IA e da aprendizagem automática na manutenção 4.0

- **Maior precisão de previsão**: Os modelos de IA analisam grandes conjuntos de dados com elevada precisão, melhorando a exatidão das previsões de avarias. Isto permite que as equipas de manutenção planeiem intervenções com base nas condições reais do equipamento, reduzindo reparações desnecessárias e minimizando o tempo de inatividade.
- **Automatização das tarefas de manutenção**: À medida que os modelos de IA se tornam mais avançados, podem automatizar determinadas decisões de manutenção,

como acionar ordens de trabalho quando as probabilidades de falha excedem limites específicos. Este nível de automatização reduz a intervenção humana e permite respostas mais rápidas e eficientes às necessidades de manutenção.

- **Capacidades de auto-aprendizagem**: Os modelos de aprendizagem automática melhoram ao longo do tempo à medida que processam mais dados, adaptando-se às mudanças de comportamento do equipamento e às condições ambientais. Esta adaptabilidade torna-os ferramentas valiosas para o planeamento da manutenção a longo prazo em ambientes dinâmicos.

A IA e a aprendizagem automática permitem que a Manutenção 4.0 forneça previsões orientadas por dados e altamente precisas que ajudam as organizações a evitar avarias inesperadas e a maximizar a fiabilidade dos activos. Estas tecnologias permitem uma abordagem de manutenção proactiva que garante que os activos funcionam com a máxima eficiência.

Automação e robótica: Aumentar a eficiência e a segurança

A automatização é outro componente chave da Manutenção 4.0, especialmente em indústrias onde as tarefas de manutenção são perigosas, repetitivas ou requerem elevados níveis de precisão. Ao automatizar as inspecções de rotina, a recolha de dados e até as pequenas reparações, a automatização reduz a necessidade de intervenção manual, aumentando a segurança e a eficiência operacional.

Aplicações da automatização na manutenção 4.0

- **Inspecções automatizadas**: Robôs autónomos e drones equipados com sensores podem realizar inspecções em áreas perigosas ou de difícil acesso, tais como oleodutos, plataformas offshore ou equipamento de alta tensão. Ao recolher dados de forma autónoma, estes robôs reduzem a exposição humana a ambientes de risco.
- **Tarefas de manutenção de rotina**: Certas tarefas repetitivas, como a lubrificação, a limpeza ou pequenos ajustes, podem ser automatizadas, libertando o pessoal de manutenção para se concentrar em questões mais complexas.
- **Robôs de colaboração (Cobots)**: Os cobots são concebidos para trabalhar em conjunto com técnicos humanos, ajudando em tarefas que requerem precisão ou força. Por exemplo, um cobot pode ajudar a levantar componentes pesados ou a manter as peças estáveis

durante as reparações, melhorando a eficiência e a ergonomia.

Vantagens da automatização na manutenção 4.0

- **Aumento da eficiência**: Os sistemas automatizados realizam inspecções e tarefas de manutenção mais rapidamente e com maior precisão do que os métodos manuais, reduzindo o tempo de inatividade e melhorando a eficiência operacional.
- **Maior segurança**: Ao delegar tarefas perigosas em robots, as empresas podem reduzir o risco de lesões para o pessoal de manutenção, criando um ambiente de trabalho mais seguro.
- **Desempenho consistente**: A automatização assegura a consistência das tarefas de manutenção, minimizando o erro humano e melhorando a fiabilidade dos resultados da manutenção.

A automação e a robótica são parte integrante da Manutenção 4.0, permitindo que as empresas realizem tarefas de manutenção com o mínimo de intervenção humana. Esta tecnologia reduz o tempo de inatividade, aumenta a segurança e assegura uma qualidade de manutenção consistente.

Tecnologia de gémeos digitais: Representações virtuais para uma manutenção optimizada

A tecnologia de gémeos digitais cria uma réplica virtual de activos físicos, permitindo a monitorização, simulação e análise preditiva em tempo real. Ao integrar dados de sensores, dispositivos IoT e registos históricos, os gémeos digitais fornecem uma visão abrangente do estado atual e projetado de um ativo, permitindo que as equipas de manutenção tomem decisões informadas com base em cenários simulados.

Como os gémeos digitais melhoram a manutenção 4.0

- **Monitorização em tempo real**: Os gémeos digitais são actualizados continuamente com base em dados em tempo real, oferecendo uma visão precisa e actualizada do estado do equipamento. As equipas de manutenção podem monitorizar os gémeos digitais para avaliar as condições dos activos sem inspecionar diretamente o equipamento físico.
- **Teste e simulação de cenários**: Os gémeos digitais permitem a simulação de várias condições de funcionamento, permitindo às equipas de manutenção avaliar a forma como factores específicos, como alterações de temperatura ou aumento de carga, podem

afetar o desempenho de um ativo. Isto ajuda a identificar vulnerabilidades e a otimizar as estratégias de manutenção.

- **Manutenção preditiva e prescritiva**: Ao analisar dados históricos e em tempo real, os gémeos digitais podem prever potenciais falhas e recomendar acções de manutenção específicas. Por exemplo, um gémeo digital pode simular o impacto de uma pequena reparação versus uma substituição completa de uma peça, permitindo a tomada de decisões com base em dados.

Vantagens dos gémeos digitais na manutenção 4.0

- **Precisão de previsão melhorada**: Os gémeos digitais melhoram a manutenção preditiva, incorporando mais dados e oferecendo uma visão holística do comportamento dos activos, o que leva a previsões de falhas mais precisas.
- **Tomada de decisões informada**: Os gémeos digitais permitem às equipas de manutenção explorar vários cenários de manutenção, facilitando a escolha das intervenções mais eficazes.

- **Aumento da vida útil dos activos**: Ao fornecer um ambiente virtual para testes e monitorização, os gémeos digitais ajudam a evitar a utilização excessiva e o desgaste prematuro, prolongando a vida útil dos activos críticos.

Os gémeos digitais estão entre as ferramentas mais avançadas da Manutenção 4.0, oferecendo uma visão interactiva e rica em dados do equipamento que melhora as capacidades de previsão e apoia um planeamento de manutenção eficiente.

11.3 As vantagens da manutenção 4.0

A manutenção 4.0 está a remodelar a gestão de activos através da incorporação de tecnologias avançadas como a IoT, big data, IA e gémeos digitais, que, em conjunto, criam um ambiente de manutenção preditivo e orientado para os dados. Estas tecnologias permitem que as empresas façam a transição de modelos de manutenção tradicionais e reactivos para estratégias de manutenção proactivas, precisas e eficientes. A manutenção 4.0 oferece benefícios significativos em termos de eficiência operacional, economia de custos, segurança e sustentabilidade, tornando-a uma abordagem transformadora para indústrias com uso intensivo de ativos.

Melhoria da eficiência operacional e redução do tempo de inatividade

Uma das principais vantagens da Manutenção 4.0 é a sua capacidade de otimizar a eficiência operacional e minimizar o tempo de inatividade. Ao monitorizar continuamente as condições do equipamento através de sensores IoT e da análise de dados em tempo real, a Manutenção 4.0 permite a deteção precoce de potenciais problemas antes que estes se agravem. A análise preditiva, alimentada pela aprendizagem automática, permite que as equipas de manutenção prevejam com precisão as falhas e programem as actividades de manutenção fora das horas de ponta, evitando interrupções na produção.

A manutenção 4.0 também facilita intervenções de manutenção mais rápidas e mais direcionadas. Com informações baseadas em IA e gémeos digitais que fornecem uma visão abrangente das condições do equipamento, as equipas de manutenção podem dar prioridade às tarefas e atribuir recursos de forma mais eficaz. Esta abordagem não só reduz o tempo necessário para inspecções e reparações, como também garante que as acções de manutenção são mais precisas, resolvendo os problemas na sua origem. Consequentemente, as empresas podem maximizar o tempo de atividade e otimizar a produção, aumentando o desempenho operacional global.

Poupança de custos e otimização de recursos

A Manutenção 4.0 oferece poupanças de custos substanciais através da racionalização das actividades de manutenção e da otimização da atribuição de recursos. As práticas de manutenção tradicionais resultam frequentemente em manutenção excessiva ou manutenção insuficiente, o que pode aumentar os custos. A Manutenção 4.0 elimina as reparações desnecessárias, permitindo que as equipas de manutenção realizem intervenções com base no estado real do equipamento, em vez de em calendários pré-determinados. Esta abordagem baseada nas condições minimiza os custos de mão de obra, reduz a necessidade de peças sobresselentes e prolonga a vida útil dos activos ao evitar substituições prematuras.

Além disso, as informações baseadas em dados fornecidas pelo Maintenance 4.0 permitem uma melhor gestão do inventário. Ao prever as peças e recursos específicos necessários para as próximas tarefas de manutenção, as empresas podem reduzir o excesso de inventário e evitar rupturas de stock. Esta abordagem proactiva à gestão de recursos reduz os custos de detenção de inventário e garante que as peças críticas estão disponíveis quando necessárias, aumentando ainda mais a eficiência dos custos.

Melhoria da segurança e redução dos riscos

A Manutenção 4.0 aumenta significativamente a segurança no local de trabalho, reduzindo a necessidade de inspecções manuais e tarefas de manutenção de alto risco. Através da monitorização remota e de sistemas autónomos, as equipas de manutenção podem avaliar as condições do equipamento a uma distância segura, minimizando a exposição a ambientes perigosos. Por exemplo, os drones e os robôs podem realizar inspecções em áreas perigosas ou de difícil acesso, como infra-estruturas a grande altitude ou áreas com temperaturas extremas, reduzindo o risco de acidentes.

Para além disso, as capacidades preditivas do Maintenance 4.0 ajudam a evitar falhas catastróficas que podem colocar o pessoal em perigo. Ao identificar sinais de alerta precoce de potenciais avarias, a Manutenção 4.0 permite intervenções atempadas que atenuam os riscos e mantêm condições de funcionamento seguras. Esta abordagem proactiva à segurança é particularmente valiosa em indústrias onde as falhas de equipamento podem ter consequências graves, tais como petróleo e gás, minas e transportes.

Maior sustentabilidade e impacto ambiental

A Manutenção 4.0 também contribui para a sustentabilidade, optimizando o consumo de energia e reduzindo os resíduos. Ao assegurar que o equipamento funciona com a máxima eficiência, a Manutenção 4.0 minimiza a energia necessária para o funcionamento das máquinas, reduzindo a pegada ambiental global. Além disso, a manutenção preditiva ajuda a evitar a utilização excessiva e o desgaste dos componentes, prolongando a vida útil dos activos e reduzindo a necessidade de substituições frequentes. Isto leva a menos resíduos gerados por peças descartadas e a uma menor procura de novos recursos, apoiando as práticas de economia circular.

Além disso, a abordagem orientada por dados da Manutenção 4.0 apoia melhorias na eficiência energética, identificando áreas onde o desempenho do equipamento pode ser optimizado. Por exemplo, a análise de dados pode revelar padrões na utilização de energia, permitindo que as empresas efectuem ajustes que reduzam o consumo de energia sem comprometer a produtividade. Esta abordagem ambientalmente responsável à manutenção alinha com os objectivos de sustentabilidade, permitindo que as empresas operem de uma forma mais ecológica e consciente dos recursos.

Melhoria da tomada de decisões e do planeamento estratégico

O Maintenance 4.0 fornece às equipas de manutenção e à gestão uma grande quantidade de dados que apoiam a tomada de decisões informadas e o planeamento estratégico. Ao agregar e analisar dados sobre activos e operações, a Manutenção 4.0 oferece informações sobre o estado dos activos, tendências de desempenho e padrões de falha. Esta informação permite às empresas tomar decisões baseadas em dados relativamente a estratégias de manutenção, investimentos de capital e melhorias de processos.

Além disso, a integração de gémeos digitais permite o teste e a simulação de cenários, permitindo às empresas avaliar os resultados de diferentes acções de manutenção antes de serem implementadas. Esta capacidade reduz o risco de abordagens de tentativa e erro e apoia uma abordagem mais estratégica à gestão de activos, em que as acções de manutenção estão alinhadas com os objectivos empresariais globais.

A Manutenção 4.0 oferece benefícios substanciais em vários aspectos da gestão de activos, transformando a manutenção de um centro de custos num contribuinte estratégico para o sucesso operacional. Ao aumentar a eficiência, reduzir os custos, melhorar a segurança, apoiar a sustentabilidade e permitir a tomada de decisões baseadas em dados, a Manutenção 4.0 oferece uma abordagem abrangente à gestão da saúde dos activos que se alinha com os objectivos modernos da indústria. À medida que as empresas continuam a adotar e a aperfeiçoar as práticas da Manutenção 4.0, podem esperar alcançar uma maior produtividade, maior fiabilidade e uma vantagem competitiva mais forte num mundo cada vez mais digitalizado.

11.4 Desafios na implementação da Manutenção 4.0

A transição para a Manutenção 4.0 oferece benefícios significativos, mas a implementação desta abordagem avançada também apresenta desafios. A Manutenção 4.0 requer novas tecnologias, processos reestruturados e uma mudança na mentalidade organizacional, o que pode ser difícil de alcançar. As organizações têm de ultrapassar questões como os elevados custos iniciais, os riscos de cibersegurança, as lacunas de competências e a complexidade da gestão de dados para implementar com êxito a Manutenção 4.0. Este capítulo explora esses desafios e fornece insights sobre como as empresas podem mitigá-los, permitindo uma transição mais suave e eficaz para a Manutenção 4.0.

Elevados custos iniciais e requisitos de investimento

Uma das barreiras mais significativas à adoção da Manutenção 4.0 é o investimento inicial substancial necessário para novas tecnologias e infra-estruturas. A implementação da Manutenção 4.0 requer equipamento avançado, como sensores IoT, plataformas de análise preditiva, algoritmos de aprendizagem automática, modelos de gémeos digitais e ferramentas de robótica ou automação. A aquisição e instalação destas tecnologias pode ser dispendiosa, especialmente para organizações com um grande número de activos.

Investimento em tecnologia e infra-estruturas

O custo dos sensores, dos dispositivos IoT e da infraestrutura de conetividade pode ser proibitivo, especialmente quando se tenta monitorizar sistemas complexos em vários locais. Para recolher dados em tempo real sobre a saúde dos activos, as empresas precisam de sensores em cada peça de equipamento crítico, bem como de redes de comunicação que possam lidar com a transferência contínua de dados. Isto requer um investimento significativo em hardware e software, bem como um sistema centralizado para processar e analisar os dados.

Custos operacionais e de manutenção contínuos

Para além do investimento inicial, a Manutenção 4.0 introduz custos contínuos, como licenças de software, armazenamento de dados e a manutenção de dispositivos IoT e plataformas analíticas. Além disso, as empresas precisam de recursos para manter e calibrar os sensores, atualizar o software e garantir que o sistema funcione sem problemas ao longo do tempo. Estes custos contínuos podem tornar a Manutenção 4.0 mais dispendiosa do que as abordagens de manutenção tradicionais a curto prazo, embora muitas vezes resulte em poupanças a longo prazo.

Riscos de cibersegurança e preocupações com a privacidade dos dados

A manutenção 4.0 depende da conetividade extensiva e do fluxo de dados entre redes, aumentando a vulnerabilidade da organização a ameaças de cibersegurança. Com os dispositivos IoT a recolher dados em tempo real e a enviá-los para sistemas centralizados, os hackers e os cibercriminosos têm mais pontos de entrada potenciais para explorar. Proteger esses sistemas interconectados é essencial para proteger dados confidenciais e manter a integridade operacional, mas alcançar uma segurança cibernética robusta em um ambiente de Manutenção 4.0 pode ser um desafio.

Vulnerabilidades da IoT

Os dispositivos IoT são frequentemente o elo mais fraco de uma estrutura de cibersegurança, porque são concebidos principalmente para a recolha de dados e podem não ter caraterísticas de segurança sofisticadas. Sem medidas de proteção fortes, os dispositivos IoT podem ser alvo de hackers para acederem e manipularem dados críticos, levando potencialmente a interrupções operacionais ou ao roubo de dados.

Privacidade e conformidade dos dados

A privacidade dos dados é outra preocupação, especialmente para as organizações que recolhem e armazenam grandes quantidades de dados de vários sítios. Os regulamentos de privacidade, como o Regulamento Geral de Proteção de Dados (RGPD) na Europa, exigem que as empresas tratem os dados de forma responsável e garantam a sua segurança. Cumprir estas normas e manter o fluxo contínuo de dados pode ser complexo e exigir muitos recursos.

Para fazer face a estes desafios de cibersegurança e privacidade, as empresas têm de adotar protocolos de encriptação robustos, atualizar regularmente o software e implementar normas IoT seguras. Poderão também ter de investir em sistemas avançados de deteção de ameaças para monitorizar a atividade da rede e identificar potenciais violações da segurança antes que estas se agravem.

Lacunas de competências e necessidades de formação

A implementação da Manutenção 4.0 requer uma força de trabalho qualificada que possa gerenciar tecnologias avançadas e interpretar insights de dados, mas muitas organizações não têm pessoal com a experiência necessária. A Manutenção 4.0 introduz novas funções, como analistas de dados, engenheiros de IoT e especialistas em IA, que são qualificados para operar e solucionar problemas de sistemas de manutenção avançados. Sem essas habilidades, as organizações podem ter dificuldades para realizar todo o potencial da Manutenção 4.0.

Necessidade de conhecimentos especializados interdisciplinares

A manutenção 4.0 requer competências interdisciplinares, combinando conhecimentos de engenharia tradicional e práticas de manutenção com conhecimentos especializados em ciência dos dados, TI e cibersegurança. Por exemplo, um técnico pode ter de compreender tanto a mecânica das máquinas como a análise de dados para diagnosticar problemas com precisão. Esta convergência de campos pode tornar difícil encontrar pessoal qualificado que possa trabalhar eficazmente num ambiente de Manutenção 4.0.

Formação contínua e adaptação

A tecnologia na Manutenção 4.0 evolui rapidamente, exigindo formação contínua para manter os funcionários actualizados sobre as ferramentas e práticas mais recentes. As empresas devem investir em formação programas que familiarizem o pessoal com novos sistemas, métodos de interpretação de dados e protocolos de cibersegurança. No entanto, a formação e a atualização de competências requerem tempo e recursos, acrescentando outra camada de complexidade à implementação.

Para colmatar as lacunas de competências, as organizações podem estabelecer parcerias com fornecedores de formação, investir em cursos online ou criar programas de orientação em que os funcionários experientes partilham conhecimentos com os membros mais recentes da equipa. O recrutamento de especialistas com os conhecimentos necessários ou a colaboração com peritos externos também pode facilitar a transição para a Manutenção 4.0.

Complexidade da gestão de dados e desafios de integração

Os dados estão no centro da Manutenção 4.0, mas a gestão de grandes volumes de dados de várias fontes apresenta desafios significativos. As organizações têm de integrar dados de sensores IoT, registos históricos e bases de dados de terceiros numa plataforma unificada. Essa integração é essencial para obter insights acionáveis dos dados, mas pode ser um desafio devido a diferenças nos formatos de dados, compatibilidade de software e sistemas legados.

Volume de dados e requisitos de armazenamento

O fluxo contínuo de dados gerado pelos dispositivos IoT pode levar rapidamente a uma sobrecarga de dados, dificultando o armazenamento, o processamento e a análise eficaz das informações. As empresas necessitam de sistemas de armazenamento de elevada capacidade que possam lidar com o fluxo de dados em tempo real, garantindo simultaneamente uma recuperação rápida para análise. As soluções de armazenamento na nuvem são frequentemente utilizadas para responder a esta necessidade, mas introduzem custos adicionais e potenciais riscos de segurança.

Qualidade e consistência dos dados

Para que a análise preditiva e os modelos de IA produzam resultados fiáveis, os dados têm de ser precisos, completos e consistentes. Dados inconsistentes, como leituras de sensores que flutuam sem causa, podem levar a previsões imprecisas e decisões de manutenção ineficazes. Garantir a qualidade dos dados requer protocolos robustos de validação e limpeza de dados, que podem ser demorados e caros de implementar.

Integração com sistemas legados

Muitas organizações usam sistemas de manutenção antigos, como sistemas de gestão de manutenção computadorizada (CMMS) mais antigos, que podem não ser compatíveis com IoT ou plataformas analíticas. A integração desses sistemas requer personalização, o que pode ser caro e tecnicamente desafiador. Além disso, a integração de sistemas de Manutenção 4.0 com outro software empresarial, como sistemas ERP, pode exigir configurações complexas e mapeamento de dados.

Para gerir a complexidade dos dados e os desafios de integração, as empresas podem adotar plataformas de dados centralizadas que permitam uma integração perfeita de várias fontes de dados. O estabelecimento de formatos de dados, protocolos e procedimentos de validação normalizados também pode melhorar a consistência e a fiabilidade dos dados, apoiando conhecimentos precisos e acionáveis.

Gestão da mudança e resistência cultural

A transição para a Manutenção 4.0 requer uma mudança na cultura organizacional, uma vez que a manutenção se torna um processo proactivo e orientado para os dados, em vez de um processo reativo ou programado. Esta transição pode deparar-se com resistência, uma vez que os funcionários habituados a práticas de manutenção tradicionais podem ter relutância em adotar novas tecnologias e fluxos de trabalho. A implementação bem sucedida da Manutenção 4.0 implica não só a introdução de novas ferramentas, mas também a promoção de uma cultura de aprendizagem e inovação contínuas.

Resistência à mudança

Os trabalhadores podem estar apreensivos quanto à segurança do emprego e preocupados com o facto de a automatização e a IA virem a substituir as suas funções. Além disso, alguns trabalhadores podem sentir-se desconfortáveis com a utilização de tecnologias avançadas ou inseguros quanto à exatidão dos sistemas de manutenção preditiva. Abordar estas preocupações através de uma comunicação transparente, formação e colaboração pode ajudar a reduzir a resistência.

Liderança e comunicação

A adoção bem sucedida da Manutenção 4.0 requer uma liderança forte e uma comunicação clara dos seus benefícios. Os líderes devem realçar a forma como a Manutenção 4.0 melhora a eficiência do trabalho, aumenta a segurança e contribui para os objectivos gerais da organização. A demonstração de ganhos rápidos e a partilha de histórias de sucesso podem ajudar a criar apoio entre os funcionários e as partes interessadas.

Embora a Manutenção 4.0 ofereça benefícios transformadores, a sua implementação coloca vários desafios. Os elevados custos iniciais, os riscos de cibersegurança, as lacunas de competências, a complexidade da gestão de dados e a gestão da mudança exigem um planeamento cuidadoso e um investimento estratégico. Ao compreender e abordar esses desafios, as empresas podem tornar a transição para a Manutenção 4.0 mais gerenciável, garantindo que elas capitalizem as vantagens dessa abordagem de manutenção avançada e, ao mesmo tempo, mitiguem possíveis obstáculos. À medida que as tecnologias da Manutenção 4.0 continuam a desenvolver-se, as organizações que adoptarem estas inovações estarão bem posicionadas para alcançar uma maior fiabilidade dos activos, eficiência operacional e sucesso a longo prazo num cenário digital competitivo.

11.5 O futuro da manutenção 4.0 - Tendências emergentes

À medida que as indústrias adoptam cada vez mais a Manutenção 4.0, o futuro promete trazer capacidades ainda mais avançadas, impulsionadas pelas tecnologias emergentes e pela evolução das prioridades empresariais. A integração de gémeos digitais, sistemas autónomos, realidade aumentada (RA), inteligência artificial (IA) e o desenvolvimento da Manutenção Preditiva como Serviço (PMaaS) são apenas algumas das tendências que irão redefinir a gestão de activos nos próximos anos. Estas tendências estão preparadas para melhorar a precisão da previsão, a eficiência operacional e a sustentabilidade, acabando por posicionar a manutenção como uma função estratégica central para o sucesso do negócio. Este capítulo explora as principais tendências emergentes que irão moldar o futuro da Manutenção 4.0.

Gémeos digitais e modelos de simulação melhorados

O que são gémeos digitais?

Um gémeo digital é uma réplica virtual de um ativo físico, processo ou instalação completa que se actualiza continuamente para espelhar dados em tempo real da contraparte física. Os gémeos digitais recolhem dados de sensores IoT no equipamento, gerando um modelo digital que as equipas de manutenção podem analisar e manipular sem afetar o ativo real. Esta tecnologia permite a monitorização em tempo real, a simulação de várias condições de funcionamento e o teste de cenários, o que pode ajudar as equipas de manutenção a prever potenciais falhas e a otimizar o desempenho.

Vantagens dos gémeos digitais na manutenção 4.0

Os gémeos digitais fornecem uma visão abrangente do estado dos activos e permitem às equipas de manutenção simular vários cenários operacionais. Por exemplo, ao criar um gémeo digital de uma peça de maquinaria, as empresas podem ver como diferentes níveis de desgaste, cargas operacionais ou factores ambientais afectam a sua vida útil. Além disso, os gémeos digitais apoiam a manutenção preditiva, alimentando com dados os modelos de aprendizagem automática que prevêem a probabilidade de problemas futuros.

Simulação avançada para uma manutenção optimizada

Os gémeos digitais permitem às empresas simular cenários hipotéticos para decisões de manutenção, testando diferentes abordagens e avaliando os resultados sem interromper a produção. Por exemplo, uma equipa de manutenção pode utilizar um gémeo digital para simular os efeitos do atraso de uma reparação ou da substituição antecipada de uma peça. Ao comparar estes resultados, as equipas podem tomar decisões mais informadas e baseadas em dados que optimizam a vida útil dos activos e reduzem os custos de manutenção. À medida que a tecnologia de gémeos digitais amadurece, as simulações tornar-se-ão mais sofisticadas, permitindo às empresas modelar instalações inteiras e avaliar a forma como as decisões de manutenção afectam as operações globais.

Sistemas de manutenção autónomos

Monitorização e manutenção autónomas

Uma das principais tendências da Manutenção 4.0 é a evolução para sistemas autónomos, em que as máquinas monitorizam e fazem a sua própria manutenção com o mínimo de intervenção humana. Através da IoT, da aprendizagem automática e da automação, os sistemas de manutenção autónomos podem detetar e resolver problemas de forma independente, reduzindo a necessidade de envolvimento humano. Por exemplo, sensores inteligentes e robótica podem detetar necessidades de lubrificação e aplicar automaticamente a quantidade certa de lubrificante, ou braços robóticos podem efetuar pequenas reparações em equipamentos em locais de difícil acesso.

O papel da robótica na manutenção

A robótica é fundamental para a manutenção autónoma, especialmente em áreas perigosas ou de difícil acesso. Os drones, por exemplo, podem inspecionar infra-estruturas em locais remotos, como oleodutos ou plataformas petrolíferas offshore, enquanto os robôs terrestres podem realizar inspecções em espaços confinados. Os robôs de manutenção autónomos são também cada vez mais utilizados em indústrias como a automóvel e a aeroespacial, onde a precisão e a consistência são fundamentais. À medida que a tecnologia robótica avança, espera-se que os sistemas autónomos executem uma gama mais vasta de tarefas de manutenção, reduzindo ainda mais a necessidade de intervenção manual e melhorando a eficiência.

Sistemas de autodiagnóstico e de auto-regeneração baseados em IA

No futuro, os equipamentos alimentados por IA podem vir a ser capazes de se autodiagnosticarem e de se autocorrigirem. Os sistemas de auto-diagnóstico utilizam a aprendizagem automática para detetar anomalias em tempo real e identificar a causa mais provável. Por exemplo, se um motor apresentar vibrações invulgares, um sistema de auto-diagnóstico pode identificar o problema exato, quer se trate de um desalinhamento, desequilíbrio ou desgaste do rolamento . Os sistemas de auto-cura, embora ainda em grande parte experimentais, iriam um pouco mais longe, permitindo que as máquinas corrigissem autonomamente pequenas falhas. Por exemplo, certos sistemas orientados para a IA podem ajustar os parâmetros de funcionamento para compensar o desgaste dos componentes, prolongando a vida útil sem intervenção manual.

Realidade aumentada (RA) para uma maior eficiência da manutenção

Realidade aumentada na manutenção

A Realidade Aumentada (RA) sobrepõe informações digitais ao mundo físico, permitindo que os técnicos de manutenção acedam a dados em tempo real, informações de diagnóstico e instruções passo a passo diretamente através de óculos de RA ou dispositivos móveis. Com a RA, os técnicos podem ver os dados do equipamento, como a temperatura, os níveis de vibração ou o desgaste dos componentes, como sobreposições visuais no próprio ativo. Esta abordagem não só poupa tempo como também reduz os erros, orientando os técnicos com informações precisas e no local.

Assistência remota e formação com AR

Uma das aplicações mais promissoras da RA na Manutenção 4.0 é a assistência remota. Através da RA, os especialistas podem orientar os técnicos no local a partir de qualquer parte do mundo, oferecendo apoio em tempo real e sugestões para a resolução de problemas. Esta capacidade é particularmente valiosa em instalações complexas ou remotas, onde não existe um conhecimento especializado prontamente disponível. Além disso, a RA pode melhorar os programas de formação ao proporcionar experiências de aprendizagem imersivas e práticas. Os novos técnicos podem utilizar a RA para visualizar peças, seguir procedimentos de manutenção interactivos e desenvolver as suas competências num ambiente simulado antes de trabalharem com equipamento real.

Reduzir o tempo de inatividade com manutenção melhorada por AR

A AR reduz o tempo de inatividade, permitindo que os técnicos concluam as reparações e inspecções com maior rapidez e precisão. Ao mostrar-lhes exatamente onde devem inspecionar ou que peça devem substituir, a AR minimiza as tentativas e erros e garante que as tarefas de manutenção são concluídas de forma eficiente. À medida que a tecnologia de RA avança, os futuros dispositivos de RA podem incluir informações baseadas em IA que orientam os técnicos no diagnóstico de problemas de forma mais eficaz, melhorando ainda mais a qualidade e a velocidade da manutenção.

Manutenção preditiva como um serviço (PMaaS)

Externalização da manutenção preditiva

À medida que as tecnologias de Manutenção 4.0 se tornam mais avançadas, muitas empresas podem optar por subcontratar a manutenção preditiva a fornecedores de serviços especializados, um modelo conhecido como Manutenção Preditiva como Serviço (PMaaS). Neste modelo, um fornecedor externo gere a recolha de dados, a análise e os conhecimentos de manutenção preditiva, permitindo que as empresas acedam a capacidades preditivas sem investir na infraestrutura e nos conhecimentos necessários para a manutenção preditiva interna. Os fornecedores de PMaaS oferecem soluções escaláveis que podem ser adaptadas às necessidades específicas de uma empresa, tornando a manutenção preditiva acessível a empresas de todas as dimensões.

Benefícios do PMaaS

O PMaaS permite que as empresas beneficiem da experiência e dos recursos dos especialistas em manutenção preditiva, reduzindo a carga sobre as equipas de manutenção internas. Com o PMaaS, as empresas podem:

- **Reduzir os custos iniciais**: Ao subcontratar, as empresas evitam os elevados custos iniciais associados à infraestrutura e tecnologia de manutenção preditiva.

- **Tirar partido da análise avançada**: Os fornecedores de PMaaS utilizam frequentemente plataformas de análise sofisticadas e modelos de aprendizagem automática a que as empresas mais pequenas podem não ter acesso por si próprias.
- **Melhorar a eficiência da manutenção**: Os fornecedores de PMaaS oferecem monitorização e análise contínuas, assegurando que as empresas recebem informações atempadas sobre a manutenção sem terem de gerir o processo internamente.

Acessibilidade para as PME

O PMaaS é particularmente benéfico para as pequenas e médias empresas (PME) que podem não ter os recursos necessários para implementar uma solução de manutenção preditiva completa. Através do PMaaS, as PME podem aceder a análises preditivas e a informações baseadas em dados, melhorando a fiabilidade dos seus activos e a eficiência operacional sem grandes investimentos de capital.

Maior ênfase na sustentabilidade e na eficiência energética

Práticas de manutenção energeticamente eficientes

À medida que as empresas dão cada vez mais prioridade à sustentabilidade, a Manutenção 4.0 está a evoluir para incorporar práticas de eficiência energética. A Manutenção 4.0 permite às organizações monitorizar os padrões de consumo de energia e otimizar o desempenho do equipamento para reduzir o desperdício. Ao assegurar que a maquinaria funciona com a máxima eficiência, a manutenção preditiva minimiza a utilização de energia, reduzindo os custos operacionais e o impacto ambiental. A análise avançada também permite às empresas identificar áreas onde o consumo de energia pode ser melhorado, alinhando as práticas de manutenção com os objectivos de sustentabilidade.

Apoiar uma economia circular

A ênfase da Manutenção 4.0 na manutenção preditiva e baseada na condição alinha-se com os princípios da economia circular, em que os recursos são reutilizados, reparados ou remanufaturados em vez de eliminados. Ao prolongar a vida útil dos activos e minimizar o desperdício, a Manutenção 4.0 reduz a necessidade de novos equipamentos, conserva as matérias-primas e apoia práticas de produção sustentáveis. À medida que as indústrias avançam para um modelo de economia circular, a Manutenção 4.0 desempenhará um papel fundamental na manutenção da saúde dos activos, reduzindo o impacto ambiental.

Redução da pegada de carbono

A manutenção preditiva também pode contribuir para reduzir a pegada de carbono de uma organização, minimizando as actividades que consomem muita energia, evitando avarias graves e reduzindo a frequência de substituição de activos. Por exemplo, ao otimizar o desempenho do equipamento, as empresas podem reduzir o seu consumo de energia e as emissões de gases com efeito de estufa associadas. À medida que os regulamentos ambientais se tornam mais rigorosos, o papel da Manutenção 4.0 na sustentabilidade irá provavelmente crescer, posicionando-a como um contribuinte chave para as iniciativas de responsabilidade social das empresas (RSE).

Integração com sistemas empresariais avançados

Gestão do desempenho dos activos (APM)

O futuro da Manutenção 4.0 assistirá a uma maior integração com os sistemas de Gestão do Desempenho dos Activos (APM). A APM combina dados de manutenção com métricas operacionais e financeiras, fornecendo uma visão holística do desempenho dos activos. Ao integrar os conhecimentos de manutenção preditiva na APM, as empresas podem alinhar as actividades de manutenção com objectivos comerciais mais amplos, optimizando o valor dos activos e melhorando o planeamento estratégico.

Integração do Planeamento de Recursos Empresariais (ERP)

A integração da Manutenção 4.0 com os sistemas ERP permite que as informações sobre a manutenção sejam partilhadas sem problemas entre departamentos, melhorando a colaboração interfuncional e o planeamento de recursos . Por exemplo, os dados de manutenção preditiva podem informar os sistemas de gestão de inventário, assegurando que as peças sobresselentes estão disponíveis quando necessário. Além disso, a integração do ERP suporta uma melhor orçamentação e previsão financeira, permitindo às empresas planear as despesas de manutenção com maior precisão.

Sistemas ciber-físicos (CPS) e tomada de decisões em tempo real

Os sistemas ciber-físicos (CPS) integram processos físicos com sistemas digitais, permitindo a monitorização em tempo real, a troca de dados e a tomada de decisões. À medida que a tecnologia CPS avança, a Manutenção 4.0 dependerá cada vez mais dos CPS para sincronizar dados entre activos e sistemas, criando um ambiente de manutenção dinâmico que responde imediatamente às mudanças. Esta integração permite um planeamento de manutenção mais ágil e uma intervenção em tempo real, melhorando ainda mais a eficiência operacional.

O futuro da Manutenção 4.0 está definido para ser moldado por tecnologias emergentes que empurram a gestão de activos para novos domínios de eficiência, sustentabilidade e conetividade. Os gémeos digitais permitirão simulações avançadas e estratégias de manutenção proactivas, enquanto os sistemas autónomos e a robótica reduzirão a necessidade de intervenção humana em ambientes perigosos. A realidade aumentada irá capacitar os técnicos com informações em tempo real

BIBLIOGRAFIA

1. Ahmad, R., & Kamaruddin, S. (2012). Uma visão geral da manutenção baseada no tempo e na condição na aplicação industrial. Computadores e engenharia industrial, 63(1), 135-149.

2. Alexis, J. *Metoda Taguchi în practica industrială. Planuri de experienţe.* Bucureşti, Editura Tehnică, 1999.

3. Băjenescu, T. *Fiabilitatea sistemelor tehnice.* Bucureşti, Editura "MatrixRom", 2003.

4. Băloiu, L. M. *Managementul inovaţiei. Întreprinderea viitorului, viitorul întreprinderii.* Bucureşti, Editura "Eficient", 1995.

5. Baron, T. *Calitatea şi fiabilitatea produselor.* Bucureşti, Editura Didactică şi Pedagogică, 1976.

6. Baron, T., et al *Calitate şi fiabilitate. Manual practicate, vol. I şi II.* Bucureşti, Editura Tehnică, 1988.

7. Benbow, D. W., Broome, H. W. *The Certified Reliability Engineer Handbook*, ASQ Quality Press, Milwaukee, Wisconsin, EUA, 2009.

8. Boris, S. *Total Productive Maintenance*, McGraw-Hill Companies, Inc., EUA, 2006.

9. Budai, G., Dekker, R., Nicolai, R.P. A *review of planning models for maintenance and production.* Relatório do Instituto Económico, 2006.

10. Campos, J. (2009). Evolução na aplicação das TIC na monitorização e manutenção da condição. *Computadores na indústria*, *60*(1), 1-20.

11. Cătuneanu, V., Mihalache, A. *Bazele teoretice ale fiabilităţii.* Bucureşti, Editura Academiei Române, 1983.

12. Cordaşevschi, Cristina Diagnoza fiabilistică a produselor industriale. Bucureşti, Editura Tehnică, 1990.

13. Deneş, C. *Fiabilitatea şi ergonomie.* Sibiu, Editura "Alma Mater", 2007.

14. Deneş, C. *Fiabilitatea şi mentenanţă.* Sibiu, Editura Universităţii "Lucian Blaga" din Sibiu, 2014.

15. Dorf, R.C., ed., *Technology Management Handbook,* CRC Press, Boca Raton, Florida, 1999.

16. Fleşer, T. *Mentenanţa utilajelor tehnologice.* Bucureşti, Editura Oficiului pentru Informare şi Documentare în Industria Construcţiilor de Maşini, 1998.

17. Howell, V. *Total Productive Maintenance: Uma Estratégia para a sua Jornada Lean.* Projetos de Engenharia, Gerente de Portfólio, Corning, Inc., 2012.

18. Ionescu, Gh. C. *Optimizarea fiabilităţii instalaţiilor hidraulice din cadrul sistemelor de alimentare cu apă.* Bucureşti, Editura "MatrixRom", 2004.

19. Isaic-Maniu, Al., Vodă, V. Gh. *Fiabilitatea - şansă şi risc.* Bucureşti, Editura Tehnică, 1986.

20. Jardine, A. K., Lin, D., & Banjevic, D. (2006). Uma revisão do diagnóstico e prognóstico de máquinas que implementam a manutenção baseada nas condições. *Sistemas mecânicos e processamento de sinais*, *20*(7), 1483-1510.

21. Juran, J.M., Gryna, F.M. jr. *Juran's quality control handbook*. Bucureşti, Editura Tehnică, 1973.

22. Kececioglu, D. B. *Reliability Engineering Handbook*, volume 1, DEStech Publications, Inc., EUA, 2002.

23. Lee, J., Wu, F., Zhao, W., Ghaffari, M., Liao, L., & Siegel, D. (2014). Manutenção proativa baseada em condições para fabricação inteligente - a visão da manutenção preditiva 4.0. *IFAC-PapersOnLine*, 49(31), 600-605

24. Leemis, L.M., *Reliability - Probabilistic Models and Statistical Methods*, Prentice Hall, Inc., Englewood Cliffs, New Jersey, 1995.

25. McLean, H. W. *HALT, HASS e HASA Explicados: Técnicas de Fiabilidade Acelerada.*

26. Militaru, C. *Fiabilitatea şi precizia în construcţia de maşini*. Bucureşti, Editura Tehnică, 1987.

27. Milwaukee: ASQ Quality Press, 2002.

28. Mobley, R. K. (2002). *An Introduction to Predictive Maintenance* (2ª ed.). Elsevier Science.

29. Nakajima, S. *Introdução à TPM: Manutenção Produtiva Total*. Minnesota: Productivity Press, 1988.

30. Niebel, B.W. *Engineering Maintenance Management,* Marcel Dekker, Nova Iorque, 1994.

31. Panaite, V., Munteanu, R. *Control statistic şi fiabilitate*. Bucureşti, Editura Didactică şi Pedagogică, 1982.

32. Panaite, V., Popescu M. O. *Calitatea produselor şi fiabilitate*. Bucureşti, Editura "MatrixRom", 2003.

33. Pecht, M., ed., *Product Reliability, Maintainability, Supportability Handbook,* CRC Press, Boca Raton, Florida, 1995.

34. Peng, Y., Dong, M., & Zuo, M. J. (2010). Estado atual do prognóstico de máquinas na manutenção baseada na condição: A review. *Jornal Internacional de Tecnologia de Fabrico Avançada*, 50(1-4), 297-313.

35. Piller, M. *Introdução aos planos de experiências pelo método Taguchi*. Les Editions d'Organisation, Paris, 1994.

36. Qi, Q., & Tao, F. (2018). Gémeo digital e grandes dados para a produção inteligente e a indústria 4.0: Comparação de 360 graus. *IEEE Access*, 6, 3585-3593.

37. Raheja, D., & Allada, V. (2010). *Fundamentals of Maintenance Engineering and Management (Fundamentos da Engenharia e Gestão da Manutenção*). DEStech Publications, Inc.

38. Rastegari, A., & Haghjoo, B. (2015). Monitorização da condição e diagnóstico de falhas: State of the art review. *Jornal Ásia-Pacífico de Engenharia Química*, 10(6), 876-889.

39. Rausand, M., Høiland, A. *Teoria da Fiabilidade dos Sistemas. Models, Statistical Methods, and Applications.* Segunda Edição, John Wiley & Sons, Inc. Publicação, EUA, 2004.

40. Robescu, D. et al *Fiabilitatea proceselor, instalaţiilor şi echipamentelor de testare şi epurare a apelor*. Bucureşti, Editura Tehnică, 2002.

41. Ruiz-Carvajal, C., Alvarez-Bel, C., & Botia-Blaya, M. (2019). Técnicas de Inteligência Artificial para Monitorização da Condição e Manutenção Preditiva na Era da Indústria 4.0: Review of Approaches, Challenges, and Future Diretions. *Energias*, 12(5), 707.

42. Şerbu, T. *Fiabilitatea şi riscul instalaţiilor*. Bucureşti, Bucureşti, Editura "MatrixRom", 2000.

43. Siemens. (2017). Manutenção preditiva e o gémeo digital: uma abordagem de software ao ciclo de vida dos activos. *Livro Branco da Siemens*.

44. Şteţiu, Cosmina-Elena, Oprean, C. *Măsurări geometrice în construcţia de maşini*. Bucureşti, Editura Ştiinţifică şi Enciclopedică, 1988.

45. Târcolea, C. et al *Tehnici actuale în teoria fiabilităţii*. Bucureşti, Editura Ştiinţifică şi Enciclopedică, 1989.

46. Tsang, A. H. C. (2002). Dimensões estratégicas da gestão da manutenção. *Journal of Quality in Maintenance Engineering*, 8(1), 7-39.

47. Vachtsevanos, G., Lewis, F., Roemer, M., Hess, A., & Wu, B. (2006). *Intelligent Fault Diagnosis and*

Prognosis for Engineering Systems (Diagnóstico e Prognóstico Inteligente de Falhas para Sistemas de Engenharia). John Wiley & Sons.

48. Verzea, I. et al *Managementul activităţii de mentenanţă*. Iaşi, Editura "Polirom", 1999.

49. Villemeur, A. *Segurança de funcionamento dos sistemas industriais*. Ed. Eyrolles, 1997.

50. Wang, K., & Zhou, Q. (2015). Análise de grandes volumes de dados no fabrico inteligente: Role and challenges. *Journal of Manufacturing Systems*, 48, 159-168.

51. Wang, L., Törngren, M., & Onori, M. (2015). Estado atual e avanço dos sistemas ciber-físicos no fabrico. *Journal of Manufacturing Systems*, 37, 517-527.

52. Yang, B. S., Kim, K. J., & Tan, A. C. C. (2008). Diagnóstico e prognóstico de falhas em máquinas: The state of the art. *International Journal of Performability Engineering*, 4(4), 345-360.

53. Zhang, W., Yang, D., & Wang, H. (2019). Métodos baseados em dados para manutenção preditiva

de equipamentos industriais: A survey. *IEEE Systems Journal*, 13(3), 2213-2227.

54. * * * *Coleção de normas no domínio* (ISO-9000, EN 45001-45003, EN 45011-45013, ISO 8402, ISO 10011, etc.).

55. * * * *Elemente de teorie şi culegere de probleme de fiabilitate, mentenabilitate şi disponibilitate*. Bucureşti, Editura O.I.D., 1988.

56. * * * *Managementul calităţii. Concepte şi principii de bază*. Bucureşti, Editura A.S.E., 1999.

Printed by Books on Demand GmbH, Norderstedt / Germany